农村水利建设与管理

主　编　彭尔瑞　王春彦　尹亚敏
副主编　范春梅　代兴梅　陈劲松

中国水利水电出版社
www.waterpub.com.cn
·北京·

内 容 提 要

　　本书是为非专业人员或基层农村水利建设与管理人员编写的农村水利方面的实用书籍。全书共八章，包括绪论、农田水利、"五小"水利、节水灌溉、水土保持、项目建设、管理体制和法律法规。本书针对农村基层小而分散的小微水利工程建设和管理的实际问题，将农田水利学和水土保持学相关内容结合在一起，考虑学习和科技普及要求，突出实用性和可操作性，尽量降低理论难度。

　　本书可作为基层农村水利非专业人员或农村水利建设与管理工作者学习的参考书，也可供农业水利相关专业职业学校教学使用。

图书在版编目（CIP）数据

农村水利建设与管理 / 彭尔瑞，王春彦，尹亚敏主
编. -- 北京 : 中国水利水电出版社，2016.9
ISBN 978-7-5170-4741-4

Ⅰ. ①农… Ⅱ. ①彭… ②王… ③尹… Ⅲ. ①农村水
利—水利建设②农村水利—水利工程管理 Ⅳ. ①S27

中国版本图书馆CIP数据核字(2016)第224170号

书　　名	**农村水利建设与管理** NONGCUN SHUILI JIANSHE YU GUANLI	
作　　者	主编 彭尔瑞　王春彦　尹亚敏　副主编 范春梅　代兴梅　陈劲松	
出版发行	中国水利水电出版社 （北京市海淀区玉渊潭南路1号D座　100038） 网址：www.waterpub.com.cn E-mail：sales@waterpub.com.cn 电话：（010）68367658（营销中心）	
经　　售	北京科水图书销售中心（零售） 电话：（010）88383994、63202643、68545874 全国各地新华书店和相关出版物销售网点	
排　　版	中国水利水电出版社微机排版中心	
印　　刷	北京瑞斯通印务发展有限公司	
规　　格	184mm×260mm　16开本　13.75印张　326千字	
版　　次	2016年9月第1版　2016年9月第1次印刷	
印　　数	0001—2000册	
定　　价	**58.00元**	

编　委　会

前　言

　　农村水利工作一直得到我国各级政府的高度重视。各地都建设了大量大、中、小微水利工程，并在当地经济社会发展中发挥着重要的作用。然而，农村水利由于小而分散，服务对象大多是小到几户或自然村的规模，由于资金短缺，多为村民自己筹资建设，抵御自然灾害的能力较弱，导致农村水利发展滞后。而且多年来，许多农村水利处于基础设施落后、老化或瘫痪的状况，严重制约了水利工程设施设计效益的发挥，出现了明显的"龙头蛇尾"现象，在山区农村这些问题更为突出。本书是为从事水利工作和农村工作的基层人员而编写的，其目的是结合社会主义新农村建设，根据山区农村的特点，注重水利科研成果在山区农村的应用和推广，系统介绍山区农村实用技术、各种水利工程的工作程序、工作方法和管理措施，结合实际案例分析，力求简明扼要，具有明确的工作环节和工作步骤，具有较强的可重复性和可操作性，图文并茂，通俗易懂。编写的背景是围绕《中共中央国务院关于加快水利改革发展的决定》《关于落实发展新理念，加快农业现代化实现全面小康目标的若干意见》精神和我国"十二五"发展规划，要"净增农田有效灌溉面积4000万亩，新增高效节水灌溉面积5000万亩"和"农业灌溉水有效利用系数提高到0.53"，实现"全国新增千亿斤粮食生产能力规划"，实现"水资源的高效、优化配置"，实现"人水和谐"。相信未来10年，山区农村水利将处于重要的发展地位。本书可供从事水利工作或农村工作的基层人员使用，也可供相关专业自学和一般工程技术人员使用和参考。

　　与传统教科书不同，本书编写过程中作了如下考虑：

　　（1）结合学习和科技普及要求编写，实用性和可操作性强，尽量降低理论难度，通俗易懂。

　　（2）考虑基层人员使用的实际需要，将农田水利学和水土保持学相关内容结合在一起。

　　（3）目前系统、专业的各类水利工程技术方面的教科书层出不穷，但都只适用于专业技术人员使用，而针对非专业人员、行政管理人员或农村管理人员的农村水利实用技术方面的书籍却一直空缺。为非专业人员或基层管理人员编写农村水利方面的实用书籍是本书编撰的初衷。

（4）本书的特点是章节统一、文字叙述简单明了、案例真实详细、图片清晰且大小适中及完美协调。

本书由彭尔瑞、王春彦、尹亚敏任主编，范春梅、代兴梅、陈劲松任副主编。其中第一章由彭尔瑞、王春彦编写，第二章由张邦朝、代兴梅、李佳宁编写，第三章由尹亚敏、龙立炎编写，第四章由张刘东、史静、陈劲松编写，第五章由范春梅、宁东卫编写，第六章由郭东明、石朝晖、代启亮编写，第七章由宗萍、管毓斌编写，第八章由王荦、李国治、杨志雷、戴波编写。

限于编者水平，书中难免有疏漏和不妥之处，恳请读者批评指正。

编者

2016 年 4 月

目　录

第一章 绪 论

人口增长、环境污染、资源枯竭、粮食短缺和水土流失是当今世界影响社会发展的五大问题。"三农问题"（农业、农村和农民问题）始终是我国革命、建设和改革的根本问题，关系到国民素质、经济发展，关系到社会稳定和国家富强。农业是国民经济的基础产业，是粮食安全和"菜篮子"工程的基石和保障。水利是农业的命脉，我国是一个农业大国，又是一个水资源不足、时空分布不均衡、旱涝灾害频发的国家。因此，农村水利对我国农业生产的发展具有十分重要的作用。

一、我国的农村水利事业

（1）我国人均耕地少。据最新统计，我国耕地面积只有 1.35 亿 hm^2（20.27 亿亩），仅占国土面积的 14.3%❶，人均耕地仅有 1.48 亩，只相当于世界人均耕地面积 3.75 亩的 40%，不到俄罗斯的 1/8、美国的 1/6、加拿大的 1/5，甚至不到印度的 1/2。全国已有 666 个县突破联合国粮农组织确定的人均耕地 0.8 亩的警戒线，其中 463 个县人均耕地已不足 0.5 亩。

（2）我国降水量的地区分布极不均衡，总的趋势是由东南沿海向西北内陆地区递减。秦岭、淮河以南年降水量一般在 800mm 以上，属于湿润和半湿润地区；秦岭、淮河以北年降水量一般在 800mm 以下，属于干旱和半干旱地区。根据降水量的大小和农作物对灌溉的要求，可将全国分成 3 个不同的灌溉地带：多年平均降水量小于 400mm 的常年灌溉地带，主要包括西北内陆和黄河中上游部分地区，土地面积 410 万 km^2，约占全国国土面积的 42.6%；多年平均降水量大于 400mm、小于 1000mm 的不稳定灌溉地带，主要包括黄淮海地区和东北地区，土地面积 196 万 km^2，约占全国国土面积的 20.5%；多年平均降水量大于 1000mm 的补充灌溉地带，主要包括长江中下游地区、珠闽江地区及部分西南地区，土地面积 344 万 km^2，约占全国国土面积的 35.9%。

（3）我国是世界上水土流失最严重的国家之一。水土流失面广量大，侵蚀严重。据第一次全国水利普查成果，我国现有水土流失面积 294.91 万 km^2，占国土总面积的 30.72%。其中水力侵蚀面积 129.32 万 km^2，占土壤侵蚀面积的 43.85%，风力侵蚀面积 165.59 万 km^2，占土壤侵蚀面积的 56.15%。同时，大规模开发建设导致的人为水土流失问题仍十分突出。严重的水土流失是我国生态恶化的集中反映，威胁国家生态安全、饮水安全、防洪安全和粮食安全，制约山丘区经济社会发展，影响全面小康社会建设进程。

（4）新中国成立后，我国开展了大规模的农田水利建设。进入新世纪，作为民生水利建设的重要内容，农村水利在农村饮水安全、节水灌溉等工作中取得了巨大的建设成就，

---

❶ 2014 中国国土资源公报，国土资源部，2015 年 4 月.

这为有力改善农业生产和农民生活条件、增加农民收入、改善农村生态环境起到了积极的推动作用。

截至 2014 年年底，全国已建成各类水库 97735 座，水库总库容 8394 亿 m^3。其中：大型水库 697 座，总库容 6617 亿 m^3，占全部总库容的 78.8%；中型水库 3799 座，总库容 1075 亿 m^3，占全部总库容的 12.8%。全国大中型水库大坝安全达标率为 97.7%❶。

（5）农村饮水安全规划任务提前完成。据统计，截至 2014 年年末，全国农村饮水安全累计完成投资 1053 亿元，其中中央投资 591 亿元，解决了 2.1 亿农村人口的饮水安全问题，全国新建集中式供水工程共 22 万处。截至 2014 年年底，农村集中式供水受益人口比例达 78.1%。

（6）通过大中型灌区节水改造、小型农田水利补助专项、节水灌溉示范区、牧区水利试点等项目和贷款贴息，引导各地加快推进节水灌溉。截至 2011 年年底，全国共有灌溉面积 10.02 亿亩，其中耕地灌溉面积 9.22 亿亩，园林草地等非耕地灌溉面积 0.80 亿亩；全国共有设计灌溉面积 30 万亩及以上的灌区 456 处，灌溉面积 2.80 亿亩；设计灌溉面积 1 万（含）～30 万亩的灌区 7316 处，灌溉面积 2.23 亿亩；设计灌溉面积 50（含）～1 万亩的灌区 205.82 万处，灌溉面积 3.42 亿亩。

（7）加大财政投入，创新农田水利建设新机制，支持边疆民族地区农田水利建设。以云南为例，2016 年云南省水利工作会议指出，"十二五"期间，云南共完成水利建设投资近 1466 亿元，累计新开工重点水源工程超过 200 座，新增蓄水库容 21.69 亿 m^3，新增供水能力 26 亿 m^3。建成管灌、喷灌、滴灌高效节水灌溉面积近 210 万亩，改善农田灌溉面积 600 多万亩。建成"五小水利"（小水窖、小水池、小泵站、小塘坝、小水渠）工程 240 万件，累计解决农村 1369.5 万人的饮水安全问题，洪涝灾害、干旱灾害年均直接经济损失 GDP 占比降低到 1.0% 以下。

（8）以县为单位开展了建立饮水安全管理机构和维修基金，落实水质检测责任的过程良性运转机制探索，取得了明显效果。在完成灌区、泵站等公益性农村水利过程"两定"乡镇党委和村支部每年初将经济建设、精神文明建设、党的建设、基础设施建设、社会公益事业等方面的内容具体成一件件实事确定下来，将群众反映的热点、难点问题确定下来、落实管理人员经费和过程维修养护经费"两费"的同时，积极推进小型农田水利工程管理体制改革，大力发展农民用水合作组织，积极探索对其能力建设给予必要扶持的有效措施，调动群众参与农田水利设施管护的积极性，促进工程长效良性运行。目前，全国共发展农民用水合作组织 5.2 万个，管理灌溉面积占全国有效灌溉面积的 23%。

二、农村水利面临的困难和问题

当前农村水利面临着以下的困难和问题：

（1）农村水利建设现状与有限的保障能力制约着农村经济社会的可持续发展。

当前中国农村逐步实现农产品多样化、农业产业化、村镇城市化、农宅小区化等，但相应的农村水利基础设施则显得相对落后，防洪除涝能力不高，农村灌溉渠系水利用率

---

❶ 2014 年全国水利发展统计公报，水利部，2015 年 11 月.

低，居民饮水难题仍未得到根本解决。面临极端干旱天气，农业生产受到严重影响，而大片的土地得不到有效的灌溉；面临极端洪涝灾害，大量农田被淹没，却没有良好的排洪渠道系统。农村水利的这种现状，不能保障农业生产的正常进行，明显制约了农村经济的可持续发展。

（2）以家庭为生产单位的农村经营模式给农村水利建设带来困难。

当前农村仍以家庭承包经营为主体，这种模式改革开放以来固然发挥了积极作用，但到了现今，则显得与时代有些格格不入了。这种一家一户的单户作战的生产模式缺乏统一规划和调整，致使农村配套水利建设受到重重牵制。一个地方要建一个饮水工程，如果没有政府投资，靠农民集资建设，往往难以实现。农民们或因不同意占地而僵持，或因自己所居位置不好而不愿参与，或因想用别的水资源而另起炉灶。总体上看，农村一家一户的经营方式致使饮水工程之类需要集体解决的问题难以得到有效解决。

（3）农村经济的粗放发展对水质污染严重。

当前农村经济中，养殖业、加工业等均得到发展，但这些农村工业经济的发展往往是粗放的，是资源消耗型的发展，因此对水资源造成了严重的污染。比如现在农村河流中，不少水段均在发展网箱养鱼，大量的养鱼户集中于一个水域，由于向水中投放大量饲料，导致水质浑浊，出现了富营养状态，从而产生大量浮藻类生物，破坏了自然生态的平衡。

（4）农村水利投入经费不足。

农村水利多是社会效益型的公益性项目，包括防洪除涝工程、农田灌溉工程、水土保持工程、水资源工程等。这种公益性工程原则上应由政府投资，但由于地方政府财力有限，往往难以切实进行投资建设。而其他非公益性水利工程，由于农村经营模式的局限，资金往往难以筹集，投资力度上更显得不足。因此，农村水利总体上投入经费就显得不是很充足。

（5）农村基层水利技术人员综合素质参差不齐。

近年来，由于水利项目逐年增多，规模不断扩大。但是很多水管单位内设机构不科学，非工程管理岗位多，人力资源配置不尽合理，导致效率低下，基层水利技术人员缺乏且综合素质参差不齐。据2013年公布的第一次全国水利普查成果显示，水利行政机关及其管理的企（事）业单位43632个，从业人员133.63万人，其中大专及以上学历人员58.97万人，高中（中专）及以下学历人员74.66万人；乡镇水利管理单位29416个，从业人员20.55万人，其中具有专业技术职称的人员10.20万人。西部地区水利技术力量更为薄弱，以云南为例，云南省第一次水利普查公报显示，全省共有水利行政机关及其管理的企（事）业单位1829个，从业人员2.87万人，其中大专及以上学历人员1.78万人，高中（中专）及以下学历人员1.09万人；乡镇水利管理单位1347个，从业人员0.56万人，其中具有专业技术职称的人员0.33万人。

三、农村水利在农业农村发展中的重要意义

"水利是农业的命脉""有收无收在于水，多收少收在于肥"是对水与农业关系形象和真实的表述。社会主义新农村建设就是要通过经济增长方式的调整进一步繁荣农村经济。农业是农村的产业基础，生产发展指的是以粮食生产为中心的农业综合生产能力的提高。

从这个角度讲，农田水利应该放在第一重要的位置上，农业综合生产能力能否提高，在很大程度上取决于作为农村水利重要内容的灌排水事业的发展，也就是农田水利事业的发展。在全国范围内，灌区占了全国耕地的 43%，生产了全国 70% 的粮食、80% 的商品粮、90% 以上的经济作物。这些数据说明了灌溉排水在我国农业生产中占有举足轻重的地位，充分体现出农村水利是发展农业生产、提高农业综合生产能力的重要保证。

提高农民生活水平和生活质量：一要通过开辟各种增收渠道，增加农民收入；二要建设和改善与农民生活直接相关的基础设施。目前，农业仍然是许多地区农民增收的重要来源，而加强农村水利建设是提高增收保障程度的必要条件。同时让群众喝上干净放心的水，是建设社会主义新农村提出的新要求，解决农村饮水问题可以减少疾病，解决农村劳动力问题，有利于发展农业生产，提高农民的生活水平。

生态环境是人类生存的自然基础。生态环境的破坏最终导致人类生存环境的恶化。因此，要实现村容整治，为村民创造一个良好的人居环境，就必须统筹考虑水污染、水土流失、草原退化与沙化等一系列问题的防治措施。

因此，加强农村水利建设是加强农村基础设施建设的重要举措，是推进新农村建设的重要措施、重要条件和重要保障，同时也是新农村建设的重要内容。在服务社会主义新农村建设过程中，水利作为农业发展的命脉，必须先行，以提供坚实的水利保障。

四、农村水利建设的迫切性和重要机遇

由于农村水利存在诸多的问题，因此急需完善我国的农村水利建设。同时，我国农村水利建设也面临着一些重大机遇，水利建设要及时抓住这些机遇，推动农村水利发展。

1. 积极贯彻 2016 年中央 1 号文件

《关于落实发展新理念，加快农业现代化实现全面小康目标的若干意见》（2016 年中央 1 号文件，以下简称《意见》）明确了新形势下水利的战略定位以及水利改革发展的指导思想、基本原则、目标任务和重大举措，是指导当前和今后一个时期水利改革发展的纲领性文件，对于抓住和用好水利改革发展的重要战略机遇期，推动水利又好又快发展具有十分重要的意义。

《意见》明确了水利的战略地位，指出："水利是现代农业建设不可或缺的首要条件，是经济社会发展不可替代的基础支撑，是生态环境改善不可分割的保障系统，具有很强的公益性、基础性、战略性。加快水利改革发展，不仅事关农业农村发展，而且事关经济社会发展全局；不仅关系到防洪安全、供水安全、粮食安全，而且关系到经济安全、生态安全、国家安全。"

《意见》准确把握水利改革发展的总体要求，指出：①大规模推进农田水利建设，把农田水利作为农业基础设施建设的重点，到 2020 年农田有效灌溉面积达到 10 亿亩以上，农田灌溉水有效利用系数提高到 0.55 以上；②加快重大水利工程建设，积极推进江河湖库水系连通工程建设，优化水资源空间格局，增加水环境容量；③加快大中型灌区建设及续建配套与节水改造、大型灌排泵站更新改造，完善小型农田水利设施，加强农村河塘清淤整治、山丘区"五小水利"、田间渠系配套、雨水集蓄利用、牧区节水灌溉饲草料地建设；④大力开展区域规模化高效节水灌溉行动，积极推广先进适用节水灌溉技术，继续实

施中小河流治理和山洪、地质灾害防治；⑤扩大开发性金融支持水利工程建设的规模和范围，稳步推进农业水价综合改革，实行农业用水总量控制和定额管理，合理确定农业水价，建立节水奖励和精准补贴机制，提高农业用水效率；⑥完善用水权初始分配制度，培育水权交易市场；⑦深化小型农田水利工程产权制度改革，创新运行管护机制；⑧鼓励社会资本参与小型农田水利工程建设与管护，全面推进小型农田水利设施建设，依托县级农田水利建设规划，继续推进小型农田水利重点县和项目县建设，因地制宜兴建"五小水利"工程，加强田间工程配套和农村河塘清淤整治，统筹解决好农田灌溉"最后一公里"问题。

2. 积极落实水利部《2016 年深化农田水利改革指导意见》

水利部《2016 年深化农田水利改革指导意见》指出，要深化农村水利重点领域改革创新，具体措施有：①深化农村水利组织发动机制创新，督促各地健全完善政府牵头负责、相关部门分工协作，以及绩效考核、第三方评估、群众评议和奖优罚劣机制，调动基层政府和受益主体兴修农村水利的积极性；②村水利投融资体制创新，争取中央加大投入力度，落实好土地出让收益计提、中央财政适当补助农业灌排工程维修养护经费、民办公助、以奖代补、开发性金融支持等政策，探索运用价格税收、风险补偿等机制，吸引社会资本投入农村水利，大力推广云南、山东等地引入社会资本参与农田水利建设、管理与运营的经验做法；③农村水利工程建设和运行管护机制创新，大力推广"先建机制、后建工程""社会公示、群众参与"等机制，继续抓好全国 100 个农田水利设施产权制度改革和创新运行管护机制试点工作，加快明晰工程产权归属，全面落实工程运行管护主体和责任；④稳步推进农业水价综合改革和农业节水量交易，抓好农村饮水安全、农田水利工程维修养护定额标准制定发布和贯彻执行工作，积极争取并足额落实工程维修养护经费，加大中央财政对灌排工程运行管护经费补助力度；⑤加强基层水利服务体系能力建设，进一步加强基层水利服务机构能力建设，抓好农民用水合作组织创新发展和国家级示范组织创建工作，结合政府购买服务改革，培育灌溉排水、灌溉试验、农村供水等专业化服务队伍，着力推进农村水利工程社会化、专业化、物业化管理。

3. 积极贯彻"十三五"水利发展的原则和要求

（1）"十三五"水利工作必须遵循的原则。一是坚持以人为本、服务民生，着力解决人民群众最关心、最直接、最现实的水利问题，提高水利发展成果的共享水平；二是坚持节水优先、高效利用，加强用水需求侧管理，加快转变用水方式，形成有利于水资源节约利用的空间格局、产业结构、生产方式和消费模式；三是坚持尊重自然、人水和谐，以水定需、因水制宜、量水而行，促进经济社会发展与水资源、水生态、水环境承载能力相适应，走生态优先、绿色发展之路；四是坚持统筹兼顾、综合施治，强化整体保护、系统修复、综合治理，统筹解决流域区域、城市农村、东中西部水利突出问题；五是坚持深化改革、创新驱动、政府主导和市场机制协同发力，构建系统完备、科学规范、运行高效的水治理制度体系；六是坚持依法治水、科学管水，强化水法治保障和科技引领作用，加快推进水治理体系和水治理能力现代化。

（2）通过 5 年努力，到 2020 年要实现以下发展目标：

1）防洪抗旱减灾体系进一步完善。大江大河重点防洪保护区达到规划确定的防洪标准，城市防洪排涝设施建设明显加强，中小河流重要河段防洪标准达到 10～20 年一遇，主要低洼易涝地区排涝标准达到 5～10 年一遇。重点区域和城乡抗旱能力明显增强。

2）水资源利用效率和效益大幅提升。年供用水总量控制在 6700 亿 m³ 以内，万元国内生产总值用水量、万元工业增加值用水量较 2015 年分别降低 23％和 20％，农田灌溉水有效利用系数提高到 0.55 以上。

3）城乡供水安全保障水平显著提高。新增供水能力 270 亿 m³，城镇供水水源地水质全面达标，农村自来水普及率达到 80％以上，集中供水率达到 85％以上，水质达标率和供水保障程度大幅提高。

4）农村水利基础设施条件明显改善。基本完成大型灌区、重点中型灌区续建配套和节水改造规划任务。全国农田有效灌溉面积达到 10 亿亩，节水灌溉工程面积达到 7 亿亩左右。新增农村水电装机 600 万 kW。

5）水生态治理与保护得到全面加强。重要江河湖泊水功能区水质达标率提高到 80％以上，新增水土流失综合治理面积 27 万 km²，地下水超采得到严格控制，水生态系统稳定性和生态服务功能逐步提升。

6）水利改革管理工作取得重要突破。依法治水管水全面强化，水权水市场初步建立，合理的水价形成机制基本建立，水利工程良性运行机制基本形成，水利投入稳定增长机制进一步完善，水利科技创新能力明显增强。

（3）"十三五"水利发展的重点工作如下：

1）落实双控行动，全面建设节水型社会。落实节水优先方针，强化最严格水资源管理制度，实行水资源消耗总量和强度双控行动。

2）统筹当前长远规划，完善水利基础设施网络。适应和引领经济发展新常态，围绕推进供给侧结构性改革，集中力量建设一批补短板、增后劲、强基础、利长远、促发展、惠民生的重大水利工程，不断增强水利公共产品供给和水安全保障能力。加快实施江河湖泊治理骨干工程，进一步提高洪水调控能力。着力加强重点水源工程建设。推动实施重大引调水工程，解决好工程性和资源性缺水问题。

3）立足普惠共享，大力发展民生水利。坚持普惠性、均等化、可持续方向，大力发展民生水利，更好地造福人民群众。保障农村饮水安全，启动实施农村饮水安全巩固提升工程，进一步提高农村集中供水率、自来水普及率、水质达标率和供水保证率。紧紧围绕稳定提高粮食产能，加快大中型灌区续建配套和节水改造，推进小型农田水利建设，因地制宜兴建"五小水利"工程，解决好农田灌溉"最后一公里"问题。继续抓好江河重要支流和中小河流治理、山洪灾害防治、病险水库水闸除险加固，构建更为完善的防洪防涝防风防潮体系。

4）强化系统整治，连通江河湖库水系。

5）坚持绿色发展，加强水生态文明建设。以水源涵养为根本，推进重点区域水土流失治理。以水域保护为基础，全面落实水污染防治行动计划，强化江河湖泊和城乡水环境治理。以生态修复为抓手，加快完成国家地下水监测工程建设任务，严格地下水开发利用总量和水位双控制。

6）围绕精准脱贫，打好水利扶贫攻坚战。进一步加大对贫困地区水利改革发展的支持力度。紧紧围绕农村饮水安全、农田灌溉保障、防洪抗旱减灾、水资源开发利用与节约保护、水土保持生态建设与农村水电开发，补齐贫困地区水利基础设施短板。把革命老区作为水利扶贫攻坚的重要区域，加快改善当地发展条件。建立健全水利扶贫需求调查、项目储备、投资倾斜、统计分析、工作考核等机制，切实做到精准扶贫。从项目、资金、人才和技术等方面精准发力，全方位加大水利扶贫力度。

7）坚持以人为本，着力强化城市水利工作。

8）深化改革创新，不断健全水治理体系。围绕重点领域和关键环节，进一步加大改革攻坚力度。

9）夯实发展基础，推进依法治水科技兴水。深入推进水法治建设和水利科技创新，为水利改革发展提供强有力的法治保障与科技支撑。

针对目前系统、专业的各类水利工程技术方面的教科书层出不穷，但都只适用于专业技术人员使用，而针对非专业人员、行政管理人员或农村管理人员的农村水利实用技术方面的书籍一直空缺的实际，本书的编写旨在为非专业人员或基层管理人员编写农村水利方面的实用书籍，结合学习和科技普及要求编写，实用性和可操作性强，尽量降低理论难度，通俗易懂，并考虑基层人员使用的实际需要，将农田水利学和水土保持学相关内容结合在一起。

第二章 农田水利

第一节 水 库

一、水库

水库是在河道、山谷、低洼地有水源或可从另一河道引入水源的地方修建挡水坝或堤堰，形成的蓄水场所；或在有隔水条件的地下透水层修建截水墙，形成的地下蓄水场所；有时天然湖泊也称为水库（天然水库）。水库可起防洪、蓄水灌溉、供水、发电、养鱼等作用。

1. 水库规模

一般水库的规模，按水库的效益及其在国民经济中的重要性划分；中小型水库规模通常按库容大小划分。山区、丘陵区水利水电枢纽工程分等指标见表 2-1。

表 2-1　　　　　　　　　山区、丘陵区水利水电枢纽工程分等指标

工程等别	工程规模	分 等 指 标				
		水库总库容 /亿 m^3	防洪		灌溉面积 /10^4 亩	水电站装机容量 /10^4 kW
			保护城镇及工矿区	保护农田面积 /10^4 亩		
一	大（1）型	>10	特别重要城市、工矿区	>50	>50	>75
二	大（2）型	10~1.0	重要城市、工矿区	50~10	150~50	75~25
三	中型	1.0~0.1	中等城市、工矿区	10~30	50~5	25~2.5
四	小（1）型	0.1~0.01	一般城镇、工矿区	<30	5~0.5	2.5~0.05
五	小（2）型	0.01~0.001			<0.5	<0.05

注　总库容小于 10 万 m^3 时称为塘坝。

2. 水库建筑物的组成

水库由挡水坝、溢洪道、放水建筑物三部分组成，通常称为水库的"三大件"（图 2-1）。挡水坝是横拦河道的挡水建筑物，用以拦蓄水量，抬高水位，形成水库。溢洪道是排泄洪水建筑物，称为水库的"太平门"，用以泄放库内多余的洪水，确保挡水坝的安全。放水建筑物包括放水洞或放水设备两部分，库内蓄水通过放水洞送至下游灌溉渠道。

二、水库的水位与库容

水库的面积、库容及水位是水库的重要特征资料，常用水库水位与面积关系曲线（简称 $Z-F$ 关系曲线）和水库水位与库容关系曲线（简称 $Z-V$ 关系曲线）来表示。从这两

条曲线上可以查得相应水位的蓄水量和水面面积。它们是规划水库和设计建筑物的重要依据，也是水库建成后投入控制运行的基本资料。它们在水库规划和设计阶段就已绘好。绘制方法是在水库区域内测绘出地形图，根据不同水位计算出相应的水库面积和库容。

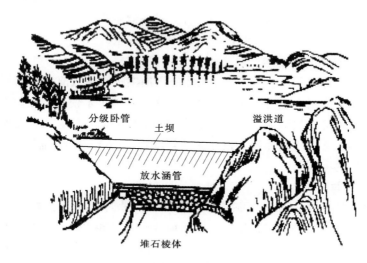

图 2-1 水库建筑物组成

水库水位是指水库水体的自由水面高程。水库库容是指水库某一水位以下或两水位之间的蓄水容积，是表征水库规模的主要指标，通常均指坝前水位水平面以下的静库容（图2-2）。

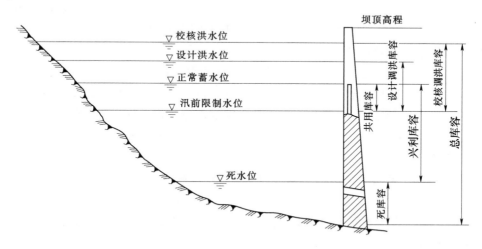

图 2-2 水库特征水位和相应库容示意图

1. 死水位与死库容

水库正常运用情况下，允许消落的最低水位称为死水位（$Z_死$）。死水位以下的库容称为死库容（$V_死$）或垫底库容。死库容除遇特殊干旱年份外，一般是不能动用的。

2. 正常蓄水位与兴利库容

水库在正常运用情况下，为满足设计兴利要求在供水期开始时应蓄到的水位称正常蓄水位（$Z_\text{正}$），又称正常高水位、兴利水位或设计蓄水位。当采用无闸门控制的泄洪建筑物时，它与泄洪堰顶高程相同；当采用有闸门控制的泄洪建筑物时，它是闸门关闭时允许长期维持的最高蓄水位，也是挡水建筑物稳定计算的主要依据。它与死水位之间的水库容积称为兴利库容（$V_\text{兴}$），用以调节径流，提供水库的供水量。

3. 防洪限制水位与重叠库容

防洪限制水位简称汛限水位（$Z_\text{汛}$）。它指在汛期洪水来临之前允许兴利蓄水的上限水位。该水位以上的库容只有在发生洪水时才允许作为滞蓄洪水使用，在整个汛期中，一旦入库洪水消退，水库应尽快泄流，使水库水位回到防洪限制水位。正常蓄水位至防洪限制水位之间的水库容积称为重叠库容，也称为结合库容（$V_\text{结}$）。此库容在汛期腾空，作为防洪库容或调洪库容的一部分。

4. 防洪高水位与防洪库容

防洪高水位（$Z_\text{防}$）是指水库下游有防洪要求时，水库遇到下游防护对象的设计标准洪水时，按下游安全泄量控制进行调节，在坝前达到的最高水位。只有当水库承担下游防洪任务时，才需确定这一水位。防洪高水位至防洪限制水位之间的水库容积称为防洪库容（$V_\text{防}$）。它是用以控制洪水，满足水库下游防护对象的防洪要求。

5. 设计洪水位与设计调洪库容

设计洪水位（$Z_\text{设}$）是指水库遇到大坝的设计洪水时，在坝前达到的最高水位。它是水库在正常运用情况下允许达到的最高洪水位，也是挡水建筑物稳定计算的主要依据，可采用相应大坝设计标准的各种典型洪水，按拟定的调度方式，自防洪限制水位开始进行调洪计算求得。它与汛限水位之间的库容称为设计调洪库容（$V_\text{设调}$）。

6. 校核洪水位与校核调洪库容

校核洪水位（$Z_\text{校}$）是指水库遇到大坝的校核洪水时，在坝前达到的最高水位。它是水库在非常运用情况下，允许临时达到的最高洪水位，是确定大坝顶高及进行大坝安全校核的主要依据。校核洪水位至防洪限制水位之间的水库容积也称为校核调洪库容（$V_\text{校调}$）。它用以拦蓄洪水，在满足水库下游防洪要求的前提下保证大坝安全。

7. 总库容

总库容（$V_\text{总}$）是指校核洪水位以下的水库容积，即

$$V_\text{总} = V_\text{死} + V_\text{兴} + V_\text{校调} - V_\text{结}$$

总库容是一项表示水库工程规模的代表性指标，可作为划分水库等级、确定工程安全标准的重要依据。

第二节 大 坝

大坝是指截河拦水的堤坝，又称拦河坝。其作用是抬高河流水位，形成上游调节水库。它是挡水建筑物的代表形式。可分为土石坝、重力坝、拱坝等。

一、大坝的类型

大坝按建筑材料分，可分为混凝土坝和土石坝两大类。混凝土坝又可分为重力坝、拱坝两种类型。

二、各种坝体的型式及特点

（一）重力坝

重力坝是依靠坝体自重与基础间产生的摩擦力来承受水的推力而维持稳定。重力坝沿坝轴线方向将坝体分为若干个坝段。坝段之间设永久性横缝，缝内设止水。

1. 重力坝的型式

按作用分，重力坝分为非溢流重力坝和溢流重力坝（图 2-3）；按内部结构分，重力坝分为实体重力坝、宽缝重力坝、空腹重力坝、预应力重力坝和装配式重力坝（图 2-4）；按建筑材料分，重力坝分为混凝土重力坝、碾压混凝土重力坝、浆砌石重力坝。

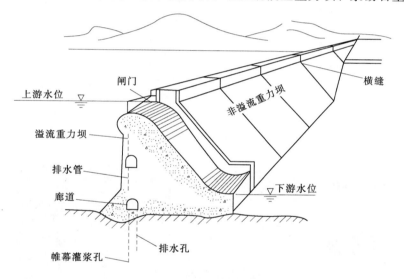

图 2-3 重力坝按作用分类的两种型式

2. 重力坝的特点

重力坝的特点是：结构简单，施工较容易，耐久性好，适宜在岩基上进行高坝建筑，便于设置泄水建筑物。但重力坝体积大，水泥用量多，材料强度未能充分利用。

（二）拱坝

拱坝为一空间壳体结构，平面上呈拱形，凸向上游（图 2-5），利用拱的作用将所承受的水平载荷变为轴向压力传至两岸基岩，两岸拱座支撑坝体，保持坝体稳定。拱坝具有较高的超载能力。拱坝对地基和两岸岩石要求较高，施工上也较重力坝难度大。在两岸岩基坚硬完整的狭窄河谷坝址，特别适于建造拱坝。一般把坝底厚度 T 与最大坝高 H 的比值 $T/H < 0.1$ 的称为薄拱坝；$T/H = 0.1 \sim 0.3$ 间的称为拱坝；$T/H = 0.4 \sim 0.6$ 间的称为

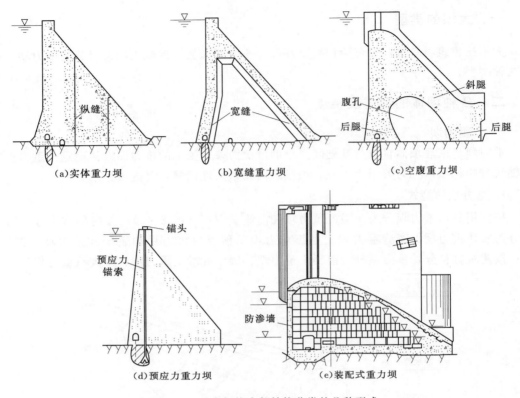

（a）实体重力坝　　　　　（b）宽缝重力坝　　　　　（c）空腹重力坝

（d）预应力重力坝　　　　　　（e）装配式重力坝

图 2-4　重力坝按内部结构分类的几种型式

图 2-5　溪落渡水电站双曲拱坝

重力拱坝。若 T/H 值更大时，拱的作用已很小，即近于重力坝。

1. 拱坝的类型

按照拱坝的拱弧半径和拱中心角，可将拱坝分为单曲拱坝和双曲拱坝。单曲拱坝又称为定外半径定中心角拱坝 [图 2-6 (a)]。双曲拱坝变外半径变圆心让梁截面也呈弯曲形状，因此悬臂梁也具有拱的作用 [图 2-6 (b)]。

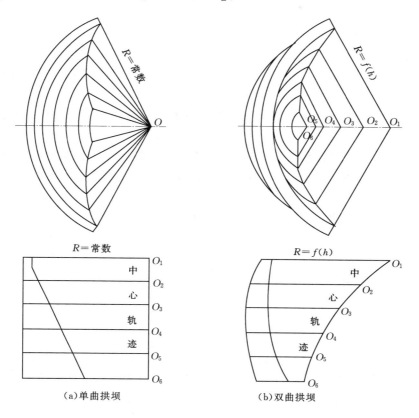

(a)单曲拱坝　　　　　　　　(b)双曲拱坝

图 2-6 拱坝示意图

2. 拱坝的工作特点

（1）拱与梁的共同作用。

（2）稳定性主要依靠两岸拱端的反力作用，因而对地基的要求很高。

（3）拱是一种推力结构，承受轴向压力，有利于发挥混凝土及浆砌石材料的抗压强度。

（4）拱梁所承受的荷载可相互调整，因此可以承受超载。

（5）拱坝坝身可以泄水。

（6）不设永久性伸缩缝。

（7）抗震性能好。

（8）几何形状复杂，施工难度大。

（三）土石坝

土石坝泛指由当地土料、石料或混合料经过抛填、辗压等方法堆筑成的挡水坝，又统称为当地材料坝。它具有就地取材、节约水泥、对坝址地基条件要求较低等优点，是历史最为悠久的一种坝型，也是目前世界坝工建设中应用最为广泛和发展最快的一种坝型。土石坝包括土坝、堆石坝、土石混合坝等。当坝体材料以土和砂砾为主时，称土坝；以石渣、卵石、爆破石料为主时，称堆石坝；当两类当地材料均占相当比例时，称土石混合坝。

1. 土石坝的组成

一般土石坝由坝体、防渗体、排水体、护坡等4部分组成。各部分的作用如下：

（1）坝体。坝体是坝的主要组成部分。坝体在水压力与自重作用下主要靠坝体自重维持稳定。

（2）防渗体。其主要作用是减少自上游向下游的渗透水量，一般有心墙、斜墙、铺盖等。

（3）排水体。其主要作用是引走由上游渗向下游的渗透水，增强下游护坡的稳定性。

（4）护坡。护坡用于防止波浪、冰层、温度变化和雨水径流等对坝体的破坏。

2. 土石坝的类型

（1）按材料在坝体内的配置和防渗体的位置分类（图2-7）。

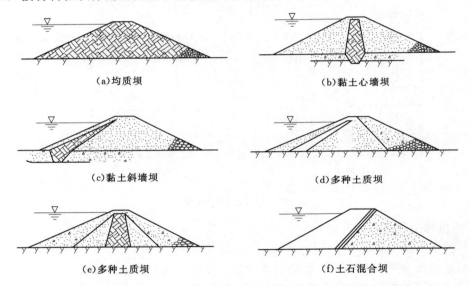

（a）均质坝　　　　　　　　　　（b）黏土心墙坝

（c）黏土斜墙坝　　　　　　　　（d）多种土质坝

（e）多种土质坝　　　　　　　　（f）土石混合坝

图2-7　土石坝按材料在坝体内的配置和防渗体的位置分类

1）均质坝。坝体剖面的全部或绝大部分由一种土料填筑。

优点：材料单一，施工简单。

缺点：当坝身材料黏性较大时，雨季或冬季施工较困难。

2）黏土心墙坝。用透水性较好的砂或砂砾石做坝壳，以防渗性较好的黏性土作为防渗体设在坝的剖面中心位置，心墙材料可用黏土也可用沥青混凝土和钢筋混凝土。

优点：坡陡，坝剖面较小，工程量少，心墙占总方量比例不大，因此施工受季节影响相对较小。

缺点：要求心墙与坝壳大体同时填筑，干扰大，一旦建成，难以修补。

3）黏土斜墙坝。防渗体置于坝剖面的一侧。

优点：斜墙与坝壳之间的施工干扰相对较小，在调配劳动力和缩短工期方面比心墙坝有利。

缺点：上游坡较缓，黏土量及总工程量较心墙坝大，抗震性及对不均匀沉降的适应性不如心墙坝。

4）多种土质坝。坝址附近有多种土料用来填筑的坝。

5）土石混合坝。如坝址附近砂、砂砾不足，而石料较多，上述的多种土质坝的一些部位可用石料代替砂料。

（2）按坝高分类。土石坝按坝高可分为低坝、中坝和高坝。《碾压式土石坝设计规范》（SL 274—2001）规定：高度在 30m 以下的为低坝；高度在 30～70m 之间的为中坝；高度超过 70m 的为高坝，高坝筑坝技术是近代才发展起来的。

（3）按施工方法分类。土石坝按其施工方法可分为碾压式土石坝、充填式土石坝、水中填土坝和定向爆破堆石坝等，应用最为广泛的是碾压式土石坝。碾压式土石坝是用堆石或砂砾石分层碾压填筑成坝体，具有透水性好、抗震性能强、排水性好、地震时不会产生孔隙水压力、不会液化或坝坡失稳、施工导流方便、坝体可过水、施工受雨季影响小、可分期施工、对基础要求低、适应基础变形强等优点。

第三节 灌 区

灌区是指有可靠水源和引、输、配水渠道系统和相应排水沟道的灌溉区域。灌区是一个半人工的生态系统，它是依靠自然环境提供的光、热、土壤资源，加上人为选择的作物和安排的作物种植比例等人工调控手段而组成的一个具有很强社会性质的开放式生态系统。

一、灌区的类型及构成

（一）灌区的类型

灌区是由水源、渠系、田地、作物组成的一个综合体。根据我国水利行业的标准规定，控制面积在 20000hm² 以上的灌区为大型灌区，控制面积在 667～20000hm² 的灌区为中型灌区，控制面积在 667hm² 以下的灌区为小型灌区。目前，我国有大型灌区 402 处、中型灌区 5200 多处、小型灌区 1000 多万处。

（二）灌溉水源及取水方式

1. 灌溉水源

灌溉水源是指天然资源中可用于灌溉的水体，有地面水和地下水两种形式，其中地面水是主要形式。

地面水包括河川、湖泊径流以及在汇流过程中拦蓄起来的地面径流。

地下水一般是指潜水和层间水，前者又称为浅层地下水，其补给来源主要是大气降雨，由于补给容易，埋藏较浅，便于开采，是灌溉水源之一。

2. 灌溉取水方式

灌溉取水方式随水源类型、水位和水量的状况而定。利用地面径流灌溉，可以有各种不同的取水方式，如无坝取水、有坝取水、抽水取水、水库取水等；利用地下水灌溉，则需打井或修建其他集水工程。

（1）地表取水方式。

1）无坝取水。灌区附近河流水位、流量均能满足灌溉要求时，即可选择适宜的位置作为取水口修建进水闸引水自流灌溉，形成无坝引水。

无坝引水渠首一般由进水闸、冲沙闸和导流堤 3 个部分组成。图 2-8 所示为历史悠久闻名中外的四川都江堰工程。已经运行了 2200 多年，是无坝引水的典范。

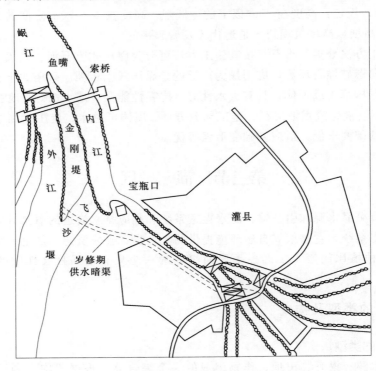

图 2-8　都江堰引水工程

2）有坝（低坝）引水。当河流水源虽较丰富，但水位较低时，可在河道上修建壅水建筑物（坝或闸），抬高水位，自流引水灌溉，形成有坝引水方式。

有坝引水枢纽主要由拦河坝（闸）、进水闸、冲沙闸及防洪堤等建筑物组成（图 2-9）。

3）抽水取水。河流水量比较丰富，但灌区位置较高，修建其他自流引水工程困难或不经济时，可就近采取抽水取水方式。这样，干渠工程量小，但增加了机电设备及年管理费。

4）水库取水。河流的流量、水位均不能满足灌溉要求时，必须在河流的适当地点修建水库进行径流调节，以解决来水和用水之间的矛盾，并综合利用河流水源。这是河流水源较常见的一种取水方式。

上述几种取水方式，除单独使用外，有时还能综合使用多种取水方式，引取多种水源，形成蓄、引、提结合的灌溉系统（图 2-10）。

（2）地下水取水建筑物。由于不同地区地质、地貌和水文地质条件不同，地下水开采

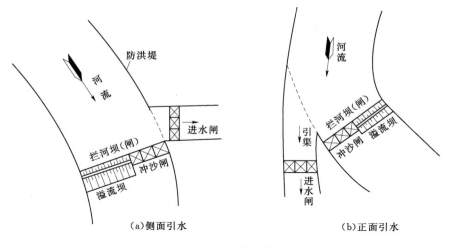

（a）侧面引水   （b）正面引水

2-9 有坝引水示意图

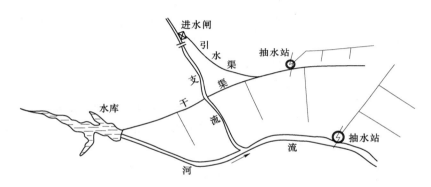

图 2-10 蓄、引、提相结合的灌溉系统

利用的方式和取水建筑物的形式也不相同。根据不同的开采条件，大致可分为垂直取水建筑物、水平取水建筑物和双向取水建筑物三大类。

1）管井。管井是在开采利用地下水中应用最广泛的取水建筑物，它不仅适用于开采深层承压水，也是开采浅层水的有效形式。由于水井结构主要是由一系列井管组成，故称其为管井（图 2-11）。

2）筒井。筒井是一种大口径的取水建筑物，由于其直径较大（一般为 1~2m），形似圆筒而得名，多用砖石等材料衬砌，有的采用预制混凝土管作井筒。

二、灌溉制度

灌溉制度是指作物播种前（或水稻栽秧前）及全生育期内的灌水次数、每次的灌水日期、灌水定额以及灌溉定额。灌水定额是指一次灌水单位灌溉面积上的灌水量，各次灌水定额之和，称为灌溉定额。灌水定额和灌溉定额常以 m³/亩或 mm 表示，它是灌区规划及管理的重要依据。充分灌溉条件下的灌溉制度，是指灌溉供水能够充分满足作物各生育阶段的需水量要求而设计制定的灌溉制度。

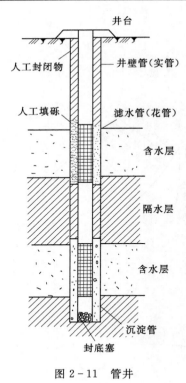

图 2-11 管井

图中标注：
井台
人工封闭物
井壁管（实管）
人工填砾
滤水管（花管）
含水层
隔水层
含水层
沉淀管
封底塞

（一）作物需水量

作物需水量是指作物在适宜的水分和肥力水平下，全生育期或某一时段内正常生长所需要的水量，包括消耗于作物蒸腾、株间蒸发和构成作物组成的水量。一般以可能蒸散量表示，即为植株蒸腾量与株间土壤蒸发量之和，以 mm 或 m^3/亩计。

（二）灌溉用水量

灌溉用水量是指为满足作物正常生长需要的灌溉水量和渠系输水损失以及田间灌水损失水量之总和。灌区作物所需的灌溉用水量以 m^3 计，可分一个时段的及整个生育期的灌溉用水量。前者常按月、旬划分时段统计，可得灌溉用水过程，即按作物的灌溉制度；在各时段内作物的灌水定额乘以种植面积即得各时段的净灌溉用水量，其和就是整个生育期的净灌溉用水量。如计入灌溉系统的输水损失，即得毛灌溉用水量。有了各年的灌溉用水量，就可与各年来水配合进行调节计算，据此确定可灌面积和水库库容。

（三）云南省常见作物灌溉用水定额

云南省水稻灌溉用水定额标准和主要旱作物中等干旱年份灌溉用水定额分别见表 2-2 和表 2-3。

表 2-2 云南省水稻灌溉用水定额标准 单位：m^3/亩

种类	分区	亚区	$P=75\%$灌溉用水定额
中稻	滇中区	1	460
		2	520
		3	550
		4	490
	滇东南区	1	500
		2	590
	滇西南区	1	350
		2	430
		3	500
	滇东北区	1	450
		2	500
中稻	滇西北区		470
	干热河谷区	1	730
		2	630

种类	分区	亚区	$P=75\%$灌溉用水定额
双季早稻			600
双季晚稻			320
再生稻			70

表2-3　　　　云南省主要旱作物中等干旱年份灌溉用水定额　　　　单位：m³/亩

作物名称	灌溉用水定额						灌溉方式
	滇中区	滇东南区	滇西南区	滇东北区	滇西北区	干热河	
玉米	140～150	125～135	120～130	135～145	130～140	150～160	沟灌
小麦	220～210	180～185	100～180	190～200	185～195	210～225	畦灌
蚕豆	180～190	160～170	155～165	175～185	170～175	190～200	畦灌
大豆	85～100	75～90	75～85	85～95	80～95	90～105	沟灌
薯类	70～80	65～75	60～70	70～80	65～75	75～85	沟灌
油菜	210～220	185～195	180～190	200～210	195～205	225～235	畦灌
烤烟	110～120	100～110	95～105	105～115	105～115	120～130	沟灌
甘蔗	360～410	360～410	310～350	345～390		380～435	沟灌
蔬菜（瓜果类）	240～260	215～230	205～225	230～250	225～240	255～275	露天栽培、常规地面灌溉
	740～770	740～750	695～725	725～755	710～740	755～785	大棚栽培、常规地面灌溉
	555～575	535～555	525～545	550～570	540～560	570～595	大棚栽培、滴灌、微喷灌
蔬菜（茎叶类）	300～325	265～290	255～280	285～310	280～300	315～345	露天栽培、常规地面灌溉
	925～960	880～910	870～905	905～940	890～920	945～980	大棚栽培、常规地面灌溉
	695～720	660～785	655～680	680～705	665～690	710～735	大棚栽培、滴灌、微喷灌
花卉	320～360	285～320	275～310	305～345	295～335	340～380	露天栽培、常规灌溉
	975～1010	925～960	915～950	955～990	935～970	995～1030	大棚栽培、常规灌溉
	730～760	695～720	690～715	715～745	700～730	745～775	大棚栽培、滴灌、微喷灌
茶叶	180～190	160～170	155～165	175～185	170～175	190～200	常规地面灌溉
	120～125	105～110	100～105	115～120	110～115	125～130	喷灌
咖啡			145～155			180～190	常规地面灌溉
果类（木本类）	100～110	90～100	85～95	95～105	95～105	105～120	常规地面灌溉
	65～75	60～65	60～65	65～70	60～70	70～80	喷灌
	60～65	55～60	50～55	60～65	55～60	65～70	滴灌、微喷灌
果类（草本类）	150～160	135～145	130～140	145～155	140～150	160～170	常规地面灌溉
	100～105	90～95	85～90	95～100	90～100	105～110	喷灌
	90～95	80～85	75～80	85～90	85～90	95～100	滴灌、微喷灌

（四）灌区灌溉制度

灌溉制度是在一定的气候、土壤、水资源等自然条件下和一定的农业技术措施下，为获得高产、稳产所制定的一整套向田间灌水的制度。它包括作物播种前（或水稻栽秧前）及全生育期内的灌水次数、每次的灌水日期、灌水定额和灌溉定额。

1. 水稻灌溉制度

水稻具有喜水耐水特性，常采用淹灌方式，因此，渗漏损失水量大，灌水次数多，灌溉定额大。灌溉制度应以满足不同时期稻田淹灌水层的深度要求，通过水量平衡计算，可以确定所需要的水量。

泡田期的灌溉用水量（泡田定额）可用式（2-1）确定，即

$$M_1 = 0.667(h_0 + S_1 + e_1 t_1 - P_1) \tag{2-1}$$

式中　M_1——泡田期灌溉用水量，$m^3/$亩；

　　　h_0——插秧时田面所需的水层深度，mm；

　　　S_1——泡田期的渗漏量，即开始泡田到插秧期间的总渗漏量，mm；

　　　t_1——泡田期的日数；

　　　e_1——t_1 时段内水田田面平均蒸发强度，mm/d，可用水面蒸发强度代替；

　　　P_1——t_1 时段内的降雨量，mm。

通常，泡田定额按土壤、地势、地下水埋深和耕犁深度相类似田块上的实测资料决定，一般在 $h_0 = 30 \sim 50$mm 条件下，泡田定额大约等于以下数值：黏土和黏壤土为 $50 \sim 80 m^3/$亩；中壤土和沙壤土为 $80 \sim 120 m^3/$亩（地下水埋深大于 2m 时）或 $70 \sim 100 m^3/$亩（地下水埋深小于 2m 时）；轻沙壤土为 $100 \sim 160 m^3/$亩（地下水埋深大于 2m 时）或 $80 \sim 130 m^3/$亩（地下水埋深小于 2m 时）。

在水稻生育期中任何一个时段（t）内，农田水分的变化决定于该时段内的来水和耗水之间的消长，它们之间的关系可以表示为

$$h_1 + P_1 + m - W_C - d = h_2 \tag{2-2}$$

式中　h_1——时段初田面水层深度；

　　　h_2——时段末田面水层深度；

　　　P_1——时段内降雨量；

　　　d——时段内排水量；

　　　m——时段内灌水量；

　　　W_C——时期内田间耗水量。

式中各数值均以 mm 计。

水稻灌溉制度随着水稻品种和栽培季节的不同而异，多采用浅—深—浅的灌水方法，即分蘖和分蘖以前采用浅灌，分蘖后期到乳熟前采用深灌，乳熟以后浅灌，黄熟以后落干（有时也在分蘖末期落干晒田一次）。表 2-4 中列出了水稻各生育阶段淹灌水层的深度可供参考。

表 2 - 4　　　　　　　　　　　　水稻各生育阶段淹没水层深度　　　　　　　　　　单位：mm

生育阶段	早　稻	中　稻	双季晚稻
返青	5～30～50	10～30～50	20～40～70
分蘖前	20～50～70	20～50～70	10～30～70
分蘖末	20～50～80	30～60～90	10～30～80
拔节孕穗	30～60～90	30～60～120	20～50～90
抽穗开花	10～30～80	10～30～100	10～30～50
乳熟	10～30～60	10～20～60	10～30～60
黄熟	10～20	落　干	落　干

2. 旱作物灌溉制度

根据旱作物的生理和生态特性，灌溉的作用在于补充土壤水分的不足，要求作物生长阶段土壤计划湿润层内土壤含水量维持在易被作物利用的范围内。其最大允许含水量为田间持水量，而最小允许含水量应保持在田间持水量的 50%～60%。

旱作物灌溉制度可通过水量平衡计算来确定。当某一时段内尚未灌水时，时段末土壤储水量为 W（m³/亩），则：

$$W = W_0 + P - E + K \tag{2-3}$$

式中　W_0——时段初的土壤储水量；

$\quad\quad\ P$——时段内的有效降雨量；

$\quad\quad\ E$——时段内农田耗水量；

$\quad\quad\ K$——时段内地下水补给量。

以上各值单位均为 m³/亩。

若计算时段较长计划湿润层加深，则在水量平衡方程式右端加上因计划湿润层增加而增加的水量 W_H。当时段末土壤储水量 W 不大于土壤允许最小含水量的土壤储水量时，则应进行灌水。其灌水定额等于土壤允许最大储水量（田间持水量）与时段末土壤储水量 W 的差值。

3. 其他灌溉制度

当采用喷灌、滴灌、地下灌溉或某些特种灌溉（如施肥灌溉、洗盐灌溉、防冻灌溉、降温灌溉、引洪淤灌等）时，灌溉制度必须按不同要求另行制定。

对干旱缺水地区，可以制定关键时期的灌水、限额灌水或不充分灌水的灌溉制度，以求得单位水量的增产量最高或灌区总产值最高。

第四节　灌　排　渠　系

一、灌溉渠系组成与规划布置

灌溉渠系是指从水源取水，通过渠道及其附属建筑物向农田供水，经由田间工程进行农田灌水的工程系统，包括渠首工程、输配水工程和田间工程三大部分。

在现代灌区建设中，灌区渠道系统和排水沟道系统是并存的，两者互相配合，协调运行，共同构成完整的灌区水利工程系统，即灌溉排水系统，如图2-12所示。

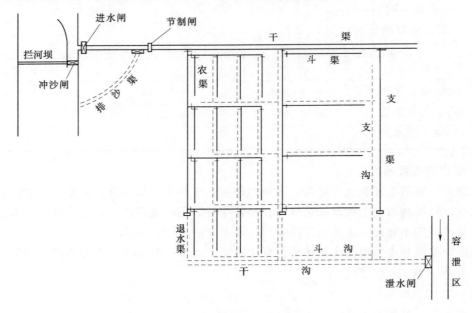

图 2-12 灌溉排水系统示意图

（一）灌溉渠系的组成

灌溉渠系由各级灌溉渠道和退（泄）水灌道组成。按控制面积大小和水量分配层次灌溉渠道可分为干渠、支渠、斗渠、农渠四级。退（泄）水渠道包括渠首排沙渠、中途泄水渠和尾渠退水渠。

（二）灌溉渠系的规划布置

1. 灌溉渠道的规划原则

（1）干渠应布置在灌区的较高地带，以便自流控制较大的灌溉面积。

（2）使工程量和工程费用最小。一般来说，渠线应尽可能短直，以减少占地和工程量。

（3）灌溉渠道的位置应参照行政区划确定，尽可能使各用水单位都有独立用水渠道。

（4）斗渠、农渠的布置要满足机耕要求。渠道线路要直，上、下级渠道尽可能垂直，斗渠、农渠的间距要有利于机械耕作。

（5）要考虑综合利用。山区、丘陵区的渠道布置应集中落差，以便发电和进行农副业加工。

（6）灌溉渠系规划应和排水系统规划结合进行。

（7）灌溉渠系布置应和土地利用规划（如耕作区、道路、林带、居民点等规划）相配合，以提高土地利用率，方便生产和生活。

2. 干渠、支渠的规划布置

干渠、支渠的规划布置形式主要取决于地形条件。山区、丘陵区灌区的干渠一般沿灌区上部边缘布置，大体上和等高线平行，支渠沿两溪涧的分水岭布置。平坝区、平原区灌区的干渠多沿等高线布置，支渠垂直等高线布置。

3. 斗渠、农渠的规划布置

（1）斗渠、农渠的规划要求。斗渠、农渠的规划和农业生产要求关系密切，除遵守前述的灌溉渠道规划原则外，还应满足下列要求：

1）适应农业生产管理和机械耕作要求。

2）便于配水和灌水，有利于提高灌水工作效率。

3）有利于灌水和耕作的密切配合。

4）土地平整工程量少。

（2）斗渠的规划布置。斗渠的长度和控制面积随地形变化很大。山区、丘陵地区的斗渠长度较短，控制面积较小。平坝、平原地区的斗渠长度较长，控制面积较大。我国北方平原地区一些大型自流灌区的斗渠长度一般为 3～5km，控制面积为 3000～5000 亩。

斗渠的间距主要根据机耕要求确定，并和农渠的长度相适应。

（3）农渠的规划布置。农渠是渠道的末级，控制范围为一个耕作单元。农渠长度根据机耕要求确定。

（4）灌溉渠道和排水沟道的配合。灌溉系统和排水系统的规划要互相参照、互相配合、统筹考虑。其配合方式有两种，如图 2-13 所示。

1）灌排相间布置。在地形平坦或微有起伏的地区，宜把灌溉渠道和排水沟道交错布置，沟、渠都是两侧控制，工程量省，如图 2-13（a）所示。

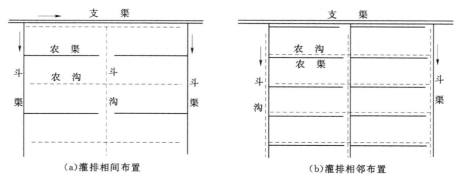

（a）灌排相间布置　　　　　　　（b）灌排相邻布置

图 2-13　沟、渠配合方式

2）灌排相邻布置。在地面向一侧倾斜的地区，渠道只能向一侧灌水，排水也只能接纳一边的径流，灌溉渠道和排水沟道只能并行，上灌下排，互相配合。

4. 渠系建筑物的规划布置

渠系建筑物是指各级渠道上的建筑物，按其作用的不同可分为引水建筑物、配水建筑物、交叉建筑物、衔接建筑物、泄水建筑物及量水建筑物等。

（1）引水建筑物。引水建筑物是从河流无坝引水灌溉时的建筑物，是渠首进水闸；有坝引水时的引水建筑物是由拦河坝、冲沙闸、进水闸等组成的灌溉引水枢纽；需要提水灌溉时，修筑在渠首的水泵站和需要调节河道流量满足灌溉要求时修建的水库等建筑物。

（2）配水建筑物。配水建筑物主要包括分水闸和节制闸（图2-14）。

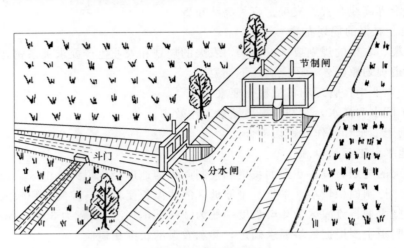

2-14 节制闸和分水闸

（3）交叉建筑物。渠道穿越山冈、河沟、道路时，需要修建交叉建筑物。常见的交叉建筑物有隧洞、渡槽（图2-15）、倒虹吸（图2-16）、涵洞、桥梁等。

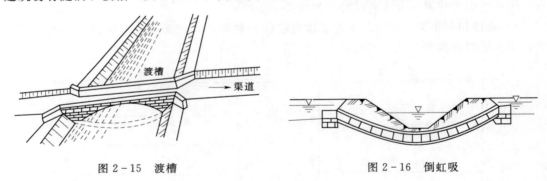

图 2-15 渡槽　　　　　　　　　　　　　　图 2-16 倒虹吸

二、排水沟道的组成与规划布置

1. 排水沟道的组成

排水沟道系统一般包括排水区内的排水沟系和蓄水设施（如湖泊、河流、坑塘等）、排水区外的承泄区以及排水枢纽（如排水闸、抽排站等）几大部分组成。根据我国各地区排水系统的各种组成和形式，可概括为图2-17所示模式。

排水沟系和灌溉渠系相似，一般可分为干、支、斗、农四级固定沟道。但当排水面积较大或地形较复杂时，固定排水沟可以多于四级；反之，也可少于四级。干、支、斗三级沟道组成输水沟网，农沟及农沟以下的田间沟道组成田间排水网，农田中由降雨所产生的多余地下水和地下水通过田间排水网汇集，然后经输水网和排水网和排水枢纽排泄到容泄区。

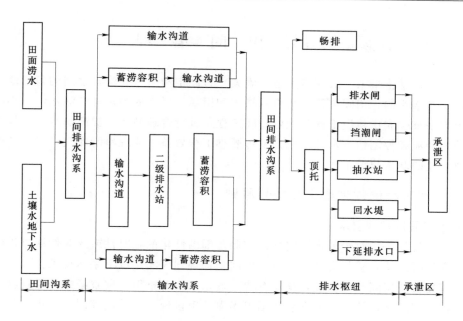

图 2-17 排水沟道系统模式

2. 排水沟道的规划布置

排水沟系的布置往往取决于灌区或地区的排水方式。我国各地区和各灌区的排水类型基本上可以归纳为汛期排水和日常排水、自流排水和抽水排水、水平（沟道）排水和垂直（或竖井）排水、地面截洪沟（有些地区称撇洪沟）排水和地下截流沟排水等几种。

排水沟系统的布置主要包括承泄区的排水出口的选择以及各级排水沟道的布置两部分。它们之间存在着互为条件、紧密联系的关系。

排水沟的布置应尽快使排水地区内多余的水量泄向排水口。选择排水沟线路通常要根据排水区或灌区内、外的地形和水文条件，排水目的的方式，排水习惯，工程投资和维修管理费用等因素，编制若干方案，进行比较，从中选用最优方案。

3. 布置排水沟的原则

（1）各级排水沟要布置在各自控制范围的最低处，以便能排除整个排水地区的多余水量。

（2）尽量做到高水高排，低水低排，自排为主，抽排为辅。

（3）干沟出口应选在承泄区水位较低和河床比较稳定的地方。

（4）下级沟道的布置应为上级沟道创造良好的排水条件，使之不发生壅水。

（5）各级沟道要与灌溉渠系的布置、土地利用规划、道路网、林带和行政区划等协调。

（6）工程费用小，排水安全及时，便于管理。

（7）在有外水入侵的排水区或灌区，应布置截流沟或撇河沟，将外来地面水和地下水引入排水沟或直接排入承泄区。

第五节 田 间 工 程

田间工程通常指最末一级固定渠道（农渠）和固定沟道（农沟）之间的条田范围内的临时渠道、排水小沟、田间道路、稻田的格田和田埂、旱地的灌水畦和灌水沟、小型建筑物以及土地平整等农田建设工程。做好田间工程是进行合理灌溉，提高灌水工作效率，及时排除地面径流和控制地下水位，充分发挥灌排工程效益，实现旱涝保收，建设高产、优质、高效农业的基本建设工作。

一、田间工程的规划要求和规划原则

1. 田间工程的规划要求

田间工程规划是指对于末级固定渠道控制范围内修建的临时性或永久性灌排设施以及平整土地等进行总体布置与安排的工作。田间工程规划应满足以下基本要求：

（1）有完善的田间灌排系统，旱地有沟、畦，水田有格田，配置必要的建筑物，灌水能控制，排水有出路，消灭旱地漫灌和稻田串灌及串排现象，并能控制地下水，防止土壤过湿和产生土壤次生盐渍化现象。

（2）田面平整，灌水时土壤温润均匀，排水时田面不留积水。

（3）田块的形状和大小要适应农业现代化需要，有利于农业机械作业和提高土地利用率。

（4）田间工程规划时必须因地制宜，讲求实效，实行山、水、田、林、路综合治理，创造良好的生态环境，促进农、林、牧、副、渔全面发展。

2. 田间工程的规划原则

（1）田间工程规划是农业基本建设规划的重要内容，必须在农业发展规划和水利建设规划的基础上进行。

（2）田间工程规划必须着眼长远、立足当前，既要充分考虑现代化农业发展的要求，又要满足当前农业生产发展的实际需要，为了便于管理，渠系的布置要和行政区划、土地利用规划相结合。

（3）要充分利用现有的农田水利设施，做到灌排系统、道路、林网结合考虑，统一布置。灌排配套，运用自如，消灭串灌和串排，并能有效地控制地下水位。

二、土地平整

（一）土地平整

在实施地面灌溉的地区，为了保证灌溉质量，必须进行土地平整。通过平整土地，削高填低，连片成方，除改善灌排条件外，还可以改良土壤、扩大耕地面积，适应机械耕作需要。所以，平整土地是治水、改土、建设高产稳产农田的一项重要措施。

对土地平整工作有以下要求：

（1）田面平整，符合灌水技术要求。在实施沟、畦灌溉的旱作区，为了均匀地湿润土壤，必须具有平整的田面，而且沿灌水方向要有适宜的坡度，以利灌溉水流均匀推进。在种水稻地区，要使格田范围内的田面基本水平。

（2）精心设计，合理分配土方。就近挖、填平衡，运输线路没有交叉和对流，使平整工程量小，劳动生产率最高。

（3）注意保持土壤肥力。在挖、填土方时，要先移走表层熟土，完成设计的挖、填深度以后，再把熟土层归还地面，并适当增施有机肥料，做到当年施工、当年增产。

（4）改良土壤，扩大耕地。对质地黏重、容易板结的土壤，可进行掺砂改良。通过填平废沟、废塘，拉直沟、渠、田埂等措施，扩大耕地面积，改善耕作和水利条件。

根据以上要求进行土地平整工程的设计和施工，通常以条田或格田作为平整单元，测绘地形图，计算田面设计高程和各点的挖、填深度，确定土方分配方案和运输路线，有组织地进行施工，达到省劳力、速度快、效果好的目的。

（二）条田规划

条田是指末级固定灌溉渠道（农渠）和末级固定沟道（农沟）之间的田块，有的地方称其为耕作区。它是进行机械耕作和田间工程建设的基本单元，也是组织田间灌水的基本单元。条田的基本尺寸要满足以下要求。

1. 排水要求

在平原地区，当降雨强度大于土壤入渗速度时，就要产生地面积水，积水深度和积水时间超过作物允许的淹水深度和允许的淹水时间时，就会危害作物生长。在地下水位较高的地区，当上升毛管水到达作物根系集中区时，就会招致土壤过湿。若地下水矿化度较高，还会引起表土层积盐。为了排除地面积水和控制地下水位，最常见的排水措施就是开挖排水沟。排水沟应有一定的深度和密度，排水沟太深时容易坍塌，管理维修困难。因此，农沟作为末级固定沟道，间距不能太大，一般为100～200m。

2. 田块大小

应综合考虑地形、耕作和排灌等方面情况，田块的大小和形状受田间渠系和道路的走向控制。一般在平原地区旱地，标准田块长500～800m、宽200～300m，方向南北走向为最佳。

3. 机耕要求

机耕不仅要求条田形状方整，还要求条田具有一定的长度。若条田太短，拖拉机开行长度太小，转弯次数就多，生产效率低，机械磨损较大，消耗燃料也多。若条田太长，控制面积过大，不仅增加了平整土地的工作量，而且由于灌水时间长，灌水和中耕不能密切配合，会增加土壤蒸发损失，在有盐碱化威胁的地区还会加剧土壤返盐。

4. 田间用水管理要求

在旱作地区，特别是机械化程度较高的大型农场，为了在灌水后能及时中耕松土，减少土壤水分蒸发，防止深层土壤中的盐分向表面聚积，一般要求一块条田能在1～2d内灌水完毕。从便于组织灌水考虑，条田长度以500～600m为宜。

三、灌水方法

（一）灌水方法应满足的要求

灌水方法就是灌溉水进入田间并湿润根区土壤的方法与方式。其目的在于将集中的灌溉水转化为分散的土壤水分，以满足作物对水、气、肥的需要。对灌水方法的要求是多方面的，先进而合理的灌水方法应满足以下几个方面的要求：

（1）灌水均匀。能保证将水按拟定的灌水定额灌到田间，而且使得每株作物都可以得到相同的水量。常以均匀系数来表示。

（2）灌溉水的利用率高。应使灌溉水都保持在作物可以吸收到的土壤里，能尽量减少发生地面流失和深层渗漏，提高田间水利用系数（即灌水效率）。

（3）少破坏或不破坏土壤团粒结构，灌水后使土壤保持疏松状态，表土不形成结壳，以减少地表蒸发。

（4）便于和其他农业措施相结合。现代灌溉已发展到不仅应满足作物对水分的要求，而且还应满足作物对肥料及环境的要求。因此现代的灌水方法应当便于与施肥、施农药（杀虫剂、除莠剂等）、冲洗盐碱、调节田间小气候等相结合。此外，要有利于中耕、收获等农业操作，对田间交通的影响少。

（5）应有较高的劳动生产力，使得一个灌水员管理的面积最大。为此，所采用的灌水方法应便于实现机械化和自动化，使得管理所需要的人力最少。

（6）对地形的适应性强。应能适应各种地形坡度以及田间不很平坦的田块灌溉，从而不会对土地平整提出过高的要求。

（7）基本建设投资与管理费用低，也要求能量消耗最少，便于大面积推广。

（8）田间占地少。有利于提高土地利用率，使得有更多的土地用于作物栽培。

（二）分类及适用条件

一般是按照是否全面湿润整个农田和按照水输送到田间的方式和湿润土壤的方式来分类，常见的灌水方法可分为全面灌溉与局部灌溉两大类。

1. 全面灌溉

灌溉时湿润整个农田根系活动层内的土壤，传统的常规灌水方法都属于这一类。比较适合于密植作物。主要有地面灌溉和喷灌两类。

（1）地面灌溉。地面灌溉水是从地表面进入田间并借重力和毛细管作用浸润土壤，所以也称其为重力灌水法。按其湿润土壤方式的不同，又可分为畦灌、沟灌、淹灌和漫灌。

1）畦灌。畦灌是用田埂将灌溉土地分隔成一系列小畦。灌水时，将水引入畦田后，在畦田上形成很薄的水层，沿畦田方向流动，在流动过程中主要借重力作用逐渐湿润土壤[图2-18（b）]。

2）沟灌。沟灌是在作物行间开挖灌水沟（图2-19），水从输水沟进入灌水沟后，在流动的过程中主要借毛细管作用湿润土壤。和畦灌比较，其明显的优点是不会破坏作物根部附近的土壤结构，不导致田面板结，能减少土壤的蒸发损失，适用于宽行距的中耕作物（图2-20）。

3）淹灌（又称为格田灌溉）。淹灌是用田埂将灌溉土地划分为许多格田，灌水时使格田内保持一定深度的水层，借重力作用湿润土壤，主要适用于水稻。

4）漫灌。漫灌是在田间不做任何沟埝，灌水时任其在地面漫流，借重力渗入土壤，是一种比较粗放的灌水方法。灌水均匀性差，水量浪费较大。

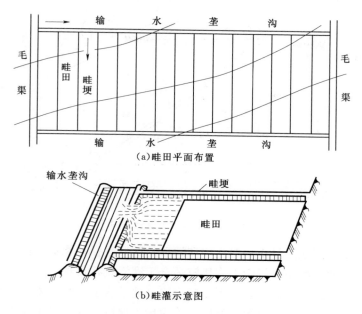

（a）畦田平面布置

（b）畦灌示意图

图 2-18 畦田布置示意图

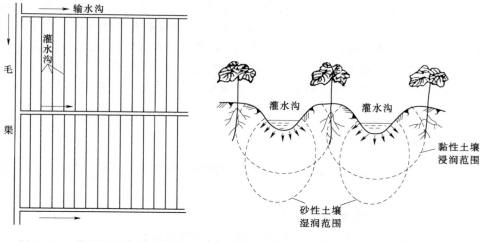

图 2-19 灌水沟布置示意图　　　　　图 2-20 沟灌示意图

（2）喷灌。喷灌是用专门设备将有压水送到灌溉地段，并喷射到空中散成细小的水滴，像天然降雨一样进行灌溉。其突出优点是对地形的适应性强，机械化程度高，灌水均匀，灌溉水利用系数高，尤其适合于透水性强的土壤，并可以调节空气湿度和温度。但基建投资较高，而且受风的影响大（图 2-21）。

2. 局部灌溉

局部灌溉是灌溉时只湿润作物周围的土壤，远离作物根部的行间或株间的土壤仍保持干燥。这类灌溉方法都要通过一套塑料管道系统将水和作物需要的养分直接输送到作物根部附近。一般灌溉流量都比全面灌溉小得多，因此又称其为微量灌溉。其主要优点是：灌

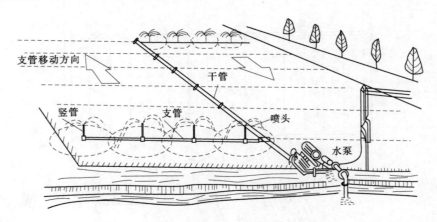

图 2 - 21 喷灌系统示意图

水均匀，节约能量，灌水流量小；对土壤和地形的适应性强；能提高作物产量，增强耐盐能力；便于自动控制，明显节省劳力。比较适合于灌溉宽行作物、果树、葡萄、瓜类等。

（1）渗灌。渗灌是利用修筑在地下专门设施（地下管道系统）将灌溉水引入田间耕作层借毛细管作用自下而上湿润土壤，所以又称为地下灌溉。其优点是灌水质量好，蒸发损失少，少占耕地便于机耕，但地表湿润差，地下管道造价高，容易淤塞，检修困难。

（2）滴灌。滴灌是利用一套塑料管道系统将水直接输送到每株作物的根部，水由每个滴头直接滴在根部上的地表，然后渗入土壤并浸润作物根系最发达区域。其突出的优点是：非常省水，自动化程度高，可以使土壤湿度始终保持在最优状态。但投资高，滴头极易堵塞。把滴灌毛管布置在地膜的下面，可基本上避免地面无效蒸发，称为膜下灌。

（3）微喷灌。微喷灌又称为微型喷灌或微喷灌溉，是用很小的喷头（微喷头）将水喷洒在土壤表面。

四、田间排水

田间排水的任务是除涝、防渍、防止土壤盐渍化、改良盐碱土以及为适时耕作创造条件等。

（一）田间明沟排水系统

田间明沟排水系统应与灌溉系统结合布置，由于各地区自然条件不同，田间明沟排水系统的组成和任务也有很大差异，应根据具体要求拟定合理的布置方案。

（1）在易旱易涝易碱的地区，如防止土壤次生盐碱化的任务由斗、支沟负担，则田间渠系仅负担灌溉和除涝的任务。在地下水埋深较大，无控制地下水位和防渍要求，或虽有控制地下水位的任务，但由于土质较轻，要求排水沟间距在 200～300m 以上时，排除地面水和控制地下水的排水农沟可以结合使用（图 2 - 22）。

（2）在土质比较黏重的易旱易涝地区，控制地下水位（防涝）要求的排水沟间距较小。因此，除排农沟外，在农田内部尚须有 1～2 级田间排水沟。

（3）在要求控制地下水位的末级排水沟间距为 100～150m 时，则在田间可以仅设毛沟。为加速地面径流的排除，毛沟应大致平行于等高线布置。

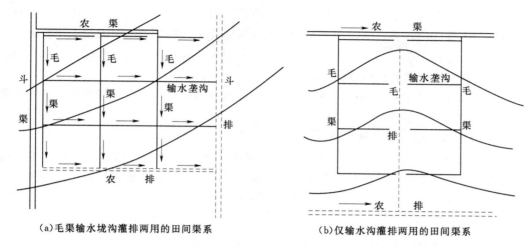

(a)毛渠输水垅沟灌排两用的田间渠系　　　　(b)仅输水沟灌排两用的田间渠系

图2-22　灌排两用田间渠系布置示意图

（4）当要求的末级排水沟间距在30～50m以下，则在农田内部采用两级排水沟（毛沟、小沟），如图2-23（a）所示，末级田间排水沟应大致平行于等高线布置，利于地表径流的排除，如图2-23（b）所示。

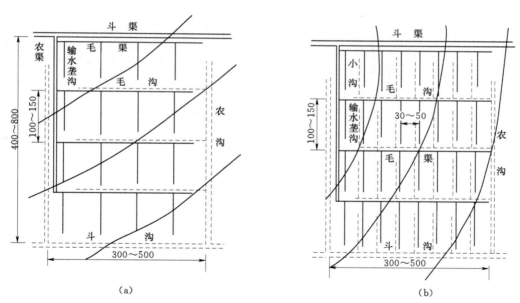

　　　　　　（a）　　　　　　　　　　　　　　　　　　（b）

图2-23　易旱易涝地区田间渠系布置示意图

（5）排水农沟的纵坡主要取决于地形坡度。为了排水通畅和防止冲刷，其纵坡坡度一般为0.004～0.006，最大不得超过0.01。横断面一般为梯形。

（二）地下暗管排水系统

1.地下暗管排水系统的组成

地下暗管排水系统一般由吸水管、集水管（沟）、检查井、集水井等几部分组成。

（1）吸水管是埋设于田间，直接由进水孔或接缝吸收和接受土壤中多余水分的管道。

（2）集水管（沟）是用于汇集吸水管集水并输送至下一级排水沟道的暗管或明沟。

（3）检查井是当暗管系统由多级暗管组成时，设置在吸水管与集水管相交处，用于冲沙、清淤、控制水流和管道检修的竖井。

（4）集水井是当水管出口处的外水位较高，集水不能自流排出时，需设置集水井汇集集水管的来水，由水泵排至下一级排水沟中。

2. 暗管排水系统布置的基本形式

（1）吸水管与集水管（沟）呈直角正交连接，如图 2-24（a）所示，这种布置形式广泛适用于地势平坦、田块规整的平原湖区和土地平整良好的山丘冲垄地区。若排水地段土质均匀，排水要求大体一致，则吸管一般可等距布置。

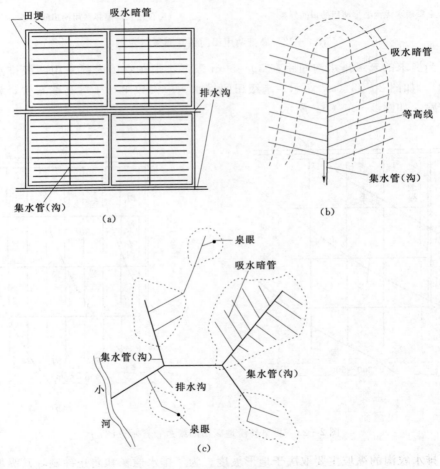

图 2-24 暗管排水系统布置形式

（2）吸水管与集水管（沟）呈锐角斜交连接，如图 2-24（b）所示，集水管沿洼地或山冲的轴线布置，吸水管与集水沟保持一定的交角，使吸水管获得适宜的纵坡。这种布置适用于地形比较开阔、冲谷两侧坡度比较一致的山丘地区。

（3）排水系统不规则布置形式，如图 2-24（c）所示，在渍害田面积较小，且孤立分布或有分散的泉水溢出点，需局部进行排水时，则需要根据地形、水文地质和土壤条件布置暗管，不要求形成等距和规则的排水系统。

根据暗管系统的组成，可分为单级暗管排水和多级暗管排水两种。单级暗管排水仅在田间一级采用吸水暗管，集水则采用明沟，如图 2-25 所示。目前一般田宽 12～30m，长80～100m，每个田块布设 1～2 条暗管。这种形式具有布置简单、施工容易、投资较少、便于检查和清理的优点。缺点是出口众多，易于损坏。多级暗管排水系统则是除吸水管外，还有 1～2 级以上的集水暗管，如图 2-24（a）所示。这种系统又称为组合系统。组合系统明沟的长度大为减少，进一步节省了耕地，有利于机耕，节省了明沟的养护维修费用。若组合系统某些管段发生堵塞，其影响范围较大，且不便检查与维修，投资也高于单级布置。

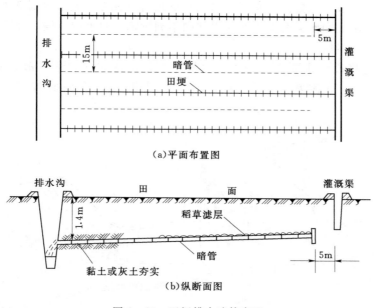

（a）平面布置图

（b）纵断面图

图 2-25　田间排水暗管布置

五、交通系统

田间交通系统主要是指田间道路系统，由为农业生产服务的田间道路和机耕道路组成。田间路是居民区到地块进行运输、经营的道路，以通行农业生产机械为主，也可通机动车；机耕路是田间（田块）生产经营的道路。在道路布置上应满足下述要求：

（1）要保证居民区与田间、田块之间联系方便，往返距离短，下地生产方便。

（2）应沿田块边界布置，与渠道、林带、田块等规划有机配合，有利于田间管理；要注意与农田区外的主干道路衔接联通，形成统一的农村道路网。

（3）要尽量减少占地面积，合理地与田间设施结合布置。道路宽度与密度按实际情况合理布置。道路要尽量多负担田块数量和减少跨越建筑物，以减少投资。

（4）要符合道路规划要求。

六、其他工程

（一）水闸

水闸是调节水位、控制流量的低水头水工建筑物，主要依靠闸门控制水流，具有挡水和泄（引）水的双重功能，在防洪、治涝、灌溉、供水、航运、发电等方面应用十分广泛。

1. 水闸的组成及各部分的功用

水闸由闸室、上游连接段和下游连接段三部分组成，如图 2-26 所示。

（1）闸室。主要作用是控制水位、连接两岸和上下游，它是水闸的主体。由底板、闸墩（包括边墩）、胸墙、工作桥、闸门、启闭机、交通桥等组成。

（2）上游连接段。主要作用是引导水流平顺地进入闸室，防止水流冲刷河床和岸坡、降低渗透水流在闸底和侧旁两个方面对水闸的不利影响。由上游翼墙、铺盖、护底、上游防冲槽、上游护坡组成。

（3）下游连接段。主要作用是引导水流平顺地出闸和均匀地扩散，防止下游河床及岸坡的冲刷。由下游翼墙、护坦（消力池）、海漫、下游防冲槽、下游护坡等组成。

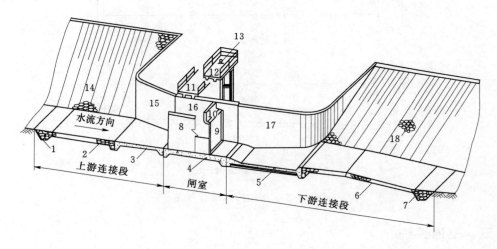

图 2-26 土基上水闸的组成示意图

1—上游防冲槽；2—护底；3—铺盖；4—底板；5—护坦（消力池）；6—海漫；7—下游防冲槽；
8—闸墩；9—闸门；10—胸墙；11—交通桥；12—工作桥；13—启闭机；14—上游护坡；
15—上游翼墙；16—边墩；17—下游翼墙；18—下游护坡

2. 闸门的分类

（1）按承担的主要任务（作用）分。

1）节制闸（拦河闸）：拦河兴建，调节水位，控制流量。

2）进水闸（渠首闸）：在河、湖、水库的岸边兴建，常位于引水渠道首部，引取水流。

3）排水闸（排涝闸、泄水闸、退水闸）：在江河沿岸兴建，作用是排水、防止洪水倒灌。

4）分洪闸：在河道的一侧兴建，分泄洪水、削减洪峰洪、滞洪。

5）挡潮闸：建于河流入海河口上游地段，防止海潮倒灌。

6）冲沙闸：静水通航，动水冲沙，减少含沙量，防止淤积。

7）排冰闸：在堤岸上建闸防止冬季冰凌堵塞。

（2）按闸室结构分。

1）开敞式：闸室露天，又分为有胸墙、无胸墙两种形式。

2）涵洞式：闸室后部有洞身段，洞顶有填土覆盖，根据水力条件的不同，涵洞式闸门分为有压和无压两种。

（3）按操作闸门的动力分。

1）机械操作闸门的水闸。

2）水力操作闸门的水闸。

（二）隧洞

隧洞是在地基内开挖而成，四周被围岩包围起来的水工建筑物。

1. 隧洞类型

（1）按功能分，可分为泄洪、泄水、引水、输水、放空、排砂、施工导流等隧洞。

（2）按流态分，可分为有压隧洞和无压隧洞。

（3）按衬砌方式分，可分为不衬砌隧洞，喷锚、混凝土衬砌或钢筋混凝土衬砌等隧洞。

（4）按流速分，可分为高速隧洞（>16m/s）和低速隧洞（<16m/s）。

2. 工作特点

（1）结构形式和承载方面

开挖前，岩体处于整体稳定状态；开挖后，原有的地应力平衡被打破，引起变形，严重时可能导致岩石崩塌，需进行开挖衬砌支护。

1）围岩压力。隧洞开凿后由于围岩变形（或塌落）而作用在衬砌上的压力，是一种主动力。

2）弹性抗力。当衬砌受到某些主动力的作用而向围岩方向变位时，会受到围岩的限制而产生反作用力，是一种被动力，能协助衬砌分担外荷载，是有利的。

3）水力特性。封闭断面水工隧洞受高水头动水压力作用。

a. 有压隧洞：相当于管流，受内水压力作用。若衬砌漏水，压力水渗入围岩裂隙，从而产生附加渗透压力，导致岩体失稳。要求有坚固的衬砌。

b. 无压隧洞：明渠流，高速水流下，在固体不平整边界上可能会引起空蚀。

4）施工方面。无论开挖还是衬砌，其工作面比地面上小得多，洞线长，干扰大。

（三）涵洞

涵洞是一种当渠沟相交或渠道与道路相交，而彼此高低相错时，常采用的交叉建筑

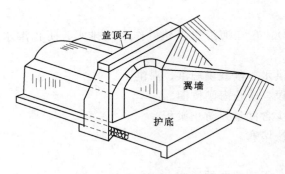

图 2-27 涵洞进口示意图

物。如图 2-27、图 2-28 所示。涵洞因用途、工作条件及建筑材料的不同而有不同的形式。

（1）圆形涵洞。多为钢筋混凝土预制管安装的涵洞。

（2）箱形涵洞。为四面封闭的钢筋混凝土结构，如图 2-29 所示，此形适用于无压或低压涵洞，适应地基的不均匀沉陷性能好。

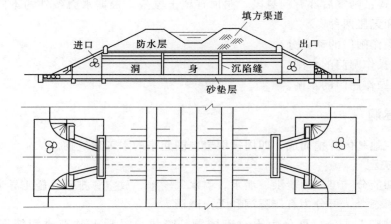

图 2-28 填方渠道下的涵洞

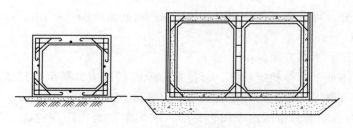

图 2-29 箱形涵洞

（3）盖板式涵洞。侧墙及底板多为浆砌石或混凝土结构，盖板多为钢筋混凝土结构，盖板简支在侧墙上。当跨度小时也可采用条石作盖板。底板结构有分离式和整体式两种，前者适用于地基较好的情况，后者适用于地基较差的情况，如图 2-30 所示。

（4）拱形涵洞。常用的拱圈有平拱 ［图 2-31（c）］ 和半圆拱 ［图 2-31（b）］。

（四）渡槽

渡槽又名过水桥，它是渠道跨越灌流、山谷、洼地、道路或其他渠道的高架输水建筑物。渡槽的结构与桥梁基本相似，由上部槽身与下部支承两部分组成。下部支承可以是墩台、排架或拱形结构，如图 2-32 所示。

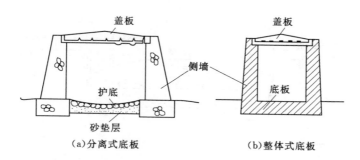

图 2-30 盖板式涵洞

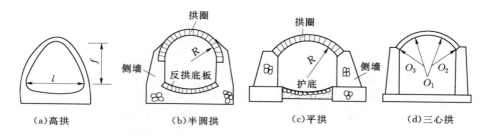

图 2-31 拱形箱涵

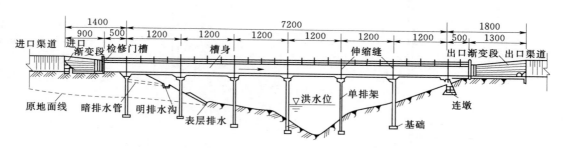

图 2-32 梁式渡槽纵剖面（单位：cm）

（五）倒虹吸

倒虹吸实质上是两端连接明渠而中间向下弯的压力水管。在渠道穿越公路、河流或山谷洼地时常采用它，其布置形式通常有 3 种。

（1）竖井式倒虹吸。图 2-33 所示为穿越公路的竖井式倒虹吸，这种形式结构简单，管路短，进出口一般用砖石或混凝土砌筑成竖井。

（2）斜卧式倒虹吸。图 2-34 所示为穿越河沟的斜卧式倒虹吸，进出口做成渐变段与渠道相连接，然后顺斜坡设置管道。

（3）桥式倒虹吸。图 2-35 所示为横跨河谷裸露的桥式倒虹吸，在管道转弯处应设镇墩，以保持管道稳定。

（六）桥梁

当渠道与道路交叉而道路路面较渠道水位高时，常须修建桥梁以利两岸交通。一般人行便桥净宽 1.5～2.0m，简易公路桥净宽 4.5m，双车道公路桥净宽 7m。

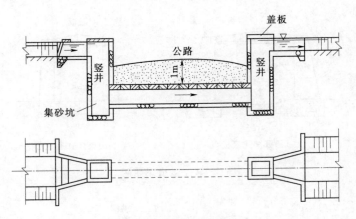

图 2-33 竖井式倒虹吸

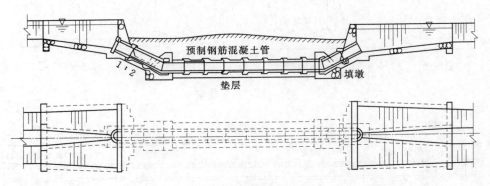

图 2-34 斜坡式倒虹吸

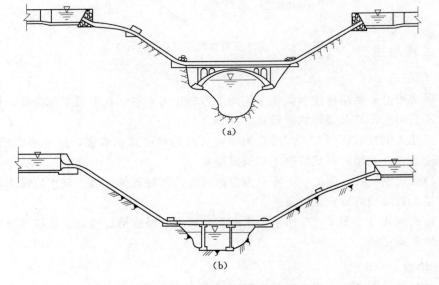

图 2-35 桥式倒虹吸

第六节 水 库 工 程 实 例

一、工程概况

苦荞坪水库位于永胜县期纳镇期纳村委会，水库距县城 90km。属金沙江水系海河流域的一级支流中所河上游。水库本区径流面积 11.20km²，外流域引水面积 10.70 km²。径流区和引水区属于东风乡和东山乡。

水库于 1969 年动工兴建，1981 年竣工，2008 年进行除险加固处理。进行除险加固处理后水库正常蓄水位为 2497.00m，对应库容为 488.40 万 m³，设计洪水位为 2498.71m，校核洪水位为 2499.33m，总库容为 575.80 万 m³，死水位为 2476.50m，死库容为 29.80 万 m³。

水库枢纽由大坝、溢洪道、输水涵洞组成，如图 2-36 所示。

二、水工建筑物

1. 大坝

大坝坝顶高程 2500.00m，坝顶宽为 6.0m，最大坝高 34.0m。上游坡为 1：2.50、1：2.75，下游坡为 1：2.25、1：2.50、1：2.75。上游为混凝土预制块护坡，下游为草皮护坡。坝体棱体排水。

2. 溢洪道

溢洪道布设于大坝顺流右岸，为明槽开敞式，最大泄洪流量 7.26m³/s，采用自由溢流式泄洪，溢洪道全长 310m，断面为 4.0m×2.0m（宽×高），底板高程为 2497.00m。

3. 输水隧洞

输水隧洞布置在大坝顺流左岸，隧洞进口高程定为 2474.50m，隧洞全长 175.0m，由进口引渠段、有压洞段、竖井段、无压洞段、消力池段、出口明槽段组成。

三、工程总投资

苦荞坪水库除险加固工程，工程总投资 1171.08 万元。其中：建筑工程 828.60 万元，机电设备及安装工程 9.53 万元，金属结构及安装工程 28.84 万元，临时工程 30.55 万元，独立费用 203.91 万元，预备费 55.07 万元，水土保持费 10.27 万元，环境保护费 4.32 万元。

四、工程效益

苦荞坪水库以灌溉为主，兼顾防洪。

1. 灌溉效益

苦荞坪水库设计灌溉面积 1.5 万亩，农作物价格以当地现行价格为准。经计算，每年灌溉效益为 196.49 万元。

2. 防洪效益

水库下游为永胜县经济较发达的期纳镇，涉及 26 个村庄、12 所学校，保护人口

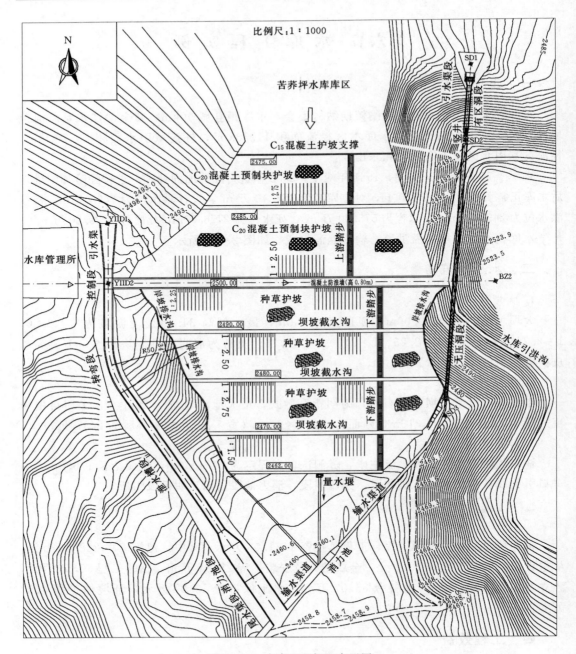

图 2-36 水库工程枢纽布置图

17736 人、农田 1.76 万亩、20 余个企事业单位、3.5km 祥宁公路。水库按设计要求运行，水库防洪效益得以充分发挥。根据水库防洪现状和达到设计能力后的对比分析，水库的多年平均防洪减灾效益约 36 万元。

3. 年总效益

通过以上计算可得，每年总效益可达 232.49 万元。

第三章 "五 小" 水 利

"五小"水利工程是指小水窖、小水池、小塘坝、小泵站、小水渠工程，是解决山区干旱缺水，保证山区春耕播种、果树灌溉、抗旱浇地的重要小型水利工程。《中共中央国务院关于加快水利改革发展的决定》（2011年1号文件）中提出要因地制宜兴建中小型水利设施，支持山丘区小水窖、小水池、小塘坝、小泵站、小水渠等"五小"水利工程建设。

小水窖是指容积在100m³以下的水窖；小水池是指容积在500m³以下的蓄水池；小塘坝是指蓄水容积低于5000m³，坝高5m以下，流域面积小于1km²的蓄水工程；小泵站一般指装机不高于30kW，扬程不超过100m，出口直径在10cm以下的提水泵站；小渠道是流量不大于0.1m³/s的引水渠。

"五小"水利工程投资少、见效快，使用、管理灵活方便，得到了广大农民群众的大力支持，是山区水利工程中分布面积广、建设数量大、发挥效益显著的工程，为加快农村水利发展，促进农民增收发挥了重要的作用。

第一节 小 水 窖

小水窖是构筑在地表以下加盖封口的储水设施。可存蓄天然降雨或通过引水管（沟）、水泵提水等形式将雨水、泉水、渠水或井水输送到窖中储存，供作物干旱点种、育苗、喷洒农药等用水，也可用于山区人畜饮水。水窖由窖底、窖壁、窖盖、入水口和取水口组成。配套设施包括水源（集雨场、泉水、井水等）、引水管（沟）、简易沉沙池、过滤池等。水窖工程工艺简单、便于施工，有利于冬季防冻，能有效防止杂物入窖，安全可靠。

一、水源选择

小水窖的水源主要是收集雨水，一般选择有一定产流能力的坡面、路面、屋顶，或经过夯实防渗处理的地方作为集雨场。集雨场首先选择包括荒坡、道路或较为开阔的平缓地面为作自然集水场。也可以利用有适宜坡度的空地进行人工硬化的过程，布设人工防渗层建设人工集雨场以增加集流量。

集雨场面积的确定依据当地降水量、降水强度、集水场地面径流系数来确定集水场的面积，即

$$S = \frac{V}{M_{24P}N}$$

式中　　S——集雨场面积，m²；

　　　　V——计划修建水窖的容积，m³；

M_{24P}——代表频率为 P 的最大 24h 降水量，mm，该数值可根据当地水文资料求得，水窖设计，建议采用设计频率 $P=10\%$（即 10 年一遇）；

N——集雨场地面径流系数，一般取荒坡 0.3，土质路面、场院、人工集水场 0.45，沥青路面、水泥场院 0.85～0.9。

水源为泉水、井水的水窖建设考虑引水和输水方便，利用河水的水窖可沿河沟分布在沟底，汛期蓄积河沟水，在干旱期抽取水窖中的水，灌溉位于河沟两岸的农田。

二、水窖的布置与选址

水窖选址是建窖（窑）成败的关键，根据地形、地貌、土质状况、可供集水面积和场地卫生条件，因地制宜，合理选定。

窖址选择要保证有一定的集水场面积，尽量做到需水量、容积和来水量相适应，以便蓄水时有充足的水源。利用其他水源的水窖要便于将附近季节性沟溪、泉水引入窖内，安全可靠。

人饮水窖集流场远离耕地、畜禽活动场所，力保水质安全，设施配套，环境整洁。灌溉用水窖（生产窖）靠近农田，便于灌溉，可修建在地头、地边、荒山、荒坡，将利用土地资源和环境整治结合起来，充分发挥水资源的有效性、可控性和可再生性。同时考虑输水方式的要求，有条件的地方尽可能将水窖修建在高于农田的坡台上，以便进行自压输水灌溉。

窖址应选择在地质稳定、无裂缝、陷坑和溶洞的位置上，一般要求土质坚硬，避开砂砾层等土质不良的地方，尽量避开滑坡体地段、根系较发育的树木，同时还应注意排涝、防淤。

三、水窖容量的确定

水窖容量的大小应根据用水量和降雨量的多少确定。

1. 生活用水窖容量的确定

生活用水窖主要是修建在房前、屋后用来满足家庭生活用水需要。汛期存储的水量用来满足间雨期人口和牲畜用水，其数量多少取决于人均日用水量 R_p、畜均日用水量 R_a（人均、畜均日用水量各省区有不同的参照标准）、水窖服务区域人口数 P_1、牲畜数量 P_2 以及间雨期天数 N_i（i 为间雨期数），则理想情况下间雨期的需水量应该为

$$W_i' = (P_1 R_p + P_2 R_a) \times N_i$$

但因实际生活中可能还有其他不可预测的用水需求，这样上式的计算结果就会偏小，为此采用水资源供需分析中常用的方法，安排 20% 的不可预见留量，则实际间雨期需水量为

$$W_i = (P_1 R_p + P_2 R_a) N_i \times (1 + 20\%)$$

水窖在汛期所蓄存的水量必须满足各个间雨期的需要，当水窖取各个间雨期中的最大需水量为设计窖容时，便既可以满足任一间雨期的生活用水需要，又不会因窖容过大而形成建造投资浪费。

2. 灌溉用水窖容量的确定

灌溉用水窖在汛期所蓄存的水量必须满足各个间雨期的作物生长灌溉用水要求，各个间雨期所需灌溉水量为

$$W_i = \frac{AM}{\eta}$$

式中　W_i——非充分灌溉条件下，第 i 个间雨期水窖灌溉区内耕地需水量，m^3；

　　　A——水窖灌溉区域面积，hm^2；

　　　M——作物或果树在第 i 个间雨期单位面积净灌溉用水量，m^3/hm^2，由试验资料确定或根据灌溉经验确定；

　　　η——灌溉水利用系数，节水灌溉条件下取 0.7～0.9，传统灌溉方式可取 0.5～0.7。

四、水窖的结构和形式

水窖是一种地下埋藏式蓄水工程，水窖结构由窖体、沉淀过滤池、进出水管和排污清淤设施组成。窖体是水窖的主体，窖体的最优形状应为球形，但施工难度较大，从受力角度及省工、省材料出发，将水窖修建为圆柱形。由于山区土石地质稳定性差，一般不推荐土窖，均为衬护及抹面的砖、石、混凝土窖。窖底在夯实的基础上砌石、砌砖或现浇混凝土并预留检查孔，检查孔用 C20 钢筋混凝土预制盖板封闭。对水质要求较高的水窖，特别是对未修建硬化（混凝土、砖铺地面、砌石）集雨场而直接引沟道或地表径流的水窖，一般应修建沉淀过滤池，使含泥雨水首先经沉淀池沉淀后再进入过滤池，经过滤后再引入水窖，进水管为沉淀池与过滤池、过滤池与水窖之间连接的引水管道，为较快接引大雨、集中降雨产生的汇流，出水管为取用水管道，一般采用管道安装于窖底部，接至农户家中。

在土质地区的水窖多为圆形断面，可分为圆柱形、瓶形、烧杯形、坛形等，其防渗材料可采用水泥砂浆抹面、黏土或现浇混凝土；岩石地区水窖一般为矩形宽浅式，多采用浆砌石砌筑。根据形状和防渗材料，水窖形式可分为传统土窖、水泥砂浆薄壁窖、混凝土盖碗窖、混凝土拱底顶盖圆柱形水窖等。

1. 传统土窖

土窖形状有瓶式窖和坛式窖。窖体由水窖、旱窖、窖口与窖盖等部分组成。水窖位于窖体下部，是主体部分，也是蓄水位置所在，旱窖位于水窖上部，窖口和窖盖起稳定上部结构的作用。

2. 水泥砂浆薄壁窖

水泥砂浆薄壁窖窖型是由传统的人饮窖经多次改进、筛选成型，适宜土质比较密实的红、黄土地区，对于土质疏松的砂壤土地区和土壤含水量过大地区不宜采用。窖体结构包括水窖、旱窖、窖口和窖盖几部分，如图 3-1 所示。

3. 混凝土盖碗窖

混凝土盖碗窖形状类似盖碗茶具，故取名盖碗窖。此窖型避免了因传统窖型窖脖子过深，带来打窖取土、提水灌溉及清淤等困难。窖体由水窖、容盖等几部分组成。其中水窖部分结构与水泥砂浆薄壁窖基本相同，只是增大了中径尺寸和水窖深度，增加了蓄水量。

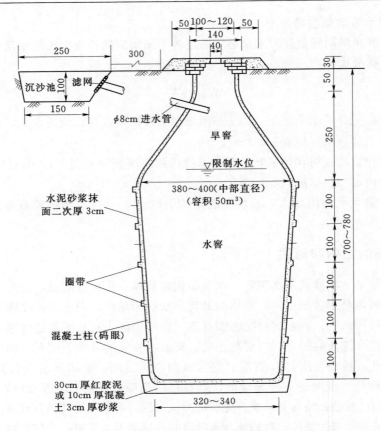

图 3-1 水泥砂浆薄壁窖（单位：cm）

此窖型适宜于土质比较松软的黄土和砂石壤土地区，打窖取土、提水灌溉和清淤等都比较方便，质量可靠，使用寿命长，但投资较高，如图 3-2 所示。

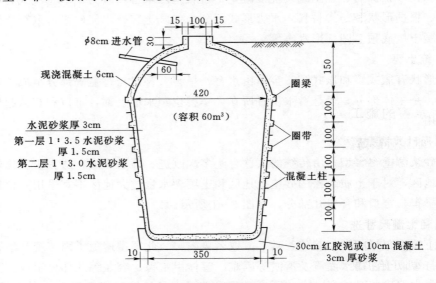

图 3-2 混凝土盖碗窖（单位：cm）

4. 混凝土拱底顶盖圆柱形水窖

混凝土拱底顶盖圆柱形水窖主要由混凝土现浇弧形顶盖、水泥砂浆抹面窖壁、三七灰土翻夯窖基、混凝土现浇弧形窖底、混凝土预制圆柱形窖颈和进水管等部分组成，如图3-3所示。

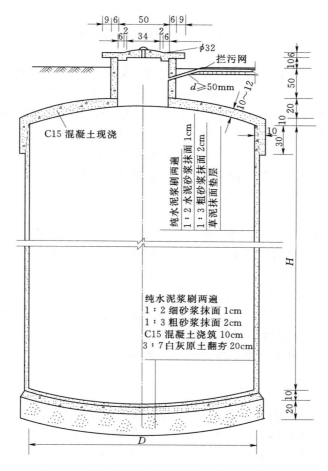

图3-3 混凝土拱底顶盖圆柱形水窖（单位：cm）

五、水窖的施工

（一）水泥砂浆薄壁窖（水泥砂浆抹面窖）

水泥砂浆薄壁窖窖体包括水窖、旱窖、窖口和窖盖几部分。窖体施工建造工序为挖窖筒、墁壁、窖底浇筑、窖体防渗、制作窖口和窖盖5个环节。

1. 挖窖筒

窖址和窖型尺寸选定后，铲去表土，确定中心点，按选定的窖口尺寸在地面上画一小圆，在圆的范围内向下开挖取土，挖至1.5m深左右按图纸要求整修上部窖型，在窖深0.5～0.8m处开始扩展，窖深为2.5～3.0m，中径要达到设计直径（3.8～4.2m），用铅垂线从窖口中心向下坠，严格掌握尺寸，防止窖体偏斜。这部分一般不蓄水，俗称旱窖。

水窖部分开挖，始终要先从中心点向四周扩展，按设计尺寸经检查合格后再往下挖。水窖部分从中径（缸口）开始，每下挖 1.0m，在窖壁上沿等高线挖一条宽 5cm、深 5～8cm 的圈带，在两圈带中间每隔 30cm 打混凝土柱（码眼），或用长条形坚硬石片（长 8～10cm、宽 4～5cm）钉入窖体内，外露 1cm，呈品字形布设，第一次墁砂浆时将外露片石盖住。

窖筒开挖深度应包括窖底防渗层厚度。窖体挖成后要进行检查，直至合格为止。

2. 墁壁

首先清除窖壁和圈带内的浮土，并洒水湿润，采用 M10 水泥砂浆或 1∶3.5 水泥砂浆将圈带内填筑后再由下往上墁壁。砂浆厚度为 3cm，分两次墁壁。第一次用 1∶3.5 水泥砂浆，粗墁挤压，过 24h 后再用 1∶3 水泥砂浆用铁泥臂（抹面工具）细墁一层（有的地方墁壁 3 次，每次厚 1.0cm）。对于打窖技术熟练，但缺少架木的地区，也可采取挖窖筒、墁壁防渗分段同步进行。即每下挖 1～1.5m，检查整修尺寸，合格后墁壁，以圈带处为接茬，但在下挖取土时要注意防止碰撞池壁，墁壁刷浆前要仔细清洗窖壁上粘的土。这种施工方法可节省架木和提高防渗质量。

3. 窖底浇筑

窖底浇筑是最重要的一环，要严格施工质量。窖底防渗分为胶泥和混凝土两种。处理窖底前要先将底部原状土轻轻夯实，以防止底部发生不均匀沉陷。

（1）红胶泥防渗是将红黏土打碎过筛，用水浸泡 1～2d，使之充分吸水软化，再用锸背砸剁或牲畜踩踏，并反复翻拌成面团状，然后将炮制好的红胶泥分两层夯实，厚度 30cm 最后用 1∶3 水泥砂浆墁 3cm。此外，在窖底要设防冲板，以落水点为中心浇筑厚 10cm 的 C20 混凝土，防冲板面积不小于 1m²。

（2）混凝土防渗是在处理好窖底土体上浇筑厚 10～15cm 的 C20 混凝土，最后用水泥砂浆收面一次。

4. 窖体防渗

窖壁、窖底的墁壁、浇筑混凝土工序结束一天后，即可进行刷浆防渗。防渗浆用 425 号水泥加水稀释成糊状，从上到下刷两遍。然后将窖口封闭，过 24h 后，洒水养护 14d 左右即可蓄水。为了提高防渗效果，可在水泥中加防渗剂（粉），用量为水泥用量的 3%～5%，第二次墁壁和刷水泥浆时掺入使用。

5. 制作窖口、窖盖

制作窖盖可与挖窖同时进行，按设计尺寸要求就地预制或集中预制。采用 C20 混凝土，厚 8cm，直径为 1.2～1.4m，并按要求布设提水设备预留孔。为了便于管理，应在窖盖上刻写蓄水量、编号、施工年月、乡村名等。窖盖表面要求平整，不得出现蜂窝、麻面等，浇筑后覆盖麦草洒水养护 7～14d。

窖台用砖浆砌或用混凝土预制窖圈，窖台高 30cm 即可，并用水泥砂浆勾好砖缝，再将窖盖安装好。

（二）混凝土盖碗窖（混凝土帽盖窖）

混凝土盖碗窖体包括水窖、窖盖两部分。水窖部分施工工序与水泥砂浆薄壁窖相同。混凝土帽盖施工分为土模制作、钢筋和铅丝制作绑扎、混凝土浇筑养护 3 道工序。

1. 土模制作

首先在平整好的窖址地面上去其表土，整修一直径为 5～6m 的圆形平面。在平面上画一直径为 4.5m 的圆。沿圆外沿挖一条宽 0.55m、深 1.5m 的环形土槽。圆内土体铲成半球状（球台状土模），顶部做成直径 1.0m、高 6cm 的土圆台。再在半球状土模下部外沿挖一条宽 25cm、深 20cm 的环状槽，即圈梁土模。然后将半球状土模拍打密实，再墁一层水泥砂浆。

2. 钢筋布置绑扎

圈梁为 4 根 Φ6mm 钢筋，环形布设，用 8 号铅丝作箍筋，间距 20cm。窖口用 Φ6mm 钢筋做成直径为 105cm 的圆环，窖口与圈梁之间用 12 根 Φ6mm 钢筋沿半球表面均匀辐射分布，再用 8 号铅丝横向环绕，间距为 20cm。钢筋与铅丝交叉处用 24 号铅丝绑扎。

3. 混凝土浇筑

钢筋绑扎好后，即可浇筑混凝土帽盖，厚度为 6cm，混凝土配合比为 1∶2∶4（水泥∶砂子∶石子），先从圈梁开始，然后沿四周由下往上浇筑。在距窖顶 50cm 处预埋 Φ8～10cm 的进水管（孔）。混凝土浇筑时要一次成型，振捣密实，及时收面 3 次，用麦草覆盖。12h 后洒水养护，12d 后方可开挖窖体内土方。混凝土帽盖四周要分层填土夯实，以增强窖盖的稳定性。窖口要及时做好窖台、窖盖设施。

（三）素混凝土拱盖碗窖

素混凝土拱盖碗窖窖型的结构尺寸、技术指标、施工工序与混凝土盖碗窖完全相同。不同之处是省掉了窖盖与圈梁的钢筋、铅丝，改用素混凝土肋拱，其施工程序为：①土模制作；②肋槽开挖；③混凝土浇筑养护。其中①和③两道工序与混凝土盖碗窖相同。

肋槽开挖：当土模制作成型后，沿半球状土模表面由窖口向圈梁均匀辐射开挖 8 条宽 10cm、深 6～8cm 的小槽，窖口外沿同样挖一条环形槽，肋形槽挖好后，清除浮土，洒水湿润，墁一层水泥砂浆后即可浇筑窖盖混凝土。

（四）砖拱窖

砖拱窖的窖体包括水窖、窖盖与窖口两部分。水窖结构和施工工序与混凝盖碗窖相同，砖砌式帽盖施工方法有两种。

（1）与混凝土盖碗窖的帽盖施工一样。即先做帽盖土模，按设计矢高、半球体直径确定土模尺寸，再用砖沿土模表面自下往上错位压茬分层砌筑到窖口。待砖缝砂浆固结后，即可开始从窖口开挖窖体土方和水窖部分施工。

1）砖的质量要求。砖面整齐、大小一样，砖角方正，没有凹凸现象，断口色泽均一，致密没有孔眼和裂纹；强度高（100 号以上），抗冻性好。

2）施工质量要求。施工前将砖充分吸水，采用 Mu10 砖砌体，砖缝砂浆饱满，采用挤浆法砌砖，合理压茬，每层砖收缝一次。

（2）采用大开口法施工。即先露天开挖水窖窖体，布设圈带、码眼、墁壁防渗。待水窖部分竣工后，再进行砖拱盖施工。

砖拱盖施工：第一步砌基座，沿缸口处周围砌砖座，宽 24cm、3 层砖高 18cm，分层压茬浆砌；第二步砌拱盖，沿四周由下往上错位压茬，每层砖向窖中心悬伸 5cm，逐渐收拢直到窖口，同时要边砌砖边回填夯实砖拱外围土方，使砖拱保持稳定。砖拱砌成后再做窖台，安装窖盖。

除修建水窖主体外，还需修建集雨坪、沉沙过滤池、进出水管等配套设施。集雨坪是汇集降水的设施，一般为平坦的山坡，或在稍作修整的土坡表面铺上一层无毒塑料布即可集雨。条件好的地方，可做成混凝土集雨坪，集水效果和水质都明显改善，但造价偏高。

第二节 小 水 池

小水池是利用天然地形修建的储存水的设备，小水池可以修建在地面以上，也可以平地开挖建在地面以下或者半地上、半地下。小水池用于拦蓄池址以上的径流、泉水或通过渠首或泵站将河水、渠水、泉水、井水引入池中储存，以满足灌溉需要。小水池易于修建，且可平时蓄、急时用，充分利用水源。小水池应注意冬季防冻、定期清淤及安装护栏，保证安全。

一、水源选择

在渠旁、村庄附近选择有可能蓄集降雨径流或调蓄山泉、溪水的天然洼地或人工挖成小水池，实行蓄引结合、长蓄短用，还可以用渠道将各小水池串联起来形成"长藤结瓜"式系统。

用于饮用水供水的小水池水源选择应遵循水量充足、水质良好、环境清洁、水源四周50m范围内无污染源、群众取用方便等原则。

二、水池布置与选址

小水池选择在有山泉水眼的地方建造。为便于灌溉，宜建在田头地脚。为减少工程造价，可选择地质条件较好的地点依山而建。如有些田头地脚没有山泉水，可采用敷设塑料管的办法将山泉水引至小水池。另外，还可将小水池建在地势较低处，降雨时多积一些地表水。在土地较为集中的地方，也可以几家共建一个容量大的小水池，共同受益。

三、水池容量的确定

确定小水池容积的原则：①考虑可能收集、储存水量的多少，是属于临时或季节性蓄水还是常年蓄水，小水池的主要用途和蓄水量要求；②要调查、掌握当地的地形、土质情况（收集1：500～1：200大比例尺的地形图、地质剖面图）；③要结合当地经济条件和可能投入与技术要求参数全面衡量，综合分析；④选用多种形式进行对比、筛选，按投入产出比（或单方水投入）确定最佳容积。"五小"水利小水池根据用途、结构等不同，其容积一般为50～100m³，特殊情况蓄水量可达200m³。

小水池容积确定主要有以下几个因素：

（1）用水定额的确定。根据相关国家或地方标准确定的居民用水定额或灌溉用水定额。

（2）饮用水池容积的确定。根据径流情况，一般采用日调节方式确定，满足条件为

$$V = NT$$

式中　V——饮用水池容积；

　　　N——确定的需水人数；

　　　T——用水定额。

（3）灌溉水池容量确定。有条件的地方尽可能按抗旱天数法确定，一般地区按灌溉定额来确定水池大小，满足条件为

$$V = qnmk$$

式中　V——水池容量；

　　　q——日需水量；

　　　n——灌溉周期，一般为 5～7d；

　　　m——灌溉面积；

　　　k——水利用系数，一般可取 0.85。

四、水池结构型式与材料

小水池按结构型式一般可分为开敞式和封闭式。

1. 开敞式小水池

开敞式小水池是季节性蓄水池，它不具备防冻、防蒸发功效。农用小水池只是在作物生长期内起补充调节作用，即在灌水前引入外来水蓄存，灌水时放水灌溉，或将井、泉水长蓄短灌。

（1）开敞式圆形小水池。圆池结构受力条件好，在相同蓄水量条件下建筑材料最省，投资最少。开敞式圆形小水池因不设顶盖，可修建较大容积的小水池，充分发挥多蓄水多灌地的作用。开敞式圆形小水池因建筑材料不同有砖砌池、浆砌石池、混凝土池等。圆形小水池由池底、池墙两部分组成。附属设施有沉沙池、拦污栅、进水管、出水管等。池底用浆砌石和混凝土浇筑，底部原状土夯实后，采用 M7.5 浆砌石砌筑，并灌浆处理，厚40cm，再在其上浇筑厚 10cm 的 C20 混凝土。池墙有浆砌石、砖砌和混凝土 3 种形式，可根据当地建筑材料选用。

1）浆砌石池墙。当整个小水池位于地面以上或地下埋深很小时采用。池墙高 4m，墙基扩大基础，池墙厚 30～60cm，采用 M7.5 浆砌石砌筑，池墙内壁采用 M10 水泥砂浆墁壁防渗，厚 3cm，并添加防渗剂（粉）。

2）砖砌池墙。当小水池位于地面以下或大部分池体位于地面以下时采用。用"24"砖砌墙，墙内壁同样采用 M10 水泥砂浆墁壁防渗。技术措施同浆砌石墙。

3）混凝土池墙。和砖砌池墙地形条件相同，混凝土墙厚度为 10～15cm，池塘内墙用稀释水泥浆作防渗处理，如图 3-4 所示。

（2）开敞式矩形小水池。矩形小水池的池体组成、附属设施、墙体结构与圆形小水池基本相同，不同的只是根据地形条件将圆形变为矩形。开敞式矩形小水池当小水量在

60m³ 以内时，其形状近似正方形布设，当蓄水量再增大时，因受山区地形条件的限制，小水池长宽比逐渐增大（平原地区除外）。矩形小水池结构不如圆形蓄水池受力条件好，拐角处是薄弱处，需采取防范加固措施。小水池长宽比超过3时，在中间需布设隔墙，以防止压力过大边墙失去稳定，如图3-5所示。

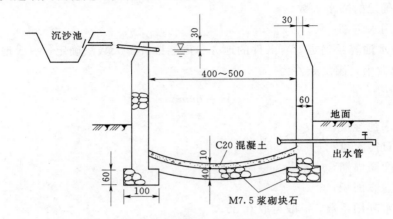

图 3-4　开敞式圆形小水池立面图（单位：cm）

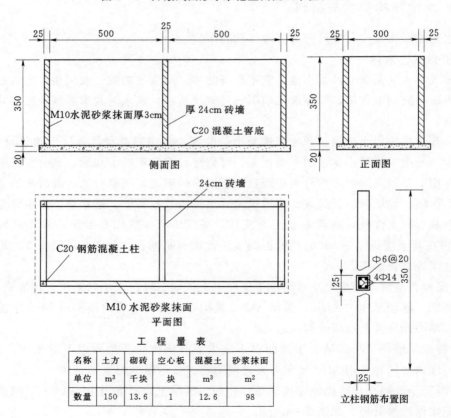

工 程 量 表

名称	土方	砌砖	空心板	混凝土	砂浆抹面
单位	m³	千块	块	m³	m²
数量	150	13.6	1	12.6	98

图 3-5　开敞式矩形小水池结构（单位：cm）

2. 封闭式小水池

封闭式小水池池顶增加了封闭设施，具有防冻、防蒸发功效。可常年蓄水，也可季节性蓄水。可用于农业节水灌溉，也可用于干旱地区的人畜饮水工程。但工程造价相对较大。结构形式可根据当地建筑材料选用。

（1）封闭式圆形小水池。封闭式圆形小水池增设了顶盖结构部分，增加了防冻保温功效，但工程结构较复杂，投资加大，所以蓄水容积受到限制，一般蓄水量为 $25 \sim 45 m^3$。池顶多采用薄壳型混凝土拱板，以减轻荷重和节省投资。池体大部分结构布设在地面以下，可减少工程量，因此要合理选定地势较高的有利地形，如图 3-6 所示。

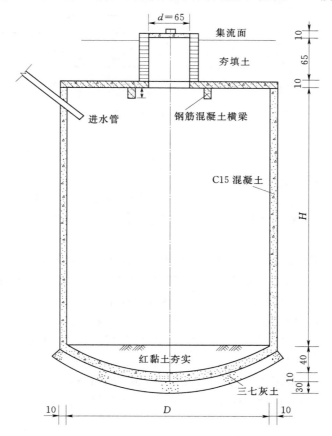

图 3-6 圆柱形混凝土小水池示意图（单位：cm）

（2）封闭式矩形小水池。封闭式矩形小水池适应性强，可根据地形、蓄水量要求采用不同的规格尺寸和结构形式，蓄水量变化幅度大；可就地取材，选用当地最经济的墙体结构材料，并以此确定墙体类型（砖、浆砌石、混凝土等）。池体顶盖多采用混凝土空心板或肋拱板。池宽以 3m 左右为宜，可降低工程费用。池体大部分构体要布设在地面以下，可减少工程量。保温防冻层厚度设计，要根据当地气候情况和最大冻土层深度确定，保证池水不发生结冰和冻胀破坏。蓄水池长宽比超过 3 时，要在中间布设隔墙，以防侧墙压力过大边墙失去稳定性，这样将一池分二，在隔墙上部留水口，可有效地沉淀泥沙，如图

3－7所示。

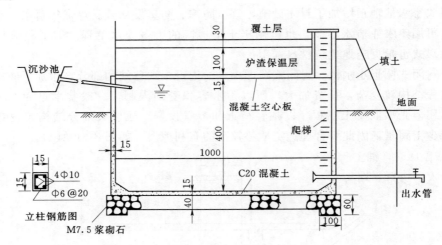

图3－7 封闭式矩形小水池示意图（单位：cm）

五、水池施工

（一）开敞式浆砌石圆形小水池

开敞式浆砌石圆形小水池的砌筑分为池墙砌筑、池底建造、附属设备安装3个部分。施工前应在小水池旁设置高程控制点，以便对小水池的各部分进行高程控制。

1. 池墙砌筑

施工前应首先查看地质资料和地基承载力，并在现场进行坑探试验，若土基承载力不够，要采取加固措施，如扩大基础或换土夯实。池墙砌筑时，要按设计图纸放出墙体大样，严格掌握垂直度、坡度和高程。池墙砌筑要求如下：

（1）石料要质地坚硬、形状大致呈方形，无尖角石片。风化石、薄片石料不宜选用。

（2）池墙砌筑要沿周边分层整体砌石，不可分段分块单独施工，以保证池墙的整体性。

（3）浆砌块石，一般用灌浆法砌筑，墙两侧临空面用坐浆法砌筑密实，中间部分用灌浆法，灌浆时应插入钢钎摇动，促使灌浆密实。墙内侧块石临池面要求规则整齐，经铲凿修理后方可使用。

（4）水泥砂浆强度标号应符合设计要求，并按设计要求控制砂浆用量。砂浆应随拌随用，不得留置过久，一般不宜超过45min。

（5）浆砌石在外露的（地面以上部分）外侧面进行勾缝。勾缝前须将砌缝刷洗干净，并用水湿润。

（6）池墙内壁用M10水泥砂浆抹面厚3cm，砂浆中加入防渗粉，其用量为水泥用量的3%～5%。

（7）池墙砌筑时要预留（预埋）进、出水孔（管），出水孔（管）与墙体结合处做好防渗处理。当选用硬塑管或钢管作出水口时，在池墙内布设2～3道橡胶止水环，或用沥青油麻绑扎管壁，然后用水泥砂浆将四周空隙筑实。出水口闸阀处要砌镇墩，防止管道晃动，北方寒冷地区，冬季将出水管覆土掩埋，以防阀门冻坏。

2. 池底建造

池底施工程序分基础处理、浆砌块石、混凝土浇筑、池底防渗4道环节。

（1）基础处理。凡是土质基础一般都要经过换基土、夯实碾压后才能进行建筑物施工。根据设计尺寸开挖池底土体，并碾压夯实底部原状土。回填土可按设计要求采用3：7灰土、1：10水泥土或原状土，采用分层填土碾压、夯实。当土中含水量不足时，要进行人工喷洒补水，使之达最优含水量标准。人工夯实每层铺土厚0.15m，夯打时应重合1/3。打夯时，各处遍数要相同，不能漏打和少打，边墙处更应夯打密实。干容重要求达到1.5～1.69/cm³。机械碾压时，铺土厚度为0.20～0.25cm，碾压遍数根据压重和振动力确定。

（2）浆砌块石。地基经回填碾压夯实达到设计高程后即可进行池底砌石。当砌石厚度在30cm以内时，一次砌筑完成，砌石厚度大于30cm时，可根据情况分层砌筑。砌石时，底部采用坐浆法砌底面，然后进行灌浆。用碎石充填石缝，务必灌浆密实，砌石稳固，上层表面呈反坡圆弧形。除杂物，然后浇C20混凝土，厚10cm，依次推进，收面3遍，表面要求密实、平整、光滑。

（3）混凝土浇筑。浆砌石完成后，应形成整体，一次浇筑完成，并要及时。

（4）池墙、池底防渗。池底混凝土浇筑好后，要用清水洗净清除尘土方可进行防渗处理。可用425号水泥加防渗剂用水稀释成糊状刷面，也可喷射防渗乳胶。

3. 附属设备施工安装

小水池的附属设备包括沉砂池、进水管、溢水管、出水管等。

（1）沉砂池。沉砂池为小水池前防止泥沙入池的附属设施。一般要求将推移质泥沙（粒径在0.04～2.0mm、沉速0.8～2.5mm/s）中的砂粒沉淀下来。当水源为河水、山洞溪水、截潜流、大口井水等含沙量很小时，可不设沉砂池。也可利用天然坑塘、壕沟作为沉砂池之用。沉砂池一般修建在距蓄水池3m以外。沉砂池一般呈长条形，长2～3m或更长，宽1～2m，深1.0m，池底比进水管槽低0.8m。断面为矩形或梯形。沉砂池多为土池，也有水泥砂池、砖砌池、浆砌池和混凝土池。

1）土池。选择有利地形按设计尺寸开挖，一般为梯形断面，人工夯实处理池底池墙，采用红胶泥防渗或草泥防渗。池底防渗层厚5～10cm，侧墙3cm。也可用塑料（地膜或棚膜）草泥防渗。

2）水泥砂浆抹面池。池体开挖及夯实处理同土池。用1：3.5水泥砂浆由下往上墁壁，厚度3cm，并洒水养护。

3）砖砌池。矩形池，池墙单砖砌筑，厚12cm，池底平砖厚6cm。在靠近小水池（窖）一侧按设计要求埋设进水管，最后用1：3.5水泥砂浆抹面3cm。

4）浆砌石池。矩形池，池底、池墙采用M7.5浆砌石砌筑，厚25cm，内墙壁和池底用水泥砂浆抹面防渗。

5）混凝土池。结构尺寸和砖砌池基本相同。池墙、池底混凝土厚5～8cm，一次浇成，并洒水养护7～14d。

（2）进水管（槽）。进水管多采用φ8～10cm塑料硬管。前端位于沉砂池池底以上0.8m处，末端伸入蓄水池内。进水槽为C20混凝土现场土模预制，壁厚4cm，每节长度为 1.5m，宽度和高度视入池量而定，当一节槽长不够时，可用 2～3 节连接。进水管槽前设置拦污栅，其形式多样，可就地取材。如用 8 号铅丝编织成 1cm 方格网状形栅，也可用铁皮打成 1cm 圆孔，成行排列，还可用竹条、木条、柳条织制成网状拦污栅。

（3）溢流管（槽）。溢流管（槽）是为了防止超蓄（夜间暴雨），危及蓄水池（窖）安全的补救措施。溢流管（槽）安设在蓄水池最高蓄水位处，将最高蓄水位以上的水安全排泄。用 410 硬塑管道或溢流槽，多余池水从管（槽）泄入明渠排走。

（4）出水管与排水管。小水池（窖）出水管可安装在离池底 0.32～0.35m 处的池壁上。用于微灌的小水池应在出水口设置第一级过滤装置。清洗泥沙等沉淀物及排空池水的排水管应低于或与小水池底相平。出水管、排水管用硬塑管或钢管，并与墙体结合紧密不漏水，出口安装阀门。

（二）封闭式矩形小水池（砖砌墙）

封闭式矩形小水池（砖砌墙）施工程序可分为池体开挖、池墙砌筑、池底浇筑、顶盖预制安装、附属设备安装 5 个部分。

1. 池体开挖

池体开挖要根据土质、池深选定边坡坡度。然后按池底设计尺寸确定开挖线，并进行施工放线。要严格掌握开挖坡度，确保边坡稳定。池深开挖要计算池底回填夯实部分和基础厚度，按设计要求一次挖够深度，并进行墙基开挖。

2. 池墙砌筑

按设计要求挖好池体后，首先对墙基和池基进行加固处理，然后砖砌池墙。墙角要加设钢筋混凝土柱和上下圈梁（圆形小水池可不设），砖砌墙时，砖要充分吸水，沿四周分层整体砌筑，坐浆饱满。墙外侧四周空隙处要及时分层填土夯实。钢筋混凝土柱与边墙要做好接茬。先砌墙后浇混凝土柱。圈梁和柱的混凝土要按设计要求施工。

3. 池底浇筑

施工方法同开敞式圆形小水池。

4. 池盖混凝土预制安装

混凝土池盖可就地浇筑或预制盖板。矩形小水池因宽度较小，一般选用混凝土空心预制构件安装。板上铺保温防冻材料，选用炉渣较为经济，保温层厚度根据当地最大冻土层深度确定，一般为 80～120cm，上面再覆土 30cm。四周用"24"砖墙浆砌，池体外露部分和池盖保温层四周填土夯实，以增强上部结构的稳定和提高防冻效果。

5. 附属设施安装

施工附属设施包括沉沙池、进出水管、检查洞及扒梯等。扒梯安装在出水管的侧墙上按设计要求布设。砌墙时将弯制好的钢筋砌于墙体内。顶盖预留孔口，四周砌墙，比保温层稍高，顶上设混凝土盖板。

第三节 小 塘 坝

塘坝主要以蓄水灌溉为主，也有灌溉养鱼等综合效益。塘坝与小型水库设计原理基本相同，设计步骤、勘察测量、规划、施工、管理等基本相同。塘坝由坝、溢洪道、输水建筑物 3 个部分组成。水库和塘坝主要区别在于蓄水库容的大小。国家规定，库容在 10 万 m³ 以下的称堰塘，堰塘设计标准无统一规定，一般标准 $P=10\%$（10 年一遇）或 $P=5\%$（20 年一遇）。

一、水源选择

在有较大汇水面积的洼地、溪谷筑坝拦蓄水。塘坝位置应选在水源充足、水质没有污染、适宜灌溉的地方。

在我国一般称这种蓄水能力在 10 万 m³ 以下的微型水库为塘坝。由于需水量较多，塘坝的拦水坝、取水及排洪建筑物等应参照小型水库的技术要求进行正规设计和施工。

二、小塘坝规划与选址

选择坝址时应考虑以下几个方面：

（1）尽可能选择河谷较窄，上游平坦宽阔，筑坝工程量小且又能多蓄水的地方。

（2）地质条件要好。坝基和坡基面最好是坚硬岩石，无断裂带和深风化层，不漏水。

（3）选择坝址要尽量考虑到附近是否有足够的筑坝材料。

（4）因小塘坝库容较小，尽量选择上游植被好、水土流失少的坝址。

（5）坝址基岩上覆盖层要薄，这样可减少土方量。

三、小塘坝库容的确定

小塘坝库容首先应满足泥沙淤积、水产养殖、灌溉等方面的要求确定塘坝的死库容。

小塘坝兴利库容调节计算按某一时段的水量平衡，在一个调节年内，取 1 个月为一个计算时段，逐时段计算水量平衡方程，第一次进行不计损失的调节计算，然后再计入损失进行调节计算，从而得出各小型库塘的兴利库容和灌溉面积。

以灌溉为主的小塘坝，兴利复核的主要目的是根据已知的来水量和灌溉面积复核兴利库容，或者是根据已知来水和兴利库容复核灌溉面积。可以采用兴利库容复核简化计算方法。

（1）确定设计代表年，计算水库设计代表年各月来水量。

（2）计算设计代表年各月灌溉用水量，计算公式为

$$V_{灌溉,i}=\frac{Am_{综净,i}}{\eta_{水}}$$

式中　　$V_{灌溉,i}$——第 i 月灌溉用水量，万 m³；

$\quad m_{综净,i}$——第 i 月综合净灌水定额，m³/hm²；

$\quad\quad A$——灌溉面积，hm²；

$\quad\quad \eta_{水}$——灌溉水利用系数。

（3）计算水库各月渗漏量。兴利调节时一般以月为时段，因此需计算水库各月的渗漏损失量。以死库容加当前已知的设计兴利库容的一半作为计算水库渗漏损失的依据，假设各月渗漏损失相等，即

$$V_{月渗} = k\left(V_{死} + \frac{V_{兴}}{2}\right) \tag{3-1}$$

式中 $V_{月渗}$——月渗漏损失量，万 m^3；

$V_{死}$——水库死库容，万 m^3；

$V_{兴}$——水库兴利库容，万 m^3；

k——月渗漏损失系数。

（4）由 $V_{死} + \dfrac{V_{兴}}{2}$ 查水位-库容曲线，得相应水位，再由该水位查水位-面积曲线，得相应的水库计算水面面积，由此计算水库各月水面蒸发损失，即

$$V_{蒸损,i} = A_{计面} E_i \times 10^{-3} \tag{3-2}$$

式中 $V_{蒸损,i}$——第 i 个月水库水面蒸发损失水量，万 m^3；

$A_{计面}$——水库计算水面面积，万 m^2；

E_i——第 i 个月的水面蒸发量，mm。

（5）列表进行兴利调节计算，确定兴利库容。

（6）若步骤（4）确定的兴利库容与实际兴利库容出入较大，则根据步骤（4）确定的兴利库容按式（3-1）和式（3-2）计算水库渗漏与蒸发损失，重复步骤（2）～（4）。

另外，还要根据调蓄上游入库的洪水确定调洪库容，以保证塘坝的安全。

四、小塘坝结构与材料

小塘坝的类型主要有土坝、干砌石坝、土石混合坝、混凝土坝、浆砌石坝。在土料丰富的地区一般可采用碾压式土坝，在土料缺乏、石料丰富易采、谷口狭窄、坝体工程量不大，坝岸及基础为坚硬岩层，可以修建浆砌石重力坝或拱坝形式，但拱坝对地形地质的要求比一般重力坝更高，在地质上除要求基础岩石坚硬、完整和无断层外，还要求坝体下游两岸有较大、完整的岩体以保证拱坝坝肩的稳定等，在施工技术上也比一般重力坝难度要大，对此应予以高度重视。

塘坝一般由拦水坝、溢洪道、放水管三部分组成。小塘坝一般采用坝顶溢流方式，当水位超过坝顶时，溢流泄洪。

五、小塘坝施工

1. 开挖清理坝基

（1）在坝基清理前应首先根据设计要求确定坝体中轴线，钉中心桩，确定开挖范围。

（2）坝基范围内必须清除坚硬的基岩、杂草、淤泥、树根等。

（3）根据设计要求，开挖基槽，遇有断裂、泉眼、破碎带等需彻底清除，清除后做防渗处理。

（4）当岸坡岩石较为破碎时，须将破碎层清理干净，砌坝时视地质情况而定，将砌体伸入岸坡一定深度，一般伸入 0.5～0.8m。砌筑时，最好采用修整过的具有四角、较为方正的粗料石，长度一般不少于 0.3m，厚度不小于 0.2m。上、下及两侧应加工出粗平面。

2. 铺设放水管

小塘坝放水管大部分用混凝土管，管径根据流量确定，放水管施工时应注意以下几点：

（1）按设计高程和要求施工。

（2）在管底铺设防渗砂浆。四周必须用砂浆与坝体浆砌石筑成一体。

（3）放水管砌好后，严禁撬动，以防松动而造成坝体与管相接处渗水。

（4）放水管上下游要按设计要求与闸门柱和下游渠道衔接好。

浆砌石重力坝采用分层砌筑法，每层厚 0.4～0.5m，错缝砌筑。缝的宽度控制在 1.5～2.0cm，石料间的纵缝应灌满砂浆。每层砌筑时先将上游坝体一侧按放线定位砌筑好，然后再砌筑坝体内石块。砌筑时先坐浆，然后将石料放置好，用插钎将缝浆捣实。注意块石砌稳后，不得再从底部撬动，以保证石料底部砂浆饱满。砂浆初凝后，禁止用重锤敲击，以免松动。为保持浆砌石外表整齐、美观、坚固，浆砌石表面的全部水平或垂直缝都要采取 M10 水泥砂浆勾缝处理。

土坝的施工在搞好坝基和土料场清理的基础上，塘坝上土要严格按照施工程序进行，做到统一指挥，分层上土，一般每层铺土厚 30～50cm。每层土铺好后，要采用拖拉机碾压或人工打击夯实。对按村组划段施工的，一定要注意段与段接头的衔接。上坝土料如果过于干燥，应该适度洒一些水。老塘坝的加高培厚，必须先对老塘坝坝面进行清理，去除杂草、树根、乱石等，并把表层土刨松，然后再上新土料。塘坝建成后需要及时在坝上栽植草皮，对于塘面大、吹程远的塘坝迎水坡，最好用干砌块石护坡。

第四节 小 泵 站

一、泵站的布置与选址

站址选择要有利于控制全灌区的面积，便于泵站枢纽的总体布置，渠站能相互结合，工程量小，安全可靠，能适时适量地取水。泵站选择的依据如下：

（1）水源。对于从湖泊取水的泵站，应选择河床及堤岸稳定，流量有保证，水位变幅小，有利于防洪、防沙、防冰及防污的湖段。

（2）地形。为了便于泵站建筑物的布置，站址处的地形应该比较开阔，同时应具有与泵站扬程相适宜的地形高差和岸坡，还要有较好的通风采光条件，土石开挖工程量小，便于安排施工和以后扩建的可能性等因素。

（3）地质。泵站建筑物应处在岩石坚实、承载力强、渗透性弱、地下水位深的地基上，对于建在软基上的泵站，应考虑可能存在的淤泥、流沙、湿陷及膨胀土等不稳定的情况，在不可避免时，应制定相应的地基处理方案及加固措施。

（4）电源交通及其他。视泵站规模的大小兼顾动力电源的来源及输变电工程的造价，以求尽量减少输电线路的长度。要有利于与外部公路交通的衔接，以便机电设备和施工物料的运送，条件许可时，尽可能使泵站邻近村镇或居民点，同时尽可能考虑少占耕地并与周围自然环境相协调。

二、水泵的选择

1. 水泵流量

水泵的出水量应满足田间系统最大需水量的要求。

2. 水泵扬程

水泵扬程是指用水柱表示的水泵出口压力和入口压力之差。

(1) 总扬程用式 (3-3) 表示,即

$$H = h_w + P + Z \tag{3-3}$$

式中 H——总扬程,m;

$\quad h_w$——总水头损失,m,它包括沿程损失和局部损失之和;

$\quad P$——灌水器要求的工作水头,m;

$\quad Z$——处于最不利条件情况下的灌水器与进水池水位的高差,m。

所选水泵的扬程应不小于由式 (3-3) 给出的总扬程。

(2) 水泵安装高程。水泵允许吸程应不小于实际吸程。离心泵的有效吸上高度为

$$H_{吸} = H_s - 10 + \frac{P_0}{r} - \frac{v_1^2}{2g} - h_w - \frac{P_汽}{r} \tag{3-4}$$

式中 $H_{吸}$——有效吸上高度,m;

$\quad H_s$——水泵允许吸上真空高度,m,由生产企业提供或由水泵样本中查得;

$\quad \dfrac{P_0}{r}$——装置水泵处的大气压力水头,m;

$\quad \dfrac{v_1^2}{2g}$——水泵进口处流速水头,m;

$\quad h_w$——吸水管路中的水头损失,m;

$\quad \dfrac{P_汽}{r}$——在工作水温下的水蒸气压力水头,m。

卧式离心泵的安装高程为

$$\nabla = \nabla_集 + H_{吸}$$

式中 ∇——卧式离心泵安装高程,m;

$\quad \nabla_集$——集水池最低设计水位,m。

三、泵站形式

对于小泵站来说,按使用的动力不同可分为电力泵站和柴油机泵站两种;按扬程来说,设计扬程超过 60m 属高扬程泵站,扬程在 10~60m 为中扬程泵站,扬程低于 10m 的为低扬程泵站;按使用的水泵不同又可分为混流泵站和离心泵站。

四、泵站施工

小泵站是提水灌溉工程的重要部位,其施工质量的好坏直接关系到工程效益的发挥。

（一）施工放线、开挖

1. 施工放线

泵站施工现场应设置测量控制网，进行方位控制和高程控制，并把它保存到施工验收完毕。通过施工测量，定出建筑物的纵横轴线、基坑开挖线与建筑物的轮廓线，标明建筑物的主要部位和基坑开挖高程。

2. 基坑开挖

基抗开挖必须保证边坡稳定，根据不同土质情况采用不同的边坡系数。若基坑开挖好后不能进行下道工序时，应保留 15～30cm 土层，待下道工序开始前挖至设计高程。泵站机组基础必须浇筑在未经松动的原状土上，当地基承载力小于 0.05MPa（0.5kgf/cm²）时，应按设计要求进行加固处理。基坑应设置明沟或井等排水系统，将基坑积水排走，以免影响施工。

（二）泵站施工、安装

1. 泵站施工

小泵站一般采用分基型机房，即泵房墙体与机组基础是分开的。水泵与动力机应安装在同一块基础上，并要求机组和基础的公共重心与基础底面形心位于同一条垂直线上。基础底面积要足够大，保证地基应力不超过地基允许承载力。基础上顶面要高出机房地板一定高度，且基础底面应处于冻层以下。

为保证运行时机组的位置不变，并能承受机组的静荷载和振动荷载，基础应有足够的强度，为此基础通常用 C20 混凝土浇筑，并按上述要求浇筑在未松动的原状土上。此外，还应符合下列要求：

（1）基础的轴线及需要预埋的地脚螺栓或二期混凝土预留孔位置应正确无误。

（2）基础浇筑完毕拆模后，应用水平尺校平，其顶部高程应正确无误。泵房建筑物的砌筑应符合《建筑工程施工质量验收统一标准》（GB 50300—2013）、《建筑地基基础工程施工质量验收规范》（GB 50202—2002）、《砌体工程施工质量验收规范》（GB 50203—2002）、《混凝土结构工程施工质量验收规范》（GB 50204—2013）、《地下防水工程施工质量验收规范》（GB 50208—2011）、《建筑地面工程施工质量验收规范》（GB 50209—2010）等有关规范的规定。泵站基础与泵房砌筑完毕后应进行检查验收，并待砌体砂浆或混凝土凝固达到设计强度后回填。回填土干湿适宜，分层夯实，与砌体接触密实。

2. 设备安装

（1）一般要求。

1）安装人员了解设备性能，熟悉安装要求。

2）安装用的工具、材料准备齐全，安装用的机具经检查确认安全可靠。

3）与设备安装有关的土建工程验收合格。

4）待安装的设备按设计核对无误，检验合格，内部清理干净，不存杂物。

（2）机电设备安装。安装的顺序为：水泵→动力机→主阀门→压力表→水表→各轮灌区阀门。微灌用的化肥罐、过滤器应安装在压力表与水表之间。机电设备安装应符合下列要求：

1）直连机组安装时，水泵与动力机必须同轴，联轴器的端面间隙应符合要求。

2）非直连卧式（三角带传动）机组安装时，动力机和水泵轴线必须平行，带轮应在同一平面上，且中心距符合设计要求。

3）柴油机的排气管应通向室外，且不宜过长。电动机的外壳应接地，绝缘应符合国家标准。

4）各部件与管道的连接，可用法兰或丝扣，但应保持同轴、平行，螺栓自由穿入，不得用强紧螺栓的方法消除歪斜。法兰连接时，需装止水垫。

5）电气设备安装应由电工按接线图进行，安装后应对线路详细检查，并启动试运行，观察仪表工作是否正常。

第五节 小 水 渠

渠道是我国农田灌溉的主要输水方式。传统土渠输水渗漏损失占引水量的50%～60%，一些土质较差的渠道渗漏高达70%以上。为了减少渗漏，提高渠系水利用系数，节约灌溉用水，将各级渠道进行防渗处理，是我国干旱半干旱地区目前应用最为广泛的渠道节水技术。

一、水渠布置

渠系规划布置原则如下：

（1）渠系在既定的水源和水位情况下，尽可能全部采取自流灌溉的形式，并保证有较多的农田得到灌溉。灌溉干渠应布置在灌区的较高地带，以便控制最大的灌溉面积，进行自流灌溉。对灌区内个别高地可利用小型提水站解决。

（2）渠系规划布置必须与地区的土地规划结合起来，成为土地规划内容的一部分。渠道的布置应尽量与行政区划或农业生产单位相结合。为了管理方便，应使每个用水单位的取水口最少。在一个灌区内，由于地形、土壤、水文地质及作物品种的不同（水稻或旱作物等），把灌区划分为若干区是必要的，因此渠线应与这些分区的边界相结合。

（3）布置渠系要求渠道网的总长度最短，渠线最直，以利机耕及减少土石方量和输水损失。同时渠系应结合地形、地物，尽可能避开洼地、山丘、小河。尽可能与道路和防护林带、排水渠系等统一考虑（如渠线结合防护林带布置或沿路布置），以减少渠道深挖大填方和交叉建筑物的数量，节约工程投资及管理费用。

（4）水的综合利用。以灌溉为主的渠道，除保证农田灌溉外，还应考虑利用渠道落差修建小型灌排泵站。

（5）根据灌区水源和地形情况尽量采用"长藤结瓜"的布置形式，即在干、支引水渠沿线，利用天然洼地和沟谷修建蓄水池和小水库。

（6）布置灌溉渠道时，应考虑灌溉水对灌区地下水位的影响，因而要与排水系统妥善配合。有时灌溉渠道的布置要服从排水渠系的布置，防止土壤盐碱化。

（7）为了保证干、支渠重要建筑物和大填方渠段的安全，应有退、泄水设施。

二、水渠流量

计算渠道设计流量应根据作物的灌溉制度及所控制的灌溉面积，按照同一时期不同作物同时用水量最多的情况计算。

渠道的工作制度不同，设计流量的推算方法也不同，小水渠基本为轮灌渠道，因为轮灌渠道的输水时间小于灌水延续时间，所以，不能直接根据设计灌水模数和灌溉面积自下而上地推算渠道设计流量。常用的方法是：根据轮灌组划分情况自上而下逐级分配末级续灌渠道（一般为支渠）的田间净流量，再自下而上逐级计入输水损失水量，推算各级渠道的设计流量。

（1）自上而下分配末级续灌渠道的田间净流量。支渠为末级续灌渠道，斗、农渠的轮灌组划分方式为集中编组，设同时工作的斗渠为 n 条，每条斗渠里同时工作的农渠为 k 条。

1）计算支渠的设计田间净流量。在支渠范围内，不考虑损失水量的设计田间净流量为

$$Q_{支田净} = A_支\, q_设 \tag{3-5}$$

式中　$Q_{支田净}$ ——支渠的田间净流量，m^3/s；

$\quad\quad A_支$ ——支渠的灌溉面积，万亩；

$\quad\quad q_设$ ——设计灌水模数，$m^3/(s \cdot 万亩)$。

2）由支渠分配到每条农渠的田间净流量为

$$Q_{农田净} = \frac{Q_{支田净}}{nk} \tag{3-6}$$

式中　$Q_{农田净}$ ——农渠的田间净流量，m^3/s。

在丘陵地区，受地形限制，同一级渠道中各条渠道的控制面积可能不等。在这种情况下，斗、农渠的田间净流量应按各条渠道的灌溉面积占轮灌组灌溉面积的比例进行分配。

（2）自下而上推算各级渠道的设计流量。

1）计算农渠的净流量。先由农渠的田间净流量计入田间损失水量，求得田间毛流量，即农渠的净流量为

$$Q_{农净} = \frac{Q_{农田净}}{\eta_f} \tag{3-7}$$

式中符号意义同前。

2）推算各级渠道的设计流量（毛流量）。根据农渠的净流量自下而上逐级计入渠道输水损失，得到各级渠道的毛流量，即设计流量。由于有两种估算渠道输水损失水量的方法，由净流量推算毛流量也就有两种方法。

a. 用经验公式估算输水损失的计算方法。根据渠道净流量、渠床土质和渠道长度为

$$Q_g = Q_n(1 + \sigma L) \tag{3-8}$$

式中　Q_g——渠道的毛流量，m^3/s；

$\quad\quad Q_n$——渠道的净流量，m^3/s；

$\quad\quad \sigma$——每千米渠道损失水量与净流量比值；

　　L——最下游一个轮灌组灌水时渠道的平均工作长度，km。

　　计算农渠毛流量时，可取农渠长度的一半进行估算。

　　b.用经济系数估算输水损失的计算方法。根据渠道的净流量和渠道水利用系数计算渠道的毛流量，即

$$Q_g = \frac{Q_n}{\eta_c} \qquad (3-9)$$

　　在大、中型灌区，支渠数量较多，支渠以下的各级渠道实行轮灌。如果都按上述步骤逐条推算各条渠道的设计流量，工作量很大。为了简化计算，通常选择一条有代表性的典型支渠（作物种植、土壤性质、灌溉面积等影响渠道流量的主要因素具有代表性）按上述方法推算支斗农渠的设计流量，计算支渠范围内的灌溉水利用系数 η 支水，以此作为扩大指标，计算其余支渠的设计流量，即

$$Q_支 = \frac{qA_支}{\eta_{支水}} \qquad (3-10)$$

　　同样，以典型支渠范围内各级渠道水利用系数作为扩大指标，可计算出其他支渠控制范围内的斗农渠的设计流量。

三、水渠断面形式、结构与材料

　　水渠常用的断面形式有矩形和梯形。过水断面的设计采用明渠均匀流的基本公式，即

$$Q = AC\sqrt{Ri} \qquad (3-11)$$

式中　Q——渠道设计流量，m^3/s；

　　　　A——渠道过水断面面积，m^2；

　　　　C——谢才系数；

　　　　R——水力半径，m；

　　　　i——渠底比降。

　　谢才系数常用曼宁公式计算，即

$$C = \frac{1}{n}R^{1/6} \qquad (3-12)$$

式中　n——渠床糙率系数。

　　用试算法求解渠道的断面尺寸，具体步骤如下：

　　(1)假设 b、h 值。为了施工方便，底宽 b 应取整数。因此，一般先假设一个整数的 b 值，再选择适当的宽深比 a，用 $h=b/a$ 计算相应的水深值。

　　(2)计算渠道过水断面的水力要素。根据假设的 b、h 值计算相应的过水断面面积 A、湿周 P、水力半径 R，计算公式为：

$$A = (b+mh)h$$

$$P = b+2h\sqrt{1+m^2}$$

$$R = \frac{A}{P}$$

　　用曼宁公式计算谢才系数 C 值。

（3）校核渠道输水能力。上面计算出来的渠道流量（$Q_{计算}$）是假设的 b、h 值相应的输水能力，一般不等于渠道的设计流量（Q），通过试算，反复修改 b、h 值，直至渠道计算流量等于或接近渠道设计流量为止。要求误差不超过 5%，即设计渠道断面应满足的校核条件为

$$\left|\frac{Q-Q_{计算}}{Q}\right|\leqslant 0.05 \qquad (3-13)$$

在试算过程中，如果计算流量和设计流量相差不大时，只需修改 h 值再行计算；如二者相差很大时，就要修改 b、h 值再行计算。为了减少重复次数，常用图解法配合：在底宽不变的条件下，用 3 次以上的试算结果绘制 h-Q 计算关系曲线，在曲线图上查出渠道设计流量 Q 相应的设计水深 h_d。

（4）校核渠道流速，即

$$v_d=\frac{Q}{A} \qquad (3-14)$$

渠道的设计流速应满足前面提到的校核条件，即

$$v_{cd}<v_d<v_{cs}$$

式中　　v_d——设计流速；

　　　　v_{cd}——不淤流速；

　　　　v_{cs}——不冲流速。

如不满足流速校核条件，就要改变渠道的底宽 b 值和渠道断面的宽深比，重复以上计算步骤。直到既满足流量校核条件又满足流速校核条件为止。

渠道防渗有以下几种方式：

1）膜料渠道防渗一般采用埋铺式。当采用土料保护层时，造价低，但允许流速小，渠道断面为宽浅式，占地多，适用于中、小型低流速渠道。当采用混凝土、砌石刚性保护层时，防渗、抗冲性能好，坚固耐久，但造价高。

2）混凝土防渗工程，防渗、抗冲性能好，坚固耐用，适用于不同地形、气候和运用条件的大、中、小型渠道，但投资较大；混凝土防渗工程的断面形式有梯形、U 形、矩形、城门洞形、圆形、复合式等。防渗体有钢筋混凝土、素混凝土和喷射混凝土。施工方法有现场浇筑和预制安装两种。

3）砌石防渗工程，抗冲性能好，耐久性强，施工简易，适用于石料来源丰富的地区。砌石防渗工程包括浆砌料石、浆砌块石、浆砌石板、浆砌卵石等。对于标准冻深大于 10cm 的地区，防渗渠道应采取防冻胀措施，其指导思想应以适应、消除、削减渠基土壤冻胀措施为主，辅之以经济实用的加强结构等抗冻胀措施。

四、水渠施工

选择渠道防渗材料应根据当地的自然条件、经济水平，因地制宜，就地取材，力求做到经济合理、经久耐用、运用安全、管理方便。

（1）施工放线。根据设计要求，用经纬仪定出渠道中心线，每隔 30～50m 打一桩，标定桩号，遇建筑物或特殊地形地貌地段应加桩。用水准仪测定桩顶高程，标出开挖（或

填筑）深度，并沿渠线每隔 300～500m 在渠线附近的建筑物、岩石或树墩等上预留固定高程点，以便随时检测防渗工程是否达到设计高程要求。以渠中心桩为准向左右两侧展宽，定出渠槽开挖线。

（2）渠槽开挖（或填筑）。应根据设计要求和施工放线，进行渠槽开挖（或填筑）和修整。要严格控制渠槽断面高程、尺寸和平整度。其方法是：当渠槽开挖接近设计断面时，在相邻的两个桩号处挖修出标准土渠槽断面，订好开口桩和坡脚桩，用 22 铅丝挂线，即为标准边坡线，用线绳绑在相邻桩号的铅丝上，自上而下移动线绳，修整出渠道边坡。

清除防渗工程范围内的树、淤泥、腐质土和污物。

（3）地基处理。渠道地基出现以下情况时，应按下列方法处理：

1）弱湿陷性地基和新建过沟填方渠道，可采用浸水预沉法处理。沉陷稳定的标准为连续 5d 内的日平均下沉量小于 1.0～2.0mm。

2）强湿陷性地基，可采用深翻回填渠基、设置灰土夯实层、打孔浸水重锤夯压或强力夯实等方法处理。

3）傍山、黄土塬边渠道，可采用灌浆法填堵裂缝、孔隙和小洞穴。灌浆材料可选用黏土浆或水泥黏土浆，灌浆的各项技术参数宜经过试验确定。对浅层窑洞、墓穴和大孔洞，可采用开挖回填处理。

4）对软弱土、膨胀土和冻胀量大的地基，可采用换填法处理。换填砂砾石压实系数不应小于 0.93；换填土料时，大、中型渠道压实系数不应小于 0.95，小型渠道不应小于 0.93。

5）膜料防渗渠道，必要时应在渠基土中加入灭草剂进行灭草处理，并回填、夯实、修整成型后方可铺砌。

6）改建防渗渠道的地基，应特别注意渠坡新老土的结合。应将老渠坡挖成台阶状。再在上面夯填新土，整修成设计要求的渠槽断面。

（4）施工过程中，对原材料要分期分批取样检验。使用材料的配合比应随时抽检复查。施工中的各道工序应严格检查验收，前一道工序不合格，不得进行下一道工序。

（5）对浆砌石、混凝土等材料的防渗工程，应采用洒水、盖湿草帘养护。养护期为 14～28d。

（6）渠道防渗工程宜在温暖季节施工。寒冷地区日平均气温稳定在 5℃以下或最低气温稳定在 −3℃以下；温和地区日平均气温低于 −3℃时，混凝土施工应按《水工混凝土施工规范》（SL 677—2014）低温季节施工的要求进行，日平均气温低于 −5℃停止施工。

（7）渠道防渗工程竣工后，应按有关工程验收的规范和规程进行竣工验收，施工质量应满足设计要求。

第四章 节 水 灌 溉

第一节 雨 水 集 蓄

云南是一个水资源比较丰富的省份，水资源总量2222亿 m³，居全国第三位，但是由于特殊的地形环境和气候条件，水资源时空分布极不均匀，雨季（5—10月）降水量占全年总量的85％，大部分降雨以地表径流和无效蒸发的方式损失掉了，干季（11月至次年4月）降水量仅占全年总量的15％，土壤严重缺水，季节性干旱年年发生，加之全省94％的国土面积为山区，受灾范围广、损失程度深，遇到特大干旱，将给农业生产造成重大损失。云南省丰沛的降雨量和山区为主的地形为雨水集蓄利用提供了有利条件，通过对降雨进行收集、汇流、存储等一整套雨水集蓄系统，把雨季部分收集到的雨水供干旱季节人畜饮用或作物灌溉，是解决干旱山区农村饮水困难、发展庭院经济、进行农作物补充灌溉、促进农业稳定丰产的有效措施。

一、雨水集蓄工程的组成

集雨集蓄工程是指对降雨进行收集、汇流、存储和进行节水灌溉的一整套系统。一般由集雨系统、输水系统、蓄水系统和灌溉系统组成。

（一）集雨系统

集雨系统主要是指收集雨水的集雨场地，也称集流场。建立集雨场应首先考虑具有一定产流面积的地方，若没有天然条件可以利用，则要人工修建。为了提高集流效率，减少渗漏损失，应采用不透水物质或防渗材料对集雨场表面进行防渗处理。

（二）输水系统

输水系统是指输水沟（渠）和截流沟。其作用是将集雨场上的来水汇集起来，引入沉沙池，而后流入蓄水系统。要根据各地的地形条件、防渗材料的种类及经济条件等，因地制宜地进行规划布置。

（三）蓄水系统

蓄水系统包括储水体及其附属设施，其作用是存储雨水。

1. 储水体

各地群众在实践中创造出许多不同的存储形式，概括起来主要有水窖（窑）、蓄水池和集流坝等。用于生活用水和农业灌溉的形式基本一样，一般用于生活和庭院灌溉的储水设施，为了取水方便，多建于家庭和庭院附近，蓄水容积相对较小，提水设备以人力为主。用于农业灌溉的多建于田间地头，容积相对较大，取水设备有用动力的（微型电泵），也有人工的（手压泵）。窖（窑）和蓄水池根据使用的建筑材料可分为土窖、砖石窖、混凝土薄壳窖和水窖等。土窖施工方便，造价低，但容量相对较小，对土质要求较高。砖石窖较坚固耐用，容量也较大，但造价较高，施工难度较大。混凝土薄壳窖防渗性能好，寿命长，容量大，但造价较高。水窖为卧式全封闭的结构类型，容量大（80～200m³），长度不受限制，施工较方便，但窖底防渗处理要求高。各地可根据地形地貌特征、经济条件、施工技术水平和当地材料来选型。

2. 主要附属设施

（1）沉沙池。其作用是沉降进窖（窑）水流中的泥沙含量。一般建于水窖（窑）进口处 2～3m 远的地方，以防渗水造成窖壁坍塌。池深 0.6～1.0m，长宽比可考虑 2∶1。具体尺寸由进窖水量和水中含沙量而定。

（2）拦污栅与进水暗管（渠）。拦污栅作用是拦截水流中的杂物，如树叶、杂草等漂浮物和砖石块等，设在沉沙池的进口。进水暗管（渠）作用是将沉沙池与窖体（蓄水池）连通，使沉淀后的水流顺利流入窖（池）中，其过水断面应根据最大进流量来确定。

（3）消力设施。为了减轻进窖（窑）水流对窖底的冲刷，应在进水暗管（渠）的下方窖（窑）底上设置消力设施，根据进窖流量的大小，可选用消力池、消力筐或设置石板（混凝土板块）。

（4）窖口井台。其作用是保证取水口不致坍塌损坏，同时防止污物进窖，窖台一般高出地面 0.3～0.6m，平时要加盖封闭，取水时可安装取水设备。

（四）灌溉系统

灌溉系统包括首部提水设备，输水管道和田间的过滤器、灌水器等节水灌溉设备。由于各地地形条件、雨水资源量、灌溉的作物种类和经济条件的不同，可选择适宜的节水灌溉方法。常用的方法有滴灌、渗灌、微喷灌、坐水种、注射灌、膜下穴灌与细流沟灌等。

二、雨水集蓄工程的规划

规划是雨水集蓄工程系统设计的前提，它关系到该工程在兴建技术上是否可行，经济上是否合理，特别是对面积较大且又集中的雨水集蓄系统，更应给予充分的重视。

（一）规划的主要任务和原则

1. 规划的主要任务

（1）搜集基本资料。

（2）根据当地的自然条件和社会经济状况，论证兴建雨水集蓄工程的必要性与可行性。

（3）根据当地雨水资源状况和生产、生活用水需要，进行来用水分析计算，进而确定工程的规模。

（4）根据地形、作物种植和集雨材料等情况合理布置集雨场、蓄水设施和输配水网系统，并绘出平面布置图，提出工程概算。

2. 规划的主要原则

（1）综合考虑。尽量将农田灌溉、水土保持、庭院经济和生活供水统一考虑。达到充分利用雨水资源和节省投资的目的。

（2）重视效益发挥。在温饱问题已经解决了的较贫困地区，发展雨水集蓄应向"两高一优"农业方面发展，以获得最大的经济、社会和生态效益。

（3）考虑当前农村生产责任制。根据当地情况，一家一套独立的雨水集蓄系统和数家联合的系统相结合。对大的集雨场和灌溉系统，实行统一规划和管理，以节省投资。

（4）远近结合。雨水集蓄是水资源可持续利用的一个重要方面，因此，既要照顾当前的利益，又要考虑长远的发展，要统一规划，分期实施，先试点后推广。

（二）来用水分析计算确定雨水集蓄工程的规模

来用水分析计算的任务是根据当地可供雨水资源量和农田灌溉及生活用水的要求，进行分析和平衡计算，进而确定雨水集蓄工程的规模，即蓄水设施的总的蓄水容积。

1. 年集水量的计算

年集水量是指设计集流面上的年收集水量（或称年产流量），对于闭合的自然坡面而言，即小流域的年径流总量。为了进行供水能力计算，需要对影响年径流量的因素有所了解。影响年集水量的主要因素是气候和下垫面条件，气候因素中降雨和蒸发的大小对年集水量的多少有直接影响，下垫面条件是指地形、植被、土壤、地质、集水面面积大小等。全年单位集水面积上可集水量为

$$W_p = \frac{E_y R_p}{1000} \tag{4-1}$$

$$R_p = KP_p \tag{4-2}$$

$$P_p = K_p P_0 \tag{4-3}$$

式中　W_p——保证率等于 p 的年份单位集水面积全年可集水量，m^3/m^2；

　　　E_y——某种材料集流面的全年集流效率，以小数表示，由于集雨材料的类型，各地的降水量及其保证率的不同，全年的集流效率也不相同，规划时要选用当地的实测值，若资料缺乏，可参考表 4-1 推荐的数值选取；

　　　R_p——保证率等于 p 的全年降雨量，mm，可从水文气象部门查得，对集雨工程来说，p 一般取 50%（平水年）和 75%（中等干旱年）；

　　　P_p——保证率 p 的年降水量，mm；

　　　P_0——多年平均降水量，mm，可从当地气象部门或水文部门获得，也可以从云南省水资源公报、云南省统计年鉴、各地州的统计年鉴以及相关部门的网站上查得地区降水量数据，表 4-2 列出了云南省代表站各月及年降雨量供参考；

　　　K_p——根据保证率及 C_v（离差系数）值确定的系数（称为模比系数，即设计降水量与多年平均降水量的比值），可以根据地区水文气象资料查得；

　　　K——全年降雨量与降水量的比值，用小数表示，可根据气象资料确定，对云南大部分地区而言，因气温较高，几乎不会降雪，因此降雨量就等于降水量，即 $K=1.0$。

表 4-1　　　　　　　　不同材料集流在不同年降雨量地区的全年集流效率

集流面材料	不同年降雨量		
	400～500mm	500～1000mm	1000～1500mm
混凝土	75～85	75～90	80～90
小泥瓦	65～80	70～85	80～90
机瓦	40～55	45～60	50～65
手工制瓦	30～40	35～45	45～60
浆砌石	70～80	70～85	75～85
良好的沥青路面	70～80	70～85	75～85
乡村土路、土碾场、庭院地面	15～30	25～40	35～55
水泥土	40～55	45～60	50～65
化学固结土	75～85	75～90	80～90
完整裸露塑料膜	85～92	85～92	85～92
塑料膜覆中砂或草泥	30～50	35～55	40～60
自然土坡（植被稀少）	8～15	15～30	30～50
自然土坡（林草地）	6～15	15～25	25～45

表 4-2　　　　　　　　云南省代表站各月及年降雨量　　　　　　　　单位：mm

站名	1月	2月	3月	4月	5月	6月	7月	8月	9月	10月	11月	12月	全年
昆明	11.9	12.2	15.9	23.2	89.0	179.7	206.5	204.6	124.6	84.2	39.7	13.4	1004.8
昭通	6.4	6.0	11.2	31.4	78.2	143.3	159.3	124.8	99.5	54.5	18.2	6.0	739.4
沾益	13.5	15.9	14.8	33.2	111.6	200.1	180.1	174.9	117.0	86.7	41.1	13.4	1002.2
玉溪	13.6	13.3	14.7	29.0	84.2	141.5	170.2	178.0	106.3	72.3	43.7	18.8	885.5
蒙自	12.6	16.3	25.4	47.1	88.6	124.2	156.1	166.4	90.5	50.7	38.7	15.2	831.8
文山	12.5	14.3	24.8	60.4	114.4	144.0	191.3	195.2	108.6	64.9	45.5	14.1	990.1
思茅	22.2	14.1	22.0	44.4	150.3	234.6	330.6	324.0	158.1	133.9	70.0	27.0	1531.5
景洪	20.1	12.7	19.9	49.5	132.7	180.6	218.8	237.0	142.2	94.8	58.4	22.8	1189.3
临沧	12.8	14.3	18.3	32.3	93.0	199.9	252.7	224.8	146.1	110.3	51.8	15.0	1171.3
保山	14.5	28.8	32.8	44.4	58.6	147.8	167.4	180.3	125.4	112.4	38.3	15.1	965.9
贡山	55.1	129.1	185.9	212.9	137.7	239.4	197.7	155.4	161.7	127.8	45.2	29.8	1677.6
中甸	5.6	13.8	20.4	30.9	23.9	84.9	153.5	147.7	73.5	43.8	8.9	4.8	611.7
丽江	2.0	6.0	11.7	19.0	52.6	171.8	241.8	209.7	146.1	66.2	12.1	3.8	942.6
大理	17.3	26.8	30.7	22.8	61.3	183.6	179.6	224.6	157.5	113.2	32.7	13.0	1063.0
楚雄	10.0	9.7	12.1	16.1	62.4	128.5	174.6	182.9	111.2	75.8	31.4	10.6	825.4

2. 用水量的计算

雨水集蓄工程修建的目的有两个，即保证人畜生活用水和提供灌溉水量。灌溉用水又可分为庭院作物灌溉用水和大田灌溉用水。一般是首先满足人畜用水，然后再考虑灌溉用水，但也有在远离村庄的地方建造的蓄水设施则只作为灌溉用水。

（1）人畜用水量。包括人和牲畜的饮用水和人的日常用水。规划时要考虑未来 10 年内能达到的人口数及牲畜、家禽数，并按相应的用水定额和缺水天数进行计算。用水定额可按表 4-3 取值。

表 4-3 人畜饮用水定额

项目	单位	定额
人	L/（人·d）	30～50
大牲畜	L/（头·d）	30～50
猪	L/（头·d）	15～20
羊	L/（头·d）	5～10
家禽	L/（头·d）	0.5～1.0

一般情况下，水窖只是在干旱季节提供生活用水，而不是作为全年的生活供水水源。则在干旱缺水期内的生活用水量等于缺水的天数乘以每天的用水定额。比如一个季节性缺水地区，平均每年缺水 180d，现有一个 6 口之家的农户，有大牲口一头，猪 3 头，则每天的用水量为 255～410kg，整个缺水期的用水量为 45.9～73.8m³，也就是说，需要修建一个蓄水容积为 45.9～73.8m³ 的水窖就可满足这家人的生活用水需求。

（2）灌溉用水量。雨水集蓄工程的作物种植要突出"两高一优"的模式，合理确定粮食、林果、瓜类和蔬菜等作物的种植比例，以充分发挥水的效益。在采用节水灌溉方法的前提下，按非充分灌溉（限额灌溉）的原理进行分析计算。计算所需的作物需水量或灌溉制度资料，要用当地的试验值，降雨量资料由当地气象站或雨量站收集。若当地资料缺乏，可收集类似地区的资料，分析选用。或参照表 4-2 的规定取值。单位面积年灌溉用水量为

$$M_d = 10\beta(ET_c - P_e - W_s)/\eta \qquad (4-4)$$

式中　M_d——非充分灌溉条件下年灌溉定额，m²/hm²；

β——非充分灌溉系数，考虑作物生育阶段和灌水方法后确定，一般取 0.3～0.6，对于稀植作物与果树取小值，密植作物与蔬菜取大值，采用点浇点灌、坐水种、滴灌、渗灌，小管出流灌水方法时取小值，采用喷灌、膜上灌灌水方法时取大值，如果全年降雨量充沛，也可以按充分灌溉考虑，此时取 1.0；

ET_c——灌溉作物的全年需水量，mm，缺乏资料时可以用日水面蒸发量乘以作物生育期天数再乘以一个折减系数即可，对云南大部分地区而言，作物全生育期的需水量为 3～5mm/d，取平均值 4mm/d，如果作物的生育期为 90d，则其需水量大约为 360mm，换算后为 240m³/亩；

P_e——作物生育期的有效降雨量，mm，可采用同期的降雨量值乘以有效系数而

得。该系数不同地区不同作物各不相同，一般而言，降雨强度越大，有效降雨系数越小，根据云南降雨特征，建议大春作物取 0.5～0.7，小春作物取 0.8～0.9；

W_s——播种前土壤中的有效储水量，根据实测资料确定，缺乏实测资料时，可按 $(0.15～0.25)ET_c$ 作粗略估计，mm；

η——水的利用系数，若采用滴灌等节水灌溉方法，可取 0.8～0.95。

单位面积上的年灌溉水量也可以根据灌水定额和灌水次数进行估算，即

$$用水量＝各次灌水定额 \times 灌水次数$$

表 4-4 列出了不同作物集雨灌溉次数和灌水定额供参考。

表 4-4   不同作物集雨灌溉次数和灌水定额

作物	灌水方式	不同降水量的灌水次数		灌水定额/（m³/hm²）
		250～500mm	＞500mm	
玉米等旱田作物	坐水种	1	1	45～75
	点灌	2～3	2～3	75～90
	地膜穴灌	1～2	1～2	45～90
	注水灌	2～3	1～2	30～60
	滴灌地膜沟灌	1～2	2～3	150～225
一季蔬菜	滴灌	5～8	6～10	120～180
	微喷灌	5～8	6～10	150～180
	点灌	5～8	8～12	75～90
果树	滴灌	2～5	3～6	120～150
	小管出流灌	2～5	3～6	150～225
	微喷灌	2～5	3～6	150～180
	点灌（穴灌）	2～5	3～6	150～180
一季水稻	"薄、浅、湿、晒"和控制灌溉		6～9	300～400

3. 来水、用水平衡计算

根据目前已求得的集水量（来水）和灌溉用水量以及生活用水量，进行平衡计算，确定工程的规模，包括集雨面积、灌溉面积和蓄水容积。工程各类材料集流面应满足灌溉和生活用水要求，即符合式（4-5）。计算时应对典型保证率年份分别计算相应的集流面积，选用其中最大值进行设计。

$$W_p \leqslant S_{p_1}F_{p_1} + S_{p_2}F_{p_2} + \cdots + S_{p_n}F_{p_n} \tag{4-5}$$

式中　　　　　　　　W_p——保证率等于 p 的年份需用水量，m³，即灌溉用水量与生活用水量之和；

$S_{p_1}、S_{p_2}、\cdots、S_{p_n}$——保证率等于 p 的年份不同集雨材料的集流面积，m³；

$F_{p_1}、F_{p_2}、\cdots、F_{p_n}$——保证率等于 p 的年份不同集雨材料单位集水面积上可集水量，m³/m²。

蓄水设施的总容积可按式（4-6）计算，即

$$V = aW_{max} \tag{4-6}$$

式中　V——蓄水设施总容积，m^3；

$\quad\quad a$——容积系数，一般取 0.8；

W_{max}——不同保证率年份用水量中的最大值，m^3，其中生活用水量可按平水年考虑。

（三）总体规划

在对基本资料进行分析，来用水平衡计算的基础上，就可以进行雨水集蓄工程的集流场规划、蓄水系统规划、灌溉系统规划以及投资预算、效益分析和实施措施等总体规划。

1. 集流场规划

广大农村都有公路或乡间道路通过，不少农村，特别是山区农村房前屋后一般都有场院或一些山坡地等，应充分利用这些现有的条件，作为集流面，进行集雨场规划。若现有集雨场面积小等而使条件不具备时，应规划修建人工防渗集流面。若规划结合小流域治理，利用荒山坡作为集流面时，要按一定的间距规划截流沟和输水沟，把水引入蓄水设施或就地修建谷坊塘坝拦蓄雨洪。用于解决庭院种植灌溉和生活用水的集雨场，首先利用现有的瓦屋面作集雨场，若屋面为草泥时，考虑改建为瓦屋面（如混凝土瓦），若屋面面积不足时，则规划在院内修建集雨场作为补充。有条件的地方，尽量将集雨场规划于高处，以便能自压灌溉。

2. 蓄水系统规划

蓄水设施可分为蓄水窖、蓄水池和塘坝等类型，要根据当地的地形、土质、集流方式及用途进行规划布置。用于大田灌溉的蓄水设施要根据地形条件确定位置，一般应选择在比灌溉地块高 10m 左右的地方，以便实行自压灌溉。用于解决庭院经济和生活用水相结合的蓄水设施，一般应选择在庭院内地形较低的地方，以取水方便。为安全起见，所有的蓄水设施位置必须避开填方或易滑坡的地段，设施的外壁距崖坎或根系发达的树木的距离不小于 5m，根据式（4-6）计算的总容积规划一个或数个蓄水设施，两个蓄水设施的距离应不少于 4m。公路两旁的蓄水设施应符合公路部门的排水、绿化、养护等有关规定。蓄水设施的主要附属设施如沉沙池、输水渠（管）等，应统一规划考虑。蓄水系统布置的典型形式有以下几种：

（1）梁峁地形布窖。

1）地形特点。梁峁起伏，地处水土侵蚀源头，地面较平整，植被较好，鞍部地形处常是乡村道路交会点。梁峁多修成水平梯田或为天然草地，冲沟较少。

2）适宜窖点。沿梁顶多为交通道路，路面是收集雨水的理想场地。窖点应根据地形和农田在道路两侧合理布局。利用梁顶公路（沥青路面）鞍部处的集水沟收集路面径流，在半山坡打窖蓄水，自流灌溉坡脚下的农田。

（2）山前台地布窖。

1）地形特点。后山为山丘地形，地面冲沟较多；多为荒坡草地，坡面大，为扇形汇流；在沟口汇后又随地形扩散，形成山前台地（或为壕掌地），汇流低洼处多为田间路或牧羊道。路壕两侧为农田。

2）窖群布局。该地形径流条件好，沟壕汇流量大，一般含沙量较大。窖群应设路壕两侧布置，分段建引洪渠收集径流入窖，同时建好引水入窖前的沉沙设施，水窖蓄满后及时封堵进水口。

（3）缓坡地带。

1）地形特点。多为山前坡脚台地、塬地、壕埫地，地势较平坦。黄土丘陵区多被沟壑切割，下切侵蚀严重，沟道宽深。缓坡地为农业耕作区，农草间作。

2）窖群布置。本地域多为蓄满产流（即降雨强度小于下垫面下渗强度，下垫面入渗土壤饱和后才产流）。田间路面为主要集流场。窖群宜布设在田间路两侧的家田内，水窖数量的多少要根据路面产流、田间蓄满产流的水量多少合理布局，避免布置过密。

（4）沿路地带。各地农村均有省、地、县以及分村各级道路经过，沿途有各种地形地貌，如梁、峁、坡、川等，要充分利用路面的集水条件，结合地形情况，因地制宜布设窖群。水窖的位置应选在路界外的农田内，修建好引水渠、沉沙池等配套设施，靠蓄积路面汇流而来的雨水供农田灌溉。

（5）庭院附近。山区农户多分散居住，房舍为平台地，旁边建有麦场，房前多有菜地、农地。可充分利用庭院地面、麦场、屋场作为集流场，在院内打窖解决吃水问题，并同时发展庭院经济，也可在庭院外打窖灌溉附近的农田。

（6）塑料大棚和日光室兼作型。利用塑料大棚或日光温室的棚面作为集流面，可以一面两用。在棚面朝阳一侧修建汇水沟，将水引入棚内或棚外的蓄水设施，然后通过安装提水设备进行提水灌溉棚内的瓜果、蔬菜、花卉等经济作物。对于这种形式，由于棚面面积有限，常常还需要在大棚附近另外再修建其他类型的集流设施，以满足大棚和温室作物的需水要求。

3. 灌溉用水系统的规划

雨水集蓄的灌溉用水系统规划的任务是确定灌溉地段具体范围，选择节水灌溉方法和类型、系统的首部枢纽和田间管网布置等。

（1）确定灌溉范围。根据水量平衡计算结果规划的集雨场和蓄水设施及当地灌溉的要求确定单个或整个系统控制的范围，并在平面图上标出界线，以便进行管网布置。

（2）节水灌溉方法的选定。利用集蓄雨水灌溉时，应采用节水灌溉技术。节水灌溉技术可分为灌水方法、输水方法、灌溉制度和田间辅助措施等四大类别。对于集蓄雨水的灌溉来说，着重于采用其中最省水的技术。例如，节水灌溉制度首先要采用非充分灌溉技术，即不能按充分供水的节水灌溉方法，可采用"薄、浅、湿、晒"和控制灌溉。节水灌溉方法可采用点灌、注水灌、坐水种、膜上穴灌、地膜沟灌、滴灌、微喷灌、小型移动式喷灌、渗灌、小管出流等，不得使用非节水灌溉方法，更不得使用漫灌方法。具体采用哪一种灌水方法，要根据当地的灌溉水源、作物、地形和经济条件等来确定。

（3）灌溉类型的选定。为了节省投资，降低运行成本，有条件的地方，应尽量考虑采用自压灌溉方式，没有自压条件的地方，才考虑使用人工手压泵或微型电泵提水灌溉。滴灌和微灌根据所控制的面积和作物种类选用固定式、半固定式和移动式。在灌水期间整套系统（包括首部枢纽、管网和灌水器）都固定于地表或部分固定于地表下的系统为固定式，这种类型安装施工方便，灌水效率高，也便于实现自动化管理，但其投资较大。灌水期间首部枢纽、主管道固定不动，只有支、毛管和灌水器（滴头、喷头）可以拆卸搬移、周转使用的系统称为半固定式类型，与固定式相比提高了设备的利用率，降低了投资，但增加了移动工作量。在灌水期间，整个系统不固定或只有首部枢纽固定，灌溉不同地段时，管网和灌水器全部移动的系统称为移动式系统，这种系统设备利用率最高，投资最省，但移动劳动强度大，特别是密植的高秆作物在移动机具时，移动更困难。就目前经济条件，较多地采用移动式和半固定式。

（4）首部枢纽布置。对于面积较大的雨水集蓄系统，其首部枢纽应包括提水设备、动力设备、过滤设备、控制和量测设备等。一般集中布置在水源附近的房屋中，对于面积较小的系统，特别是移动式系统，可不建房。在规划时应将机泵、施肥罐、过滤器、闸阀、进排气阀等按部件运行要求布置好。

（5）田间管网布置。对于喷灌、滴灌等高效节水灌溉方法，田间管网的布置情况往往直接影响到工程投资大小、施工难易和日后的管理运行成本等。因此对于灌溉面积较大的系统往往要在2～3种管网布置方案进行经济技术比较后确定，并在平面图或地形图上绘出，以便指导施工安装和日后的维护管理。

4. 投资预算

较大的工程应分别列出集雨场、蓄水系统与附属设施、首部枢纽、管网系统（含灌水器）的材料费、施工费、运输费、勘测设计费和不可预见费等几项，算出工程的总投资和单位面积投资。若灌溉和生活用水结合的工程，应按用水量进行投资分摊。

5. 效益分析

对工程建成投入运行后所能产生的经济、社会和生态效益进行分析，进而证明工程建设的必要性。经济效益主要是对工程的投资、年费用、增产效益进行分析计算。规划阶段一般用静态分析法计算，对较大的系统可同时用静态法和动态法进行计算。社会效益是指工程建成后对当地脱贫致富和精神文明建设等方面的内容。生态效益是指对当地生态环境影响，如对缓解用水矛盾、减少水土流失、环境卫生条件改善等方面的内容。

6. 实施措施

对较大的工程，为了保证工程的顺利实施，要根据当地具体情况提出具体的实施措施。一般包括组织施工领导班子和施工技术力量、具体施工安排、材料供应、安全和质量控制等内容。

三、基本资料的收集

为了做好雨水集蓄工程灌溉规划设计与施工，首先应做好基本资料的收集。主要包括地理地形资料、水文气象资料、集流设施资料、作物资料、土壤资料，对兼有生活供水任务的，还应收集人口、牲畜等资料。

1. 地理、地形资料

包括工程所在位置、高程、地形高差。一般面积较小的工程不需要地形图，但应有集流场、蓄水设施及灌溉土地之间的相对高程资料。对面积大，地形较复杂的集雨场合灌溉地段，要有地形图，一般要求比例尺为1/500。

2. 水文气象资料

水文资料包括工程地点的多年平均降雨量，保证率为50％、75％及95％的年降雨量。

一般从当地或附近的气象站（或雨量站）搜集，资料年限不少于 10 年，当地资料不具备时可按有关公式进行估算。气象资料包括当地多年平均蒸发量、温度、湿度、风速、日照、无霜期及冻土深度等。

3. 集流设施资料

对当地适宜作集流面的庭院、场院、公路、乡村道路、屋顶面及天然坡地的面积进行测量。对工程控制范围内已建的集雨和蓄水设施进行调查。

4. 作物资料

对灌溉的作物种类、面积及当地灌溉情况等资料进行调查搜集。

5. 土壤资料

对工程控制范围内的土壤质地、容重、田间最大持水量、渗透系数、酸碱度及有机质含量等资料进行收集，以便更好地进行集雨场和节水灌溉技术设计。

6. 其他资料

尽量调查收集当地的社会经济状况、建筑材料、道路交通、能源供应以及农业发展规划等资料。

四、集流场位置与集流面材料的选择

1. 集流场位置的选择

集流场是汇集雨水的场所，其位置的选择首先应考虑现有的集流面，如房顶瓦屋面、庭院、场院、荒山坡地、乡村道路和沥青公路路面等。如果现有的集流面面积小，不能满足集水量要求时，则需修建人工防渗集流面。人工集流场位置要选在靠近住房和需灌溉的农田，并尽量利用空闲土地，不占或少占耕地。灌溉供水的集流场，宜使集流面和灌溉地之间有一定高差，以便进行自流灌溉。在有条件的地方，可结合小流域治理，利用荒山荒坡作为集流面，并按设计要求修建截水沟和输水沟，把水引入蓄水设施。

2. 集流面材料的选择

在选用集流面材料时应充分考虑当地的经济及生态条件，遵循因地制宜、就地取材、提高集流效率和降低工程造价的原则进行。主要可采用瓦（如水泥瓦、机瓦、青瓦）、天然土坡面夯实、沥青公路路面、水泥土片（块）石衬砌、混凝土、塑料薄膜等。

就解决人畜饮水及发展庭院经济灌溉的集流面工程而言，应优先考虑瓦屋集流面。但当现有屋面为草泥或铅皮时，因其对健康有害，宜改建为瓦屋面，并优先采用水泥瓦，不足部分在庭院内建设混凝土集流面作为补充。就大田粮食作物补灌而言，可采用沥青公路路面、乡村道路集雨。它充分利用了天然路面，使富集雨水数量增加，其集流场在上、储水窖在下，可进行有压灌溉；但其灌溉面积和地点因窖址受到一定限制。

修建人工防渗集流面时，若当地砂石料丰富，运输距离较近，可优先采用混凝土集流面。因为这类材料吸水率低，渗水速度慢，渗透系数小，在较小的雨量和雨强下即能产生径流，在全年不同降水量水平下，效率比较稳定，可达 70%～80%，而且使用寿命长，集水成本低，施工简单，干净卫生。在人均耕地较多的地方，可采用土地轮休的方法，用塑料膜覆盖部分耕地作为集流面，第二年该集流面转为耕地，再选另一块耕地作为集流面。用塑料膜覆盖部分耕地的集流面，其集流效率较高，可达 95% 以上，当降水量为

450mm 时，产流量高达 4290m³/hm²，但塑料薄膜寿命短。另一种是在塑料薄膜表面铺 3.0～5.0cm 厚的砂，这种方法虽可有效地防止塑料薄膜破损，但集流效率低。据测定结果，塑料薄膜铺砂的集流效率仅为 45%。

五、集流面的设计与施工要点

1. 瓦集流面

瓦有水泥瓦、机瓦、青瓦等种类。水泥瓦的集流效率要比机瓦和青瓦高出 1.5～2 倍，所以应尽量采用水泥瓦做集流面。用于庭院灌溉和生活用水的集流面需与建房结合起来，按照建房的要求进行设计施工。一般情况下，水泥瓦屋面坡度比为 1/4，也可模拟屋面修建斜土坡，以水泥瓦作为集流面，瓦与瓦之间应搭接良好。

2. 片（块）石衬砌集流面

利用片（块）石衬砌坡面作为集流面时，应根据片（块）石的大小和形状，采用竖向砸入或水平铺垫的方法进行衬砌。如果片（块）石的尺寸较大，形状较规则，采用水平铺垫，铺垫时要对地基进行翻夯处理，翻夯厚度以 30cm 为宜，夯实后干容重不小于 1.5t/m³。如果片（块）石的尺寸较小，形状不规则，采用竖向按次序砸入地基的方法，厚度不小于 5cm。

3. 土质集流面

利用农村土质道路作为集流面时，需对路面进行平整，一般纵向坡沿地形走向，横向坡倾向于路边排水沟。利用荒山坡地作为集流面时，要对原土进行洒水翻夯 30cm，夯实后干容重不小于 1.5t/m³。

4. 混凝土集流面

混凝土集流面在施工前，应对地基进行洒水翻夯处理。翻夯厚度以 30cm 为宜，夯实后干容重不小于 1.5t/m³。没有特殊荷载要求的可直接在地基上铺浇混凝土，若有特殊荷载要求，如碾压场、拖拉机或汽车行驶等，则应按特殊要求进行设计。沙石料丰富的地区可用小锤把河卵石、小石块砸入土基内，使其露出地面 2cm，然后再浇混凝土。集流面宜采用横向坡度 1/50～1/10，纵向坡度 1/100～1/50。一般用 C15 混凝土分块现浇，并留有伸缩缝，厚度为 3～6cm。砂石料含泥量不大于 4%，并不得用矿化度大于 2g/L 的水拌和。分块尺寸以 1.5m×1.5m 或 2m×2m 为宜，缝宽为 1～1.5cm，缝间填塞油沥青砂浆、3 毡 2 油沥青油毡、水泥砂浆、细石混凝土或红胶泥等。在兼有人畜饮水的集流面，其缝间不得用浸油沥青材料。在混凝土面初凝后，要覆盖麦草、草袋等物并洒水养护 7d 以上，炎热夏季施工时，每天洒水不得少于 4 次。

5. 塑膜防渗集流面

塑料薄膜防渗集流面可分为裸露式和埋藏式两种。裸露式直接将塑料薄膜铺设在修理完好的地面上；埋藏式可采用草泥、细沙等覆盖在薄膜上，厚度以 4～5cm 为宜。塑膜集流面的土基要求铲除杂草，喷洒除草剂，地要整平夯实，以人踩不落陷为准。表面适当部位用砖块、石块或木条等压实。

第二节 综合农业技术

一、耕作技术

（一）土壤耕作

土壤耕作是传统农业技术中，推动农业发展进步的关键技术。从原始的"刀耕火种"到机械化耕作，其演变过程就是我国传统农业的发展史。这里的"耕"主要指犁地作业，泛指对种植农作物的土地或农田进行的耕地作业。而耕地则泛指包括用于农作物生产的熟地，新开发、复垦、整理的农田以及梯田、田坎、已垦滩地和海涂等农田。耕作则包括农业生产的全过程，泛指土壤耕作和作物的栽培管理。就是说，不论耕地、耕种还是耕作，耕是农作物生产的最基础环节，也是农作物生产的立身之本。耙、耢和压则指耕后的整地过程，即压碎坷垃，合墒平地。从古至今，凡种地必先耕地，以建立起适宜播种的土壤条件。其主要作用如下：

（1）改良土壤耕作层的物理状况，调整土壤的固、液、气三相比例，改善耕层结构。即对紧实的土壤耕层，通过耕作可增加土壤空隙，提高通透性，有利降水和灌溉水的下渗，还能减少地面径流，蓄水保墒，促进好氧微生物的活动，以释放速效养分；而对于土壤松散的耕层，耕作可降低土壤空隙，增加厌氧微生物的分解，减缓有机物的消耗和速效养分的大量损失，以协调土壤的水、肥、气、热关系，为作物生长提供良好的土壤环境。

（2）根据不同作物的栽培要求，努力提高农田水分的利用效率，如地面平整、筑垄作畦、修建垄沟或水平沟以及播种镇压、中耕除草等，以达到减轻风蚀、保持水土、保蓄土壤水分或因势排水目的。

（二）锄划作业

锄和划是指在作物生育期间进行的中耕作业，锄划又称耪地、铲地或趟地。其主要目的是铲除杂草、破除板结，通过疏松土壤、中耕调墒、锄划断根或覆土以调节作物生长，防止病虫草害。而锄划作业要根据作物生长和天气条件，分别在雨前、雨后、地干、地湿时选择进行，也可根据田间杂草及作物生长情况确定。中耕的深度应根据作物根系生长情况而定，在作物幼苗期，因苗小、根系浅宜浅锄，以防动苗、埋苗；作物长大后，应通过深中耕铲断少量的根系，调节作物的生长发育。特别是怕渍作物遭遇多雨天气时，必须通过深中耕及时散墒；而在天气干旱时，中耕又宜浅不宜深。其一般经验是"头遍浅，二遍深，三遍培土不伤根"。

（三）耕—耙—耖—耘—耢耕作技术体系

南方多雨水。以耕、耙、耖、耘、耢为主的水田耕作技术，是在总结农田"冻融""暴晒"熟化土壤，浅、湿、干交替，水田、旱地作物轮作等耕作经验基础上，形成的复种耕作作业技术体系。

1. 水田的整地

一般水田整地分 4 个步骤，即犁田、耙田、耖田及碌碡平整。水田以种植水稻为主，而水稻必须生长在饱含水分的软泥土上。因此，每一次耕种之后都要将田土重新整理。由于积水的长期压迫，犁田就成为水田耕作的第一个步骤，其作用不仅仅是疏松土壤，还要把泥土中位于下层的土壤翻盖在上一季用过的表土之上，如此往复不但使上季的表土得以休养，还能够把表土上的稻秆根茬等有机质覆入土中，变为肥料。其后的整地步骤主要为便于插秧做准备。比如耙田就是在犁地灌水之后，用铁耙把泥块切碎，并把稻根拆散埋入泥土之中，这个过程又称粗耙。而耖田是在粗耙过后，对施肥后的肥料进行搅拌和第一次的平整作业。进而再用碌碡碾压平整，以达到土壤细碎平整、土壤肥料混合均匀、防止耕层漏水漏肥的目的，为栽种插秧及后续作业打好基础。

2. 耘、耥作业

耘、耥作业主要是指水稻生长过程中的中耕，其作用不但能够疏松表层土壤、清除田间杂草和防治病虫，而且通过中耕还可以调节水稻的生长、促进根系发育和防止肥料流失，是水稻生长前期田间管理的重要措施。

（四）精耕细作与蓄水保墒

不论是耕、耙、耱、压、锄相结合的旱地耕作技术体系，还是耕、耙、耖、耘、耥相结合的水田耕作技术体系，它们的有机组合都是围绕水、土利用这条耕作主线来展开的。

1. 深耕蓄墒

只有大型农机才能完成深耕作业，因此深耕是农业机械化给耕作技术带来的革命性技术。但要达到深耕蓄墒的耕作效果，必须把握好深耕时间、深度和深耕质量。

（1）深耕时间。适时深耕是蓄雨纳墒的关键，深耕的时间应根据农业生产和农田水分收支状况而定。对于一年一熟耕作区，秋收之后休闲的农田要及早进行伏深耕或深松耕；对于一年两熟耕作区，夏收之后必须及时抢时播种，深耕要在晚秋收获之后进行；多熟制地区主要根据农艺要求，适时选择深耕作业。有灌溉条件的农田，一般应2～3年深耕一次，其他时间选择免耕或旋耕播种。

（2）深耕方式和深度。耕翻深度因机械设备、土壤状况、作业条件等因素而异。应因地、因时制宜，合理选择机械设备。一般耕深以20～22cm为宜，有条件的地方或必要时，可加深到25～28cm，深松耕深度可达到30cm。

（3）耕地质量和效果。深耕要确保作业质量，耕后要适时耙耱保墒。深耕有明显的持续增产效果，一般可达2～3年。因此，同一块地每3年左右要进行一次深耕。

2. 耙耱保墒

耕后耙耱能使土壤松散、地面平整，形成上虚下实的耕作层，以利于土壤保墒和作物出苗、生长。

（1）耙耱时间。耙耱保墒主要是在秋季和春季进行。一年一熟耕作区，麦收后的休闲田伏前耕后一般不耙，其目的是纳雨蓄墒、晒垡和熟化土壤。但当立秋后降雨明显减少，一定要及时耙耱收墒。从立秋到秋播期间，每次下雨以后，地面出现花白时就要耙耱一次，以破除地面板结，纳雨蓄墒。一般要反复进行多次耙耱，横耙、顺耙、斜耙交叉进行，耙耱连续作业，力求把土地耙透、耙平，形成"上虚下实"的耕作层，为适时秋播保全苗创造良好的土壤水分条件。一年两熟耕作区，秋作物收获后的秋深耕，必须边耕边耙耱，及时播种，防止土壤跑墒。春播地区，早春解冻时的土壤返浆期间，也是耙耱保墒的重要时期。在土壤解冻达 3～4cm 深，昼消夜冻时，要顶凌耙地以切断毛管水上行，使化冻后的土壤水分蒸散损失减少到最低程度。在多熟制地区，播种前也要进行耙耱作业，以破除板结、疏松地表、提高地温、增加通透性和减少土壤水分蒸发，有利于农作物适时播种和出苗。

（2）耙耱的深度。耙耱的深度因目的而异，早春耙耱保墒或雨后耙耱破除板结，耙耱深度以 3～5cm 为宜。但耙耱灭茬的深度应达到 5～8cm，而耙茬后即播种的地块，耙地的深度应达到 8～10cm。如果在播种前几天耙耱，其深度不宜超过播种深度，以防止因水分散失过多而影响种子萌发出苗。

3. 镇压提墒

镇压一般是在土壤墒情不足时采取的一种抗旱保墒措施。镇压后表层出现一层很薄的碎土时是采用镇压措施的最佳时期，土壤过干或过湿都不宜采用。土壤过干或在沙性很大的土壤上进行镇压，不仅压不实，反而会更疏松，容易引起风蚀；土壤湿度过大时镇压，容易压死耕层，造成土壤板结。此外，盐碱地镇压后容易返盐碱，也不宜镇压。

（1）播前播后镇压。播种前土壤墒情太差，表层干土层太厚，播种后种子不易发芽或发芽不好，尤其是小粒种子不易与土壤紧密接触，得不到足够的水分时，就需要进行镇压，使土壤下层的水分沿毛细管移动到播种层上来，以利种子发芽出苗。播后镇压即在适墒播种之后，通过镇压保墒，确保苗全苗壮。

（2）早春麦田镇压。早春经过冻融的土壤，常使小麦分蘖节裸露，进行镇压可使土壤下沉，封闭地面裂缝，既能减少土壤蒸发、防御冻害，又能促进分蘖、防止倒伏。早春麦田镇压一定要在地面稍微干燥后，在中午前后进行，以免地面板结，压坏麦苗。

（3）冬季镇压。冬季地面坷垃太多太大，容易透风跑墒。在土壤开始冻结后进行冬季镇压，压碎地面坷垃，使碎土比较严密地覆盖地面，以利冻结聚墒和保墒。

4. 中耕调墒

中耕是指在作物生育期间所进行的土壤耕作，如锄地、耪地、铲地、趟地等。

（1）中耕时间。中耕可在雨前、雨后、地干、地湿时进行，也可根据田间杂草及作物生长情况确定。

（2）中耕深度。中耕的深度应根据作物根系生长情况而定。在幼苗期，作物苗小、根系浅，中耕过深容易动苗、埋苗；幼苗逐渐长大后，根系向深处伸展，但还没有向四周延伸，因此，这时应进行深中耕，以铲断少量的根系，刺激大部分根系的生长发育；当作物根系横向延伸后，再深中耕，就会伤根过多，影响作物生长发育，特别是天气干旱时，易使作物凋萎，中耕又宜浅不宜深。因此，"头遍浅，二遍深，三遍培土不伤根"是从长期生产实践中总结出来的经验。

（五）"三深"耕作

"三深"耕作法是指耕作技术体系中的深耕、深种和深锄作业。而实施"三深"耕作作业，必须根据当时具体情况，因地制宜地科学选择，以实现蓄水保墒、抗旱播种和调控作物生长的目的。

1. 深耕

深耕是蓄雨纳墒的关键措施，但实践也证明，不当的深耕还会造成耕地的风蚀和土壤的散墒，不但不能增产甚至相反。比如我国大部分地区夏季为多雨季节，此时的深耕有利于蓄雨纳墒，提高耕地的含水量。但是，夏季又是作物播种和生长的关键季节，绝不能因为蓄墒而影响播种和作物的生长。尤其是两季作物复种地区，更是"夏争时"关键时期，深耕不但要推迟播种，且会大幅度降低地表温度，不利于作物的出苗和生长，对收成影响很大。因此，夏季一般不适宜进行深耕。而对于夏收休闲、或一年一收的地区，伏耕或秋耕则是最佳时期。一般深耕应与少、免耕交替进行，间隔 2～3 年深耕或深松耕一次，复种地区以秋深耕为主，耕深应达到 25～30cm。

2. 深种

深种可充分利用耕层土壤蓄水，是实现抗旱保苗的重要技术措施。一般在活土层深厚的耕地，可直接深种出土能力强的禾本科作物，如玉米的播种深度可达 10～13cm。而出土能力一般或较差的作物，必须实行开沟或挖坑深种，以便实现借墒保苗，增强作物的抗旱能力。

3. 深锄

深锄是中耕锄划措施的一种，其目的：一是中耕灭草；二是调节作物生长；三是蓄水保墒。尤其对控制作物旺长，促使根系下扎作用明显，是蹲苗和抗旱的重要措施。一般在雨季之前，当玉米等作物定苗之后，在苗高 30cm 左右时，可用中耕机械或人工镢头深刨 25cm 上下，以创伤浅层须根，控制作物生长和促其根系下扎。刨后地面不要平整，留下小坑、小窝，以利接纳夏季急雨，增强蓄水抗旱能力。

（六）"四墒"整地

"四墒"整地法是指旱地耕作保墒技术的系统作业程序，是对耙糖保墒技术的整合。主要包括秋耕蓄墒、耙糖保墒、镇压提墒和浅耕塌墒，因此又称"四墒"整地法。其主要技术为：秋收后先进行浅耕耙地，以去除根茬杂草和平整土地施足底肥，然后再进行深耕或深松耕作业；来年早春，耕地刚化冻时要进行顶凌耙糖，消一层耙一层，雨后再耙糖，播前还要纵、横、斜耙糖 2～3 次，使表土疏松，地面平整细碎，减少蒸发；春季播种前遭遇干旱时，一般通过镇压提墒即可保证一播全苗，而提墒镇压的顺序一般是压干不压湿，先压砂土后压黏土，风大、整地质量差、坷垃多的区域或地块尤其需要镇压；已经进行秋季耕翻的土地，如果不需要镇压提墒时，即可在春季播前 4～5d 浅犁串地或浅旋耕踏墒，以备活土除草，耙耢播种。

（七）"四早三多"耕作法

农谚道："春争日，夏争时""人误地一时，地误人一年"。充分说明农时对农业增产的关键性作用。因此，夺取农业丰收必须强调一个"早"字。"四早三多"耕作法就是围绕蓄水保墒技术，形成的旱地耕作经验。

1. "四早"

"四早"是指早灭茬、早深耕、早细犁和早耙糖。即在作物收获后要早灭茬，通过灭茬破土保住土壤的表墒；通过适时地早深耕，纳雨蓄深墒；通过早细犁或适度旋耕，破垡松土均匀墒情；再通过早耙糖，立足于保住土壤的全部墒情。

2. "三多"

"三多"指多犁、多耙、多蓄墒。即基于用足用好自然降水的目的，通过多粗犁以利于晒垡纳雨；多细犁有利于破垡活土墒情均匀；多耙糖则为了表土封口防止地表蒸发，以利于多蓄墒；突现表土细碎无坷垃，以便于播种耕作。

传统农业技术体系的核心是精耕细作，而精耕细作的目的是通过蓄水保墒，来提高耕地的生产能力。可见，传统农业生产过程是以精耕细作为基础、蓄水保墒为手段、增产增收为目标的综合性农业技术体系。

二、覆土保墒措施

土壤表面蒸发要浪费大量的水分，尤其在干旱和半干旱地区，空气湿度低，土壤蒸发十分严重。土壤水分从地表蒸发的损失，一般占作物总耗水量的 $1/4 \sim 1/2$，占全年总降水量的 55%～65%。研究表明，湿土壤表面蒸发速度为 0.6～0.7mm/h，干土壤为 0.1～0.2mm/h。土壤蒸发对作物生长发育无直接意义，是土壤水的无效消耗，因此降低土壤蒸发，提高土壤水的利用率，对节水增产具有重要意义。

在干旱地区我国劳动人民很早就开始研究地面覆盖保墒技术，用以抑制土面蒸发，保墒抗旱。按覆盖材料不同，地面覆盖一般有砂面覆盖、秸秆覆盖、地膜覆盖。它们都有明显的蓄水保墒、调节地温、改良土壤、保持水土和促进作物生长发育、获得节水增产的作用。

（一）砂田覆盖

早在明代中期，我国甘肃、宁夏等地区的农民就发明了砂田覆盖保墒技术。"砂田"，有的叫"石田"或"石砂田"，是利用河流冲积、洪积作用而沉积的卵石、砾石、粗砂和细砂的混合物，覆盖土壤表面而成。砂面铺设的厚度随干旱程度、作物的种类、有无灌溉条件和砂砾石本身的质量而有所不同。厚的旱砂田可达 10～15cm，薄的水砂田仅 5cm厚。砂田有它一整套特别的农垦和耕作栽培技术，它是我国干旱地区农民在长期抗旱保墒斗争中的伟大创造与智慧结晶，它是地面覆盖的一种特殊形式。

1. 砂田耕作法

（1）砂田选择。要选择地块大、地势平坦、坡度小并距砂源近的农田。

（2）铺砂方法。准备铺砂的地块，应先施足基肥，尔后进行秋深耕，充分曝晒。上冻前将地面耙糖平整，用石滚子碾压 1～2 次，再刮平拍紧。采用砂石比为 2：1（粗砂为 2，石块为 1）的砂石进行混匀铺 5～10cm 厚。每 667m² 需砂石 60～150t，用工 30～50 个工。

（3）砂田耕作。砂田农作要有一套特殊的工具，如齿耧、耖耧、管状铁锥、小手锄等。砂田收秋后，要用齿耧、耖耧来穿地活砂，不能触用土面，以免砂土混合。施肥时用大扒耙开行施基肥，用管状铁锥插入植株附近施追肥和液肥。播种要用小手锄挖坑点播。中耕除草也可用齿耧或小手锄活砂铲草。总之，砂田耕作关键是要防止砂土混合，避免砂田老化，延长砂田使用期限，起到增产作用。

2. 砂田的作用

（1）保墒作用。砂田在土表因覆盖着疏松的砂砾石，渗水能力强，减少地表径流，使自然降水能充分渗入土壤之中转变成土壤水。另外，土表铺砂后，形成砂——土界面层，切断了毛管联系，防止水分上升到砂砾层表面而损失。因此，砂田耕层土壤含水量明显高于土田；据有关部门测定，土壤储水量比裸地高 2～3 倍。但是，随着砂田使用年限的延长，由于砂土的混合，保墒能力逐渐减弱。

（2）提高地温。砂砾层覆盖地面，好像给土壤盖上了一层"被子"，具有保温增温的作用。砂石热导率低，是热的不良导体，白昼吸收太阳辐射热的过程很缓慢，夜间土壤热量通过砂石而散热的过程也缓慢，因此，使得土温的昼夜变幅减小，这对作物根系发育有利。

（3）减轻表层土壤含盐量。干旱地区的土壤一般含盐量较高。这是由于降水少、蒸发大，土壤水分上向运动远远大于下向运动，使得土壤盐分年复一年地积累表土层。由于砂田的保墒蓄水能力增强，防止了地面蒸发，有可能使重力水下渗作用大于毛管水的上升，耕层中的盐分便可随水下渗，降低土壤溶液的浓度。据实测，砂田可使 $0 \sim 10cm$ 土层含盐量降低 $0.015\% \sim 0.193\%$。

（4）抑制杂草滋生。砂田杂草锄后，由于砂层隔绝，杂草根系不易吸收水分和养分，因而不易复生。即使有自由传播过来的杂草种子不能接触土壤，不易发芽，就是发了芽，幼根只依附在砂砾上，被烈日照晒变干。所以砂田减少杂草效果较好，一般较土田杂草少 $60\% \sim 70\%$。

（二）秸秆覆盖

秸秆覆盖系指利用农业副产物（茎秆、落叶、糠皮）或绿肥为材料进行的农田覆盖。在一般情况下，大田作物的秸秆覆盖材料多用麦秸、麦糠和玉米秸。覆盖秸秆的用量以把地面盖匀、盖严但又不压苗为准，覆盖量为每 $667m^2$ 为 $250 \sim 1000kg$ 不等，视不同情况而酌情掌握。一般来说，农田休闲期间秸秆覆盖量应该大些，作物生育期间秸秆覆盖量应该小些；高秆作物覆盖量应该多些，矮秆密植作物覆盖量应该少些，用粗而长的秸秆作覆盖材料时，覆盖量要多些，用细而碎的秸秆作覆盖材料时，覆盖量要少些。秸秆覆盖不仅可以有效地抑制土壤蒸发，调节地温，提高降水保蓄率，而且有培肥土壤、协调养分供应、抑制杂草、节水节能、增产增收的作用。与地膜覆盖相比，秸秆覆盖的优点在于覆盖材料充足、成本低、见效快、适用范围广，而且不污染土壤，没有负面影响，具有用养结合，经济效益、生态效益和社会效益都比较显著，是解决我国北方旱区土壤"旱"与"薄"的有效途径之一。各种作物的秸秆约占生物产量的 $2/3$，所以每年都有大量的秸秆可用于覆盖。试验表明，秸秆覆盖还田是最科学、最有效的秸秆还田方式。秸秆覆盖还田是先把秸秆覆盖在农田一段时间，充分利用它来保护土壤，改善农田生态条件，等秸秆基本腐烂后，再翻压还田。秸秆覆盖可分休闲期覆盖和作物生育期覆盖。麦田休闲期覆盖是在麦收后及时翻耕灭茬、耙耱后即把秸秆均匀地覆盖在地面上。覆盖材料以麦糠或粉碎成 $20cm$ 左右的麦秸为宜，覆盖量每 $667m^2$ 为 $350 \sim 450kg$。小麦播种前 $15d$ 左右把秸秆翻压还田，结合整地每 $667m^2$ 可深施尿素 $30kg$、磷肥 $40kg$ 作底肥。麦田生育期覆盖可在冬前或返青前，覆盖秸秆，覆盖量可适当减少一点，每 $667m^2$ 约为 $300kg$。覆盖前，每 $667m^2$ 可施纯氮 $2kg$ 以上作为追肥，等小麦成熟后把秸秆翻压还田。农田覆盖秸秆，一方面，可使土壤免受雨滴的直接冲击，保护表层土壤结构，防止地面板结，提高土壤的入渗能力和持水能力；另一方面，也可以切断蒸发表面与下层土壤的毛管联系，减弱土壤空气与大气之间的乱流交换强度，抑制土壤蒸发。因此，秸秆覆盖可以改善农田土壤水分状况，提高土壤的蓄水、保水和供水能力。秸秆覆盖不仅改善土壤水分状况，而且对土壤理化性状也有很大的影响。在秸秆覆盖下的土壤，由于有机质的增多，蚯蚓和土壤微生物数量也大量增加，使得耕层土壤疏松多孔，透气性好，促进土壤肥力的提高。

秸秆覆盖技术有着广阔的应用前景，但要大面积推广应用，必须注意与种植制度改革和改善机械耕作技术相结合，同时，要注意防止病虫害、杂草危害及春季低温造成的不利影响。

（三）地膜覆盖

地膜是指厚度为 0.002～0.02mm 的聚乙烯塑料薄膜，因用于农业生产也称农膜。地膜覆盖技术是在 20 世纪 50 年代初期随着塑料工业的兴起而发展起来的。美、日、意、法等国从 20 世纪 50 年代开始试验，20 世纪 60 年代在蔬菜、果树、经济作物生产中推广。我国在 20 世纪 70 年代初期利用废旧塑料薄膜进行小面积的平畦覆盖，种植蔬菜、棉花等作物。1978 年冬正式由日本引进这项技术，1979 年，春开始在华北、东北、西北及长江流域进行试验、示范、推广。1979 年，我国研制成功透明地膜后又陆续研制出多种地膜新产品；1980 年，我国又研制出地膜覆盖机。从此以后，这项技术在我国发展迅速。1983 年，我国地膜覆盖面积已跃居世界第一位，目前我国每年的农田地膜覆盖已达 670万 hm² 以上。覆盖的作物由蔬菜扩大到经济作物、瓜果和粮食作物共 60 多种。当前我国地膜覆盖已由经济作物向粮食作物发展，由单一覆盖技术向品种、土肥、植保、化学除草、专用地膜与机械化覆盖等综合配套技术方向发展；由增加产量向提高质量和品质及节水并重方向发展。

1. 地膜覆盖方式与技术

地膜覆盖有行间覆盖和根区覆盖两种方式；根据栽培方式又可分为畦作覆盖、垄作覆盖、平作覆盖和沟作覆盖；根据播种与覆盖程序还可以分为先播后覆膜和先覆膜后播种两类。具体选用何种方式，应根据当地自然条件、作物种类、生产季节及栽培习惯而定。

2. 地膜覆盖技术要点

选择肥力较高的土地，精细整地；施足基肥早起垄，喷洒除草剂；抓好覆膜质量，达到压紧、压实，防止风吹揭膜；加强田间管理和检查，以免毁膜伤苗和防止作物后期早衰；作物收获后，要及时拣净，收回田间的破旧地膜，以免污染土壤，影响下茬作物生长发育。

3. 地膜覆盖作用

地膜覆盖能改善作物耕层水、肥、气、热和生物等诸因素的关系，为作物生长发育创造良好的生态环境。它具体的作用可归纳为以下几点：

（1）增温保墒，改善土壤理化性质。在北方和南方春寒地区，春季覆盖地膜，可提高地温 2～4℃，增加作物生长期的积温，促苗早发。覆盖地膜切断了土壤水分同地表层空气的水分交换通道，土壤水分的蒸发速度大大减缓，尽管还有一些侧向蒸发，但蒸发量大大下降。又由于土壤底层蒸发出来的水分凝聚在膜上，随着湿度加大。凝结的重力水滴入土壤表层，提高了土壤表层的水分含量，起到了保墒提墒作用。由于增墒保墒，促进土壤中有机质的分解转化，改善土壤理化性质，增加土壤速效养分供给，有利于作物根系发育。

（2）提高光合作用的效率。地膜覆盖提高了地面气温，增加地面的反射光和散射光，改善作物群体光热条件，提高下部叶片光合作用强度，为早熟、高产、优质创造了条件。

（3）减少耕层的土壤盐分。地膜覆盖一方面阻止了土壤水分的垂直蒸发，另一方面由于膜内积存较多热量，使土壤表层水分积集量加大，形成水蒸气，从而抑制了盐分上升。

三、培肥改土技术

农田土壤的水分利用效率，除与作物种类、品种有关外，与土壤肥力的高低也有着密切的关系。各地的试验研究，均表明在适度范围内，增施一定数量的肥料，尤其是配方施肥，则作物的总耗水量虽相差不多，但产量却明显增长，从而耗水系数大幅度下降，导致水分利用效率提高。通过培肥改土，以肥调水，也是旱农地区农业节水的一项重要措施。

生产实践和科学试验表明，土壤肥力在很大程度上左右着产量和水分的转化。增施有机肥能提高土壤有机质含量，使其形成较多和较大的团粒结构，增大土壤孔隙度，减少容重，疏松土壤，能将雨水迅速渗入到土壤中保存起来。既可减少地面径流，又可减轻地表水分蒸发，同时，改善土壤通气条件，协调土壤水、气、热环境，为作物生长发育创造良好条件。

1. 深施磷肥改土调水

磷是作物体内核蛋白、磷脂、糖脂、植素等重要物质的成分，是植物细胞构成及染色体组成部分，是作物生长、发育、繁殖、遗传变异中极重要的物质成分；磷还影响细胞的水化度和胶体束缚水的能力，增加原生质的黏性和弹性，提高作物的抗旱性。施磷肥的另一作用就是提高作物的根系活力，促进作物根系生长和扩展，增强从土壤深层吸收水分的能力，提高整株作物的抗旱能力。

中国农业大学在内蒙古武川旱农试验区，每年秋季用拖拉机深翻 $20cm$，每 $667m^2$ 深施磷酸一铵 $9\sim10kg$。经过两年试验研究，春麦和豌豆的增产效果明显。增产的原因是作物根系的根数和根长都有提高，这对作物觅取水分和养分创造了有利条件，并提高了作物的蒸腾量，使土壤中的水分得到了有效的利用。

2. 氮、磷配比施肥

大量试验研究表明，当土壤缺磷和水分不足时，增施氮肥不增产甚至减产；在土壤供磷、供水较好条件下，增施氮肥才会增产显著。

根据陕西渭南地区农科所在渭北旱区，对氮、磷配合问题进行了 10 年试验，氮、磷单施及配合施用均有不同程度的增产。增产幅度大的为氮、磷配合，其次为单施磷肥，而单施氮肥的增产幅度最小。可见，旱区农业应重视磷肥及氮肥配合施用。

水分是作物正常生长发育所必需的生存条件之一。土壤水分状况决定着作物的需肥量和从土壤中吸收养分的能力。一般来说，施氮肥效果随土壤含水量的提高而增效明显。因此，氮、磷配比施肥的配方因随年际间降水量的不同而有所不同；欠水年适当提高磷肥用量，丰水年适当提高氮肥用量。另外，不同的作物氮、磷配比施肥的配方也有所不同。

3. 增施有机物培肥改土

增施有机物是一项古老传统的培肥改土技术，它的核心是增加土壤中有机质含量，这对培肥土壤起到了很好的效果。

（1）增加土壤有机质，改善土壤腐殖质品质。土壤有机质是构成土壤肥力的重要因素之一，土壤有机质首先是土壤微生物活动的能源，使施入土壤中的氮、磷、钾肥料通过微生物的生物固定，以有机态形式存在，从而可以减少养分流失。而土壤中有机态养分通过土壤微生物的降解又可释放氮、磷、钾素供作物吸收利用，维持其土壤养分的平衡。其次土壤有机质在降解过程中生成的多糖和腐殖酸等增加有机胶体，促进团粒结构的形成，提高土壤保水、保肥能力。而土壤有机质数量的维持，主要取决于作物残体归还土壤的数量，秸秆还田就是增加土壤有机质的最好人为措施。据研究，施用不同种类和数量秸秆后，土壤有机质都稳定增加，土壤有机质增加量随秸秆量的增加而提高，但增加速率不同。如施用小麦与玉米秸秆每 667m^2 都是 400kg 进行对比，两年后测定有机质小麦秸秆比对照增加 2.98％，玉米秸秆增加 9.60％。

（2）增加土壤酶的生物活性。土壤酶活性与土壤有机质、养分和水分等关系密切，合理施用有机质物料是改善土壤肥力状况的重要措施，也是调控土壤酶活性的物质条件。施用的有机质物料种类不同，对土壤酶活性的效应有一定差异。试验用马粪、草木樨、麦秸秆粉、玉米秸秆粉与对照（化肥）相比，蔗糖酶、蛋白酶活性差异显著，而碱性磷酸酶、脲酶活性，仅施用麦秸秆粉和玉米秸秆粉达到差异显著。已有的研究资料证明，各种有机物料由于化学组成不同，对土壤酶活性的影响也不同。有机物料的养分含量、碳氮比、木质素含量等因素的综合影响决定了它对土壤酶活性的作用。一般说来，碳氮比和木质素含量越低，越有利于激发土壤生物学活性，从而提高土壤酶活性。由于玉米秸秆的碳氮比值小于麦秸秆的碳氮比值，因此，施用玉米秸秆的土壤蔗糖酶、脲酶、蛋白酶、碱性磷酸酶均高于麦秸秆的酶活性，这就是土壤翻压玉米秸好于翻压小麦秸秆的原因之一。

（3）改善土壤理化性状。有机物料直接还田对土壤理化性状有较大影响。因秸秆本身不但有大量有机质，而且还含有相当数量的植物必需的养分，翻压玉米秸秆 6000kg/hm^2，两年后全氮和速效钾比对照增加 39.8％和 6.2％。种植小麦、夏玉米两茬作物一年后，0～10cm 土壤容重比对照减少 5.3％～14.5％，孔隙度增加 5.7％～13.8％。翻压秸秆对土壤容重的影响，总趋势是容重随秸秆量的增加而降低，总孔隙度随秸秆量的增而增加。有机物料直接还田，对降低土壤孔隙度均有明显作用，改善了土壤物理性状，增强了土壤蓄水保肥能力，有利于作物生长发育。

（4）提高作物植株叶绿素含量，增强光合作用能力。据试验，翻压玉米秸秆和小麦秸秆 6000kg/hm^2，在小麦拔节后取全株叶片测定叶绿素含量，比单施化肥分别增加 10.0％和 3.69％。由于翻压有机物料可以改善土壤肥力状况，所以与施用化肥一样也能增加小麦叶片中叶绿素含量，提高小麦光合作用和制造干物质能力。

四、化学制剂节水保墒

面对水资源缺乏的严峻挑战，人们研究、选用减少作物蒸腾和农田无效蒸发的抗蒸化学药剂，用化学方法改善和调控环境水分条件，增加土壤—作物抗旱能力是提高水分生产潜力的又一有效途径。

1. 化学控制物质的种类

目前已发现能改善植物抗旱性并提高水分百分率（Water Use Efficiency，WUE）和产量的化学物质多达 100 种以上，按其化学组成和功能可分成以下四类：

（1）植物生长调长剂。这是一类人工合成的具有类似植物内源激素功能的化合物。应用于作物节水抗旱的主要是植物生长抑制剂，它们具有关闭气孔、减少蒸腾失水、增强根系吸水和调节植物水分平衡的作用。例如，三十烷醇、生物试剂 BR 等植物生长促进剂具有增强原生质体和生物膜系统的稳定性，提高抗逆性，在水分亏缺条件下能够维持作物正常生长等作用。

（2）无机化合物类。如氮、磷、钾、钙等，既是植物的矿质元素，又具有促进根系发育、调节 WUE 和增强抗旱性等作用。

（3）有机水分子化合物类。其主要用于提高在干旱缺水条件下作物的成苗或降低气孔的开度，减少蒸腾失水，如黄腐酸（Fulvia Acia，FA）分子量小，能直接溶于水并易被植物吸收利用，富含多种功能和营养成分，具有良好的生理活性和较强的综合金属离子的能力。在多种作物上应用，具有缩小气孔开度、抑制蒸腾、促进根系发育、提高酶活性、增强光合作用及节水抗旱增产的功能，而且 FA 对作物无污染，已被公认为优良的抑制蒸腾剂。

（4）有机高分子化合物类。其主要有薄膜型抗蒸腾剂和高分子吸水树脂（保水剂）。薄膜型抗蒸腾剂是利用高分子物质在植物表面形成极薄的膜，阻止水分蒸腾，但不利于植物对 CO_2 的吸收，降低 CO_2 界面透过量，对光合有抑制作用。而保水剂近年来已在节水农业中得到应用，用保水剂进行种子包衣，对作物逆境成苗和增产有良好的作用。

2. 化学物质控制技术

（1）提高逆境成苗的种子化学处理技术。水分亏缺首先影响作物种子萌发和成苗等生长过程。北方地区的小麦、玉米、棉花等作物播种时，常因土壤墒情不足、表土干旱，致使作物播种后种子萌发和成苗过程受水分胁迫，使萌发率下降导致缺苗、成苗困难而形成"小老苗"。种子萌动初期虽然抗脱水力强，但种子必须吸足水分才能萌发，而且胚芽伸长过程对水分亏缺最敏感。所以缺水不仅使种子难以萌发出苗，即使出苗也因土壤干旱而降低幼苗叶细胞光合能力，呼吸增强，叶温升高，加剧幼叶蒸腾失水而导致生长不良；同时缺水使种子根生长度有所降低，根变细，纤维化程度增强，根尖部位也会因栓质化作用的增加而降低吸收力。

1）化学物质处理种子。中国科学院水土保持研究所筛选出一批对作物逆境成苗有明显促进作用的化学物质，其中有 FA（0.05%）、赤霉素（0.002%）、琥珀酸（0.03%）、硼酸（0.05%）、硫酸锌（0.1%）和氯化钙（0.3%）等。以上化学物质对糜子效果显著，谷子和玉米次之，高粱不明显。

2）保水剂拌种包衣。保水剂是一种高效吸水性树脂，能迅速吸收相当于自身重量数百倍到千倍以上的水分，保水剂拌种包膜后，播入土中能很快吸收水分形成水分黏液保护膜，以这种有效水分方式富集于种子周围，改善了种子萌发时的土壤水分微环境，扩大种子与土壤的接触面积，降低土壤水分移向种子的传导阻力，对种子萌发和成苗十分有利。能提高出苗率及部分增产。

3）FA 拌种。根据各地应用 FA 制剂"抗旱剂1号""FA 旱地龙"拌种试验表明，FA拌种对作物根系发育有特殊的促进作用。促胚根早发，并刺激根端分生组织细胞的分裂与增长，使次生根增多，根长和根量显著增加，根系活力提高，并使出苗提前 1～2d，出苗率提

高 $10\%\sim13\%$。FA 制剂拌种，在低温条件下播种，促进出苗或成苗的效果更好。

（2）作物蒸腾的化学调控。植物吸收的水分中有 99% 以上是植株表面蒸腾作用消耗，通过光合作用直接用于生长发育的水分还不到 1%，因此降低蒸腾耗水是节水、防旱、抗旱的重要环节。河南省科学院生物研究所研制的 FA（FA 抗旱剂 1 号、FA 旱地龙）是一种多功能调节植物生长型的抗蒸腾剂。经北方旱区多点试验，可增产 $10\%\sim20\%$，目前已在全国 20 多个省市推广，FA 具有以下功能：

1）缩小气孔开张度，减少水分蒸腾。二者相辅相成，起到开源节流的作用，使植株和土壤保持较多水分，同时促进根系生长，提高根系活力，增强对水分、养分的吸收。

2）提高多种酶的活性和叶片叶绿素含量。在水分亏缺情况下保持植株体内正常代谢，并能增强光合作用，使糖分和干物质增多，提高作物抗旱、抗冻、抗病力，提高产量和品质。

3）FA 是农药增效缓释剂。通过物理、化学作用与农药形成复合物，可减少用药量，提高药效，并降低毒害和对环境的污染。

4）能综合金属元素，提高作物对微量元素的吸收和运转能力。FA 对作物的增产作用十分显著，在正常条件下一般增产 $8\%\sim15\%$；在干旱、干热风和病害等逆境条件下可增产 $10\%\sim30\%$。

（3）促进根系的化学调控。作物根系发达，吸收力强，则植株生长健壮、抗逆力强。增施有机肥和磷、钾化肥，其目的就在于营养元素促进作物早期营养生长和根系发育，增加根系重量、长度和密度，增强根系的吸收、代谢活力，提高对水分和养分的吸收能力，起节水、抗旱、增产的作用。使用生长调节剂也可以有效地促进根系生长和扩展，如用 FA 进行拌种或适期叶面喷施，能有效地促进根系生长和提高根系活力。CCC（矮壮素）用于小麦，也可明显增加根总长和根干重，增强根系活力和吸收力。

（4）作物生长发育与产量提高的化学调控。华北地区，小麦在生育后期常常受到干热风的危害，致使茎叶早衰，千粒重下降而影响产量，这是目前小麦产量进一步提高的障碍之一。夏玉米快速成苗，加强出叶速度，在加快营养生长的基础上提前进入结实器官分化，促进早熟，对于缓解两茬矛盾和挖掘中、晚熟玉米高产潜力作用十分重要。要解决上述问题，应采用化学调控的办法，提高小麦、玉米的抗逆力，加强成苗，加速营养生长，以达到早熟高产的目的。

（5）吸水剂对土壤水分消耗效应。高吸收水性树脂（简称吸水剂）是一种新型高分子化合物，具有高吸水、保水性能。用这种胶体浸种、包衣（如前述）或将其颗粒按一定比例与土混匀或像肥料一样直接撒施在播种沟内，可吸收土壤中大量的水分，并可随植物生长和土壤水分的变化，吸水剂将吸持的水分缓慢释放出来，供作物生育之用。据报道，吸水剂施入土壤后，不仅可以增加土壤液比例，提高持水力，而且能更有效地保持土壤养分。

第三节 节 水 栽 培 技 术

一、水稻节水栽培

水稻在全国每个省（自治区、直辖市）均有种植，播种面积占全国粮作物的 1/5，而产量则占 40％左右，是我国和世界的最重要粮作物之一。尽管水稻播种面积有所减少，但水稻仍是第一大水田作物，占农业用水总量的 70％，根据水田节水农业技术体系，稻田节水潜力巨大。本节将在水田节水农业综合配套技术基础上，分别介绍不同类型区主要节水高产栽培技术模式的技术要点。

（一）北方一季稻超高产稻栽培技术要点

北方一季稻超高产栽培技术适于在东北稻区、华北稻区和西北稻区推广。其中，吉林北部和黑龙江宜采用大、中棚塑料薄膜覆盖。主要是利用塑料薄膜（大、中棚）、无纺布等覆盖旱育、稀播，培育带蘖壮秧；本田期采取稀植或大垄双行稀植、测土配方施肥、浅湿干间歇节水灌溉、综合防治病虫草害等，实现足穗、大穗高产。

1. 旱育壮秧

采用塑料薄膜、专用无纺布覆盖旱育秧苗，每平方米播种量控制在 200g 以内。

2. 本田稀植

移栽规格 $30cm \times （16.7 \sim 20.0）cm$ 稀植，或 $（40＋20）cm \times 16.7cm$ 大垄双行稀植。

3. 配方施肥

在施好有机肥的基础上，搞好配方施肥。一般施用标氮 $900 \sim 1050kg/hm^2$，磷酸二铵 $150kg/hm^2$，硫酸钾 $150kg/hm^2$。

4. 间歇灌溉

即稻田的"薄水层—湿润—短暂落干"的间隔灌溉。本田浅湿干间歇节水灌溉不但能有效减少不必要的渗漏，而且可有效改善农田生态，大幅度提高水分利用效率和水稻产量。

5. 病虫草害综合防治

旱育秧可提前播种，避免烂秧；秧田期间重点防治稻蓟马，秧苗带药下田；大田期根据病虫测报，按要求重点防治二化螟、稻纵卷叶螟和稻飞虱。

利用塑料薄膜、无纺布等覆盖旱育、稀播，培育壮秧；通过合理稀植，充分发挥个体生产潜力和大穗优势，使单位面积的有效穗数、每穗粒数和结实率在超高产水平上达到统一；测土配方施肥，是在不增加氮肥施用量的情况下获得超高产，可提高化肥利用率，减少环境污染；浅湿干间歇节水灌溉，避免漫灌浪费，节约用水 30％以上，经济效益十分显著。其高产高效机理是发挥一季稻个体生产潜力，节水节肥，提高水肥利用率。

（二）南方双季稻超高产栽培技术要点

采用旱育秧（早稻）和稀播壮秧或两段育秧（晚稻）、垄畦栽培、宽行窄株移栽、合理密植、好气灌溉、精确施肥、病虫草害综合防治等，达到足穗、大穗、高产。南方双季稻超高产栽培技术适合于我国长江中下游稻区和华南稻区。

1. 适时播种、培育壮苗

早稻采用旱育秧，播种量一般为 $90g/m^2$。播期 3 月中、下旬；晚稻稀播壮秧或两段育秧，用种量在 $15kg/hm^2$ 左右。

2. 垄畦栽培

畦宽 $3 \sim 4m$，沟宽 $0.20 \sim 0.25m$，并开好围沟，便于水分管理和田间操作管理。

3. 宽行密植

栽培密度为 30～40 丛/m²，行距在 25cm 左右。一般早稻每丛 3～4 本，晚稻单本插或双本插，确保每丛 6～8 个茎蘖。

4. 好气灌溉、促根促蘖

在整个水稻生长期间，除水分敏感期和用药施肥时采用浅水灌溉外，一般以无水层或湿润灌溉为主，促进根系生长，增强根系活力。当茎蘖数达穗数的 90% 左右时开始多次搁田，以控制高峰苗。生育后期采用干湿交替，以协调根系对水、气的需求，直至成熟。

5. 精确施肥、提高肥料利用率

本田期一般施纯氮 180～225kg/hm²、氧化钾 112.5～150kg/hm²、五氧化二磷 75～90kg/hm²。其中，底肥应占总氮肥量的 50%，分蘖肥占总氮肥量的 35% 左右，其余作为穗肥。要求施适当比例的有机肥，一般施饼肥 750kg/hm²，或优质农家肥 11250～15000kg/hm²。

6. 病虫草害综合防治

秧田期间重点防治稻蓟马，秧苗带药下田，大田期根据病虫测报，按要求重点防治二化螟、稻纵卷叶螟和稻飞虱。

早稻采用旱育秧可提前播种，避免出现烂秧现象，移栽后早生快发；晚稻采用稀播壮秧或两段育秧可增加秧龄弹性，培育多蘖壮秧；厢畦栽培、宽行窄株移栽，有利于改善田间气候生态环境，便于栽培调控管理；合理密植、精确灌溉施肥，实现足穗、大穗，提高水肥利用率。与传统栽培技术相比，可增产 1500kg/hm² 以上，高的可增产 3000kg/hm² 以上。其增产机理是延长水稻生长季节，充分利用光温资源，足穗、大穗、高产。

（三）南方中籼稻超高产栽培技术要点

综合应用旱育秧或稀播壮秧、垄畦栽培、宽行窄株移栽、合理稀植、好气灌溉、精确施肥、综合防治病虫草害等，形成南方中籼稻超高产栽培集成技术。南方中籼稻超高产栽培技术适合于南方稻区。

1. 适时精量播种、培育壮苗

秧田播种量一般为 112.5kg/hm² 左右，大田用种量为 9～12kg/hm²，根据品种或组合生育特性安排适宜播种期和移栽期，秧龄控制在 25～30d。

2. 垄畦栽培

畦宽 3～4m，沟宽 0.2～0.25m，并开好围沟，便于水分管理和田间操作管理。

3. 宽行稀植、定量控苗

栽培密度为 15～20 丛/m²，行距在 30cm 左右。一般单本插或双本插，确保每丛 4～6 个茎蘖。

4. 好气灌溉、促根促蘖

在整个水稻生长期间，除水分敏感期和用药施肥时采用浅水灌溉外，一般以无水层或湿润灌溉为主，促进根系生长，增强根系活力。采用多次轻搁田，以控制高峰苗。生育后期采用干湿交替，以协调根系对水、气的需求，直至成熟。

5. 精确施肥、提高肥料利用率

秧田期施肥：在二叶一心期施断肥；在移栽前 2～3d，施身肥起。

本田期施肥：一般施纯氮 180～225kg/hm² 、氧化钾 150～180kg/hm² 、五氧化二磷 75～90kg/hm² 。其中底肥应占总氮肥量的 50%，分蘖肥占总氮肥量的 35% 左右，其余作为穗肥。要求施适当比例的有机肥，一般施饼肥 750kg/hm² 或优质农家肥 11250～15000kg/hm² 。

6. 病虫草害综合防治

秧田期间重点防治稻蓟马，秧苗带药下田；大田期根据病虫测报，按要求重点防治二化螟、稻纵卷叶螟和稻飞虱。杂草的防除用丁苄 1500～1800g/hm² 或其他除草剂拌蘖肥撒施，并保持浅水层 5d 左右以提高防除效果。

应用稀播壮秧、宽行窄株移栽、合理稀植、好气灌溉、精确施肥、综合防治等生产集成技术，实现南方中籼稻超高产栽培，较传统栽培技术平均可增产 1500kg/hm² 以上，高的可增产 2250～3000kg/hm² ，增收 3000 元/hm² 左右。该项技术增产机理是强根促蘖和增穗增粒。

（四）长江中下游中粳稻超高产栽培技术要点

主要采用旱育秧、稀播壮秧及软盘育秧、宽行窄株手工移栽或机插、合理稀植、好气灌溉、精确施肥、综合防治病虫草害等，形成长江中下游中粳稻超高产栽培集成技术。长江中下游中粳稻超高产栽培技术适合于长江中下游稻区。

1. 旱育秧、稀播壮秧及软盘育秧

秧田旱育秧播种量一般为 90～120g/m² ，稀播壮秧一般为 300～350kg/hm² ，机插软盘育秧为 400 g/m² ；根据品种生育特性安排适宜播种期和移栽期，秧龄控制在 30～35d 。

2. 宽行窄株手工移栽或机插

栽培密度为 20～25 丛/m² ，行距在 30cm 左右，一般双本插。

3. 好气灌溉、促根促蘖

在整个水稻生长期间，除水分敏感期和用药施肥时采用浅水灌溉外，一般以无水层或湿润灌溉为主，促进根系生长，增强根系活力。采用多次轻搁田，以控制高峰苗。生育后期采用干湿交替，以协调根系对水、气的需求，直至成熟。

4. 精确施肥、提高肥料利用率

一般施纯氮 225～255kg/hm² ，氧化钾 150～180kg/hm² ，五氧化二磷 75～90kg/hm² 。其中，底肥应占总氮肥量的 50%～60%，分蘖肥占总氮肥量的 30% 左右，其余作为穗肥。要求施适当比例的有机肥，一般施饼肥 750kg/hm² ，或优质农家肥 11250～15000kg/hm² ，或秸秆还田。

5. 病虫草害综合防治

秧田期间重点防治稻蓟马，秧苗带药下田；大田期根据病虫测报，按要求重点防治二化螟、稻纵卷叶螟和稻飞虱。

采用旱育秧、稀播壮秧及软盘育秧、宽行窄株手工移栽或机插、合理稀植、好气灌溉、精确施肥，以改善群体结构和提高群体质量，达到足穗、匀穗、大穗高产，其大面积产量可达 10500kg/hm² 以上，超高产示范方在 12000kg/hm² 以上。该项技术增产机理是提高群体质量、强根促蘖和匀穗、大穗、高产。

（五）再生稻超高产栽培技术要点

头季稻采用旱育秧或稀播壮秧、垄畦栽培、宽行窄株移栽、合理稀植、好气灌溉、精确施肥、综合防治病虫草害等，在获得高产的同时，保持秆青叶绿和根系活力，以利于再生季叶芽萌发和再生稻高产；再生季采用留高茬和重施促芽肥，达到足穗高产。再生稻超高产栽培技术适合于闽北、长江中上游及西南等一季有余两季不足的稻区。

1. 旱育秧或稀播壮秧

秧田播种量一般为 112.5kg/hm² 左右，大田用种量在 9～12kg/hm²，根据品种生育特性安排适宜播种期和移栽期，秧龄控制在 25～30d。

2. 垄畦栽培

畦宽 3～4m，沟宽 0.2～0.25m，并开好围沟，便于水分管理和田间操作管理。

3. 宽行稀植、定量控苗

栽培密度为 15～20 丛/m²，行距在 30cm 左右，一般单本插或双本插，确保每丛 4～6 个茎蘖。

4. 好气灌溉、促根促蘖

在整个水稻生长期间，除水分敏感期和用药施肥时采用浅水灌溉外，一般以无水层或湿润灌溉为主，促进根系生长，增强根系活力。采用多次轻搁田，以控制高峰苗。生育后期保持田间湿润，使头季稻秆青叶绿黄熟。头季稻收获后立即灌水，以满足再生稻的需水要求。

5. 高留稻茬

用于再生稻超高产栽培的杂交水稻普遍具有顶芽生理优势，倒二倒三芽位的叶芽萌发率较高，构成再生穗和再生产量的 70%～80%。头季稻收割要留高茬，尽可能多地保留上位优势芽和稻茬内储藏的营养物质，一般留茬高度为株高的 1/3，为 40～50cm，可有效提高再生季产量。

6. 精确施肥、重施促芽肥

一般头季稻施纯氮 180～225kg/hm²、氧化钾 150～180kg/hm²、五氧化二磷 75～90kg/hm²。要求施适当比例的有机肥，一般施饼肥 750kg/hm² 或优质农家肥 11250～15000kg/hm²。头季稻收获前 15～20d，施尿素 300kg/hm²，收获后再追施尿素 300kg/hm²，以促进叶芽萌发和再生苗生长。

7. 综合防治病虫草害

根据病虫测报，按要求重点防治二化螟、稻纵卷叶螟、稻飞虱及稻瘟病等。

二、玉米节水栽培

玉米是喜温的短日照作物，适应性强，分布很广。世界上玉米面积仅次于小麦、水稻，居第三位，我国自 1995 年以来从第三大作物变为第一大作物。由于玉米种类多样、营养丰富，是我国主要的粮食和最主要饲料作物。玉米植株高大、代谢旺盛，对水分反应比较敏感，但往往需水关键时期雨热同期，适时适量浇好关键水，完全能够实现节水高产。

（一）夏玉米节水高产栽培技术要点

夏玉米是年降水量 500mm 左右的黄淮海地区重要的复种作物，蒸腾系数为 200～350，因全生育期处于高温时期，且高杆大穗需水较多。其总耗水量早熟品种为 300～400mm，中熟品种为 500～800mm，因地域、品种、栽培条件不同而异，但生育期内最少要有 250mm。玉米苗期较耐旱，拔节、抽穗、开花期需水最多，后期偏少。其中拔节到灌浆约占全生育期需水量的 50%，抽穗前 10d 至开花后 20d 是对水分敏感的临界期，吐丝期和散粉期更为敏感。浇好关键水是夏玉米节水高产的重点技术。

1. 选择品种、保证密度

夏玉米节水高产栽培要根据当地光热资源和土壤特点，选用生育期适中的紧凑型、耐密高产品种，如郑单 958、浚单 20 等，亩留苗密度以 4000～5000 株为宜。

2. 套种或铁茬播种

为争取热量资源减少农耗，热量不足地区应及时套种，套种玉米需要在麦收前 5～7d 完成。热量充足地区宜于小麦收获后及时铁茬播种。为提高播种质量和幼苗的整齐度，应采用铁茬播种机施肥播种。

3. 搞好秸秆还田

可在上茬小麦收获的同时，粉碎秸秆并均匀抛撒、覆盖还田，也可在玉米拔节期将麦秸覆盖于行间。麦秸覆盖可降低地表蒸发、抑制杂草、保护环境、提高土壤肥力，但要注意还田数量，并补充适量氮肥调节碳氮比，促进秸秆腐烂。

4. 浇好关键水

玉米套种可借用麦黄水，铁茬播种后浇好蒙头水，玉米生育期要充分利用自然降水，灌水要"看天、看地、看庄稼"因雨而定，重点浇好大喇叭口和灌浆水。

5. 施肥方法

玉米是高产作物，其全生育期氮肥用量为 180kg/hm²、钾肥用量 27kg/hm²，适量补施磷肥。其使用方法，在播种时施种肥二铵或复合肥 150kg/hm²，其他全部用于大喇叭口期追肥。

6. 病虫害防治

播种期重点抓好两个关键技术：一是种子处理控制玉米黑穗病、玉米顶腐病等；二是撒毒土防治地下害虫，播后苗前至玉米 5 叶期是控制杂草的关键期，采用一封一杀的除草技术。

7. 夏玉米晚收技术

玉米铁茬播种后应适当推迟玉米收获期。据研究，在苞叶刚开始变黄的蜡熟初期每迟收 1d，千粒重则增加 3～4g，且对后茬种麦和小麦产量不会造成影响。

（二）春玉米膜侧节水高产栽培技术要点

春玉米区季节性干旱频繁，往往造成玉米产量不稳。采用膜侧节水高产栽培技术，不但增温保墒，抑制杂草，且有利于蓄水纳墒，提高壮苗成活率和玉米的抗倒伏能力等。膜侧节水高产栽培技术可最大限度地减少棵间土壤蒸发，有效地集纳降水，节水增产效果显著。据试验示范，膜侧节水高产栽培技术可比传统的育苗移栽增产 17.65%；比传统的地膜覆盖栽培增产 8.3%。其技术要点：用 50cm 地膜覆盖在行间，玉米实行膜侧栽培，即"沟施底肥、小垄双行、膜侧播种、集雨节水"。

1. 规范开厢

秋季小麦播种时，规范开厢，实行"双 30""双 25""3525"中带种植或"双 50""双 60"种植，预留玉米种植带。

2. 开沟施肥

播种前在玉米种植带正中挖一条深 20cm 的沟槽（沟两头筑挡水埂），施磷肥 750kg/hm²、尿素 157.5kg/hm²、原粪 15000kg/hm²、水 7500kg/hm²，全部施于沟内作底肥和底水。

3. 筑垄覆膜

沟施底肥和底水后覆土，筑一个高于地面 20cm、垄底宽 50cm 的垄，垄面呈瓦片形。春季持续 3～5d 累计降雨 20mm 或下透雨后，立即将幅宽 50cm 的超微膜盖在垄面上，并将四周用泥土压严，保住降水。

4. 播种或移栽

在 5～10cm 土壤温度稳定在 10～12℃时，将玉米种子播种于地膜的边际，或将符合要求的玉米苗移栽于地膜的边际，每垄两行玉米。种植规格为窄行距 50～60cm、窝距 30～40cm，保持播种密度 53000 株/hm² 左右。

5. 后期管理

玉米生长期进入多雨季节，季节性降雨与季节性的干旱交替发生，使玉米根区处于干湿交替状态，从而促进了根系的生长，增强了玉米耐旱能力。一般情况下不浇水，即可达到避旱救灾增产的目标，特殊干旱年份可在需水临界期于沟内抗旱浇灌，实现节水高产。

三、油菜节水栽培

油菜是我国第一大油料作物，种植面积占总油料作物播种面积的一半以上。同时，油菜根系可分泌有机酸，溶解土壤中难溶的磷，大大提高磷的有效性；油菜的根、茎、叶、果壳含有丰富的氮、磷、钾，开花结实期落花落叶及收获后的残根、茎秆还田，能显著提高土壤肥力，改善土壤结构。因此，油菜又是一种用地又养地的作物，在农作物轮作复种中占有重要地位。

我国油菜种植区的跨度很大，按生物学特征可分为白菜型、芥菜型和甘蓝型三大类型，按播种季节的不同分为秋播、春播、夏播和春夏复播等类型，其中秋播油菜（冬油菜）约占全国油菜总面积的 90%。生产中主要推广低硫、低芥酸的，双低、优质、高产冬油菜品种，长江流域为我国最主要油菜集中产区。

（一）油菜综合节水高产栽培技术要点

1. 种子选择

我国冬油菜主要分布在能安全越冬的冬暖地区，多采用秋种或冬前播种；冷凉地区多为春种油菜产区。因此，必须因地制宜选择适应当地生产条件的，高产优质耐旱品种。南方地区应选择"两系"或"三系"杂交优质高产"双低"油菜品种，北方冬暖或夏凉地区应选择冬春两用型高产、优质油菜或杂交油菜品种。种子质量符合国家商品种子质量要求，并于播种前搞好晒种，以提高发芽势和发芽率。

2. 整地施肥

常规播种应深耕 25cm 以上，使耕层疏松并具有良好的透气和保水保肥性能，确保土壤细碎平整，以保证播种质量。据研究，每生产 100kg 油菜子，需要吸收氮素 5.8kg、五氧化二磷 2.5kg、氧化钾 3kg 以及硼、钙等微量元素。因此，节水高产栽培必须根据土壤营养状况，按配方施好底肥。一般结合秋耕底施农家肥 2 万～3 万 kg/hm²、碳铵 600～750kg/hm²、过磷酸钙 450～600kg/hm²、氯化钾 230～300kg/hm²、硼肥 7.5～30kg/hm²。

3. 科学播种

一是采用机械条播，播种行距 30cm，株距 2～5cm，播种量 4.5～7.5kg/hm²，密度 45～75 万株/hm²。二是采用 15cm 的等行距播种方式，播种量 9～12kg/hm²，密度 90～120 万株/hm²。整地质量较好的条田取下限，整地质量差的取上限，播种深度以 1cm 为宜。为确保播种均匀，可将炒熟的油菜子与商品油菜种子按比例混合均匀播种。

4. 田间管理

（1）破除板结。油菜出苗前遇雨，应及时耙地破除板结，保证油菜苗全苗壮。

（2）早防病虫。油菜的害虫主要是跳甲、露尾甲、蚜虫、小菜蛾、芫菁等，主要病害有白锈病、霜霉病、软腐病、菌核病等。各地应根据当地病虫测报，对主要病虫害按要求及时用药防治。

（3）间苗、定苗。幼苗拥挤会造成油菜提早抽薹，形成高脚苗影响产量。因此，要在齐苗后及时疏苗，2～3 片真叶时间苗，4～5 片真叶时定苗，拔除小苗、弱苗和病虫苗，结合锄草均匀留足壮苗。

（4）中耕除草。一般中耕除草 2～3 次，定苗后除草一次，封垄前追肥灌水并适当深锄，初花期还要拔除大草。

（5）分段追肥。磷对油菜中后期发育影响很大，为了使油菜秋发冬壮，在 5 片真叶期前要追施尿素 75kg/hm² 提苗，补施磷肥 300～350kg/hm² 壮荚。花芽分化时，追施尿素 70～80kg/hm²；薹花期追施尿素 100～150kg/hm²、磷酸二氢铵 40～75kg/hm²；后期追施尿素 45～75kg/hm²，并叶面喷施 1∶200 浓度硼酸溶液 1～2 次。为了提高肥效，追肥应结合中耕开沟深施。

（6）节水灌溉。油菜是比较喜湿的作物，以薹花期对土壤湿度的要求最高。油菜全生育期需水 300～500m³，一般需浇水 3～4 次。第一次在出苗 30d 左右，需总水量的 10%；第二次在抽薹始花期，需总水量的 60% 左右，也是油菜水分"临界期"；第三次在盛花期，需总水量的 20%；第四次在乳熟期，占总水量的 10%。因每次的灌水量少，应采取厢沟渗灌、人工浇灌、设施喷灌（滴灌）和田间管灌等节水措施，实行小水浅浇，并及时中耕松土，蓄墒保墒。开花期应保持田面不龟裂，后期必须看天浇水防止倒伏。

（7）及时收获。收获时油菜叶子脱落，田间呈现一片黄褐色，中下部角果种子已呈现本品种色泽，上部仍然有一部分黄绿色种子，但已具有一定硬度时进行采收。最好利用夜间和阴天收割，过早收割会降低产量、千粒重及出油率，过晚收割掉粒多、损失大。油菜收割完毕，要及时脱粒，晒干入仓。入仓的种子含水率不能高于 12%；否则会造成烂种而降低出油率。

（二）油菜地膜覆盖栽培技术要点

油菜地膜覆盖能有效增温保墒，促进生长发育，是冷凉干旱半干旱地区抗旱、节水、丰产、增收的重要技术，也适宜于高山水田、低山冷浸烂泥田的地膜移栽。按播种时间可分为秋播冬油菜和春播油菜两种，按播种方式又分为地膜穴播、膜侧沟播和地膜覆盖移栽3种。

1. 整地施肥

冷凉干旱、半干旱地区，应选择地势平坦、土层深厚、土壤肥沃的耕地推广油菜地膜覆盖栽培技术。地膜油菜一定要深耕整地，耙糖保墒，重施基肥，适时播种。

水田移栽要早滤水、早翻地、早起垄，加速土壤熟化。油菜移栽前敲碎土堡，根据常年积水轻重隔 $100\sim200cm$ 开沟起垄，垄高 $25\sim30cm$，垄沟宽 25cm 左右。渍水越重，垄沟越密、越深。

一般底施优质有机肥 5 万～7 万 kg/hm^2、碳铵 $600\sim750kg/hm^2$、过磷酸钙 $450\sim600kg/hm^2$、氯化钾 $230\sim300kg/hm^2$、硼肥 $7.5\sim30kg/hm^2$。整地后，确保土地平整，无根茬和坷垃，播种前根据草害情况按要求封闭除草。

2. 品种选择

应根据当地气候特点、播种时间和生产要求，因地制宜地选择耐旱、抗旱、抗病、增产潜力大的优良品种。

3. 播种样式

（1）地膜穴播。根据地力和品种特性，留苗密度在 15 万～25 万株/hm^2，油菜穴距为 $20\sim30cm$，根据密度确定行距。一般根据地膜宽度确定播种行数，选用 80cm 宽幅地膜覆盖时，每隔播种两行，选用 40cm 幅宽地膜，种植一行。地膜穴播由于覆膜面积大、增温保墒效果好，能很好地改善田间水热状况，较好地协调油菜产量要素及根据土壤蓄水与供水能力，适宜在高海拔地区推广。但其膜孔易与种子错位，需要及时放苗，加强护膜和田间管理。

（2）膜侧沟播。选用幅宽 40cm 的地膜，起垄覆膜，在两膜之间开沟播种。可根据当地气候特点和品种特性，留苗密度在 15 万～25 万株/hm^2，在两膜之间播种 1 行或 2 行油菜。油菜膜侧沟播，土壤通气性好，地膜集雨效果显著。但保温和干旱期保墒效果较差，适宜在中海拔地区推广。

（3）地膜覆盖移栽。水田耕翻整地施用基肥后，按要求开沟起垄，做到土壤细碎平齐，喷施除草剂后覆膜。选用厚度为 $0.004\sim0.006mm$、宽为 $90\sim100cm$ 的超薄地膜，覆膜时边放边压膜，使膜紧贴畦面，提高增温保墒效果。育苗按 $1:5\sim1:6$ 留足苗床，根据移栽时间适期早育稀播、培育壮苗。一般移栽苗龄 25d 左右，叶龄 4～6 叶及时移栽。地膜覆盖移栽密度以 15 万株/hm^2 左右为宜，先覆膜后移栽时打孔要均匀，栽后要覆土护膜；先移栽后覆膜时要多带土护须根，科学放苗，提高成活率。移栽过程要剔除病弱苗、高脚苗，遇旱要浇活棵水。

4. 田间管理

（1）查苗补苗。地膜覆盖一般 2～3 叶期间苗，4～5 叶期定苗。地膜覆盖移栽油菜成活后，要及时查苗补苗。

（2）控旺促壮。冬油菜，要在冬前和返青抽薹期对长势偏旺的菜苗按要求喷施多效唑，控旺促壮提高油菜抗逆能力，确保安全越冬。地膜油菜生长快，根据生长情况可在油菜薹高 2～3cm 时，重施一次薹肥，追施尿素 150～230kg/hm²，花期遇高温干旱天气，还要结合补磷、补硼，喷施磷酸二氢钾、硼肥和尿素混合液。

（3）防治病虫草害。油菜主要虫害是蚜虫和菜青虫，可在其危害高峰期的 11 月和 3 月中旬，根据预报用药防治。油菜主要病害是菌核病和霜霉病，应根据预测预报要求，搞好初花至盛花期的药剂防治。各地草害差异较大，地膜覆盖可减轻草害，但应根据发生情况及时拔除。

5. 及时收获

地膜覆油菜较露地油菜早熟，当大田 70％的角果呈浅红色，或主花序中部角果种子为红褐色或黑色时，要及时收获。同时，油菜收获后要及时清除干净废膜，防污染土壤影响下茬作物生长。

四、蔬菜节水栽培

（一）蔬菜常用的节水技术

蔬菜常用的节水技术从育苗、施肥及灌溉方式入手，主要有以下几种方法：

（1）采用保水型育苗基质。按保水剂与基质干料 1：1000 的比例（或 10g/m² 保水剂）混合后进行育苗。

（2）增施有机肥和保水剂。每亩用 1～2 kg 保水剂与 500～800kg 精制有机肥或 3～4m³腐熟农家肥混匀施入土壤。或者可施入腐熟饼肥 150～200kg/亩，复合肥 20～30kg/亩，过磷酸钙 20～30kg/亩，肥料与保水剂适当深施。

（3）选择采用合适的灌溉方式：①滴灌，如与地膜覆盖结合则为膜下滴灌，适于茄果类蔬菜、西甜瓜、草莓等作物；②畦上小沟灌施肥，适于高畦双行栽培的茄果类蔬菜、西甜瓜等作物，在栽培畦面中纵向开一条上宽 15cm、下宽 10cm、深约 10cm 的小沟，在畦面小沟的两侧各种一行蔬菜，灌水时从畦面小沟一端灌入，灌水量以灌满小沟为准；③微喷，适于平畦栽培的叶类蔬菜、根茎类蔬菜等；④膜下沟灌、膜上灌，膜下沟灌施肥时小沟上面每隔 50cm 左右横放一根长约 20cm 的小竹枝，然后将其两端分别埋入小沟边的泥土中压紧，取宽度适当的地膜将整个畦面覆盖好，并将其拉紧，避免垂贴于小沟壁上，四周封压严实，这样畦面上形成一个暗沟，再在暗沟一端留出一个能开闭的"活口"，供灌水施肥用，也可将地膜紧贴畦上沟底覆盖，沟内地膜留有若干小孔，从膜上明沟中灌入水肥；⑤隔沟交替灌溉，蔬菜起垄栽培条件下，这次浇奇数沟，下次浇偶数沟，奇数沟和偶数沟轮流交替浇水。

（二）果类蔬菜适合使用的节水灌溉设备及操作

果类蔬菜最适合采用滴灌施肥设备，因为果类蔬菜的株行距整齐划一，铺设滴灌管路比较方便。生产中果类蔬菜一般采用大小行栽培，大行是进行农事操作的过道，在小行内靠近作物的两边各铺设一条滴灌带（资金不足的地区可以适当缩小小行的宽度，在小行中间铺设一条滴灌带），滴头朝上，间距 30cm 左右。施肥器可以采用压差式施肥罐或文丘里式施肥器，最好配备相应的变频设备，新安装的滴灌施肥系统或灌溉季节首次灌溉时需要进行管道冲洗试运行，首先放开滴灌管末端的堵头，充分放水将管路中的杂质冲洗干净，堵上堵头，检查管路特别是管道接头处是否漏水。在进行灌溉施肥时注意尽量选择可溶性肥料，如肥料溶解性不好可以事先将肥料放入桶中用水溶解，然后取上层清液进行滴灌施肥。注意实际操作中要先灌水 20min 左右，然后开始施肥，施肥之后还要用清水将整个管路冲洗 20min 左右，以免肥料溶液腐蚀管路。

（三）叶类蔬菜适合采用的节水灌溉设备及操作

叶类蔬菜最适合采用微喷带进行灌溉。首先叶类蔬菜一般采用平畦栽培，密度比较大，生育期比较短，而微喷带一般比较长，且单条带的灌溉面积较大，因此在田间的位置比较容易调整，相对于滴灌更容易保证叶类蔬菜的灌溉均匀度。其次叶类蔬菜一般比较矮小，不容易挡住微喷带喷出的水流，因此相对于果类蔬菜，叶类蔬菜使用微喷带有着更高的灌溉均匀度。生产中应选用出水口小且分布均匀的微喷带，这样雾化效果好且灌溉更加均匀。

根据地块长度选择适宜长度的微喷带，超过地块长度的部分可以用夹子夹住以免出水。一般微喷带的喷幅都在 4m 以上，质量好的可以达到 10m 以上，喷幅越大，田间需要的微喷带条数越少，生产中还可采取逐片灌溉的方式，通过在田间移动微喷带的位置扩大灌溉面积。

（四）设施蔬菜采用地面灌溉时应注意的问题

地面灌溉是相对于滴灌和喷灌等采用灌溉施肥设备进行的灌溉而言的，包括沟灌、畦灌等，目前地面灌溉仍然是设施蔬菜主要采用的灌溉方式。采用地面灌溉时应注意以下几点：

（1）晴天浇水，并要保证浇水后至少有 2d 以上的晴好天气，并且浇水应在早上浇水，不宜在中午或下午进行，因早上水温与地温较接近，不会大幅度降低地温。浇水宜采用井水，井水的温度一般在 14℃ 左右，利于保持棚室较高的地温，且水流的路程不要太长。

（2）浇水方法。浇水时不仅要考虑到蔬菜的水分需求，还要考虑棚室湿度控制。以采用覆膜灌溉为宜，且要浇小沟、浇小水。

（3）浇后管理。浇水当天，为了尽快使地温恢复，一般要封闭温室以迅速提高室内温度，待地温提升后，再及时放风排湿，使温度降低到适宜的范围。如黄瓜，浇水后闭棚升温，可使棚内温度达到 33℃ 左右时再进行放风，并且第二天还要继续闭棚促地温提升。

（五）覆膜沟灌技术在蔬菜生产中的应用

覆膜沟灌是在地膜覆盖栽培技术的基础上发展起来的一种新的地面灌溉方法。它是将地膜平铺于沟中，沟全部被地膜覆盖，灌溉水从膜上（膜上沟灌）或膜下（膜下沟灌）输送到田间的灌溉方法。膜上沟灌技术适于在灌溉水下渗较快的偏砂质土壤上应用，可大幅减少灌溉水在输送过程中的下渗浪费。膜下沟灌适宜在水分下渗较慢的偏黏质土壤上应用，地膜可以减少土壤水分蒸发。

生产中覆膜沟灌时，首先将土地整成沟垄相间的地块，然后在沟底和沟坡甚至一部分垄背上铺塑料膜，作物种在沟坡或垄背上，沟的规格依蔬菜品种而异，茄果类蔬菜一般沟深 20～30cm，沟宽 40～50cm，西瓜、甜瓜沟深 30cm 左右，上口宽 80～100cm。采用膜上沟灌需在地膜上开专门渗水孔，灌溉水通过渗水孔及作物放苗孔渗入土壤中。采用膜下沟灌可在膜下用塑料绳或竹竿将农膜撑起，以便在膜下灌水沟内进行灌溉。

五、果树节水栽培

1. 果树不同生育时期的水分需求特点

（1）萌芽期。虽然此时果树的蒸腾蒸发量较小，但由于萌芽前土壤含水率已很低，因此，正常年型一般都要在萌芽前灌水，可以有效地利用上年储藏的营养，促进萌芽、开花、坐果，扩大叶面积，增强光合作用，还可减轻晚霜危害。

（2）开花期。树体已开始正常生长，特别是盛花期果树，耗水量明显增大。此期浇水可明显提高坐果率，促进枝叶生长和幼果发育。

（3）新梢速长期。此期为"需水临界期"，生长旺盛，叶片蒸腾作用强烈，供水不足会引起大量落果及春梢生长量不足，也影响果实发育和花芽分化。务必要适时浇水，但不能浇水过多；否则会引起旺长而不利于花芽形成。

（4）果实膨大期。此期应掌握不旱不浇的原则。尤其是果实采收前 30～50d，更不能多浇水，这样有利于提高果实品质。

（5）落叶期。结合秋翻地和施基肥灌水，可促进有机肥料腐解，便于果树迅速吸收，提高肥效，增加冬季树体营养积累，此次灌水是保证长达 5 个月休眠期的水分需要，宜灌透、灌足。

2. 果园常用的地面灌溉方法及利弊

目前，果园常用的传统地面灌溉方法有分区灌、坑灌、环灌、沟灌和穴灌，目前绝大部分果园仍采用传统的地面灌溉方法。

（1）分区灌。分区灌是在果树间筑土埂，埂高一般为 0.15～0.2m，把果园划分成许多长方形或正方形的小区，由输水沟向各小区供水灌溉的方法。一般一棵果树为一个独立的小区。这种灌水方法能使灌溉水充分与果树根系相接触，整个根系受水均匀，但却破坏了土壤结构，使土壤表面板结，需培筑许多纵横土埂，既费力又妨碍机械化耕作。

（2）坑灌。坑灌是在每棵果树树干周围的土地上，由土埂围成圆形或方形坑，由输水沟或输水管道引水入坑的灌水方法。坑灌方法简单，但土壤水分仅分布在果树主根附近，根群部分水量较少，从而缩小了果树根系吸水的范围，并会影响机械操作，土壤易板结，灌水效率也不高。

（3）环灌。环灌是指修筑直径为树冠直径 2/3～3/4 并带有土埂的环形沟，由输水沟或输水管道向环形沟内引水的灌溉方法。环灌湿润土壤的范围较小，主要湿润果树根系群部分的土壤，灌水量少，破坏土壤结构少。这种灌水方法多应用于幼龄果树。

（4）沟灌。沟灌是在整个果园的果树行间开灌水沟，由输水沟或输水管道供水灌溉的方法。灌水沟的间距视土壤类型及透水性而定。轻质壤土的沟距为 0.6～0.7m，中壤土和轻壤土的沟距为 0.8～0.9m，黏质壤土的沟距为 1.0～1.2m。沟灌的主要优点是湿润土壤均匀，灌溉水量损失少，可以减少土壤板结和对土壤结构的破坏，土壤通气性好，便于机械化耕作。因此，沟灌是果园较合理而又节水的一种地面灌溉方法。

（5）穴灌。穴灌是在树冠下挖穴，向穴内灌水的一种灌溉方法。开挖穴数随树冠大小而增减，一般采用 4～6 个。穴深一般为 0.6～0.8m，直径为 0.3～0.4m，多数在山区应用。

3. 环绕滴灌施肥操作要点

环绕滴灌施肥是在原来的滴灌施肥技术基础上对滴头布置方式进行适当改进，同时配套相应的农业技术措施。该项技术比较适用于苹果、梨和大桃等树干和根系较发达的果树。其技术操作如下：

（1）环绕滴灌。每行果树沿树行布置一条灌溉支管，在每棵果树距离树干 60～100cm处，围绕树干铺设一条环形滴灌管；在滴灌管上均匀安装 4～6 个压力补偿式滴头，形成环绕滴灌。

（2）滴灌施肥技术。应用相应的施肥装置和水溶性滴灌专用肥，实现水肥一体化。在正常年型，全生育期滴灌 6～8 次，随水施肥 3～4 次。

（3）枝条粉碎覆盖。果园修剪后的果树枝条用粉碎机粉碎后均匀覆盖在树盘上。每棵果树覆盖量 45～60kg，覆盖厚度为 2～3cm。

（4）行间生草覆盖。种植三叶草、小冠花等，增加地表覆盖和果园景观。行间生草春季种植前一定要喷除草剂，防止杂草生长。如墒情较差，可采用微喷带造墒播种和适当补灌。

4. 穴储肥水小管出流

穴储肥水小管出流是将传统的穴储肥水和小管出流进行结合，发挥各自的优点，提高灌水效率和水分利用效率的一项综合技术。该项技术比较适用于山区地形复杂、有一定坡度的果园。其操作要点如下：

（1）挖灌水施肥穴。沿树冠投影外围，开挖深 30～40cm、直径 20～30cm 左右的穴/坑，深度以挖至浅层根系分布层为宜；穴的数量根据果树树龄灵活确定，一般每株 2～4个穴，均匀排布在果树的周围。

（2）有机培肥保墒。在每个穴中填入优质有机肥 40～80kg。施肥后在上面均匀铺上粉碎的枝条和土层，并压紧封严；穴上方培成凹形，使营养穴低于地面 1～2cm，形成盘子状，以便降雨时地表的雨水能流入穴中。

（3）地膜覆盖保墒。在穴的上部和果树树干周围覆盖黑色地膜，地膜边缘用土压严，增加保肥保水效果。在地膜中部戳一小孔，用于日后浇水施肥和降雨时蓄接雨水，将小管出流的出水毛管通过地膜的小孔插入每个穴中。

（4）小管出流系统改进。沿果树种植行方向铺设灌溉支管，安装直径 4～8mm 的毛管深入到每个穴中。改进原有出水方式，使原先的一条出水毛管在每棵果树中分出 2～4条较小的出水毛管，与每个穴一一对应。

（5）滴灌施肥技术。应用相应的施肥装置和水溶性灌溉专用肥，实现水肥一体化。在正常年型，全生育期滴灌 6～8 次，随水施肥 3～4 次。

（6）行间生草覆盖。在果树行间，人工种植三叶草、鸭茅、小冠花等果园生草的草种或者采取自然生草的方法，每年定期刈割 2～3 次。也可以覆盖秸秆或粉碎的果树枝条等，降低果园温度，减少果园地表水分的蒸发。

5. 果园覆膜沟灌

覆膜沟灌技术是将常规的小沟灌溉与地膜覆盖进行有机结合的一项技术，它投资少、节水效果明显，适用于大桃等果实成熟期需要适当控水的果树。其技术操作要点如下：

（1）灌水沟开挖。沿果树树冠投影外围，在果树树行两边各开一条灌水沟，灌水沟断面采用体形形式，沟深 30～45cm，沟顶宽 40～60cm，底宽 30～40cm。

（2）起垄覆膜。将开沟后的土培在果树中心树干两边，以树干连线为中心线，做成高畦，在每行果树的高畦上面覆盖地膜，要求选用黑色地膜，防止杂草生长。

（3）小沟灌溉。灌水时，通过调节每条灌水沟前面的阀门确定合理的灌水量和灌水时间，每次灌水量为常规畦灌的 50％左右。有条件的地方，可采取交替沟灌的方式。在果树进行灌溉时，每次间隔打开灌水沟的进水口，使灌水沟前一次灌水的下一次干燥；前一次干燥的下一次灌水，始终交替。

（4）行间生草覆盖。在两行果树的中间，人工种植三叶草、鸭茅、小冠花等果园生草的草种或者采取自然生草的方法，每年定期刈割 2～3 次，起到培肥改土、减少地面径流和增加雨水入渗的作用。

第五章 水 土 保 持

第一节 水 土 保 持 基 本 知 识

一、水土保持基本概念

根据 2011 年 3 月 1 日重新修订的《中华人民共和国水土保持法》对"水土保持"的概念定义为：在研究水土流失原因和发展过程的基础上，有针对性地运用综合性的技术措施，防治水土流失，保护、改良与合理利用水土资源，维护和提高土地生产力，以利于充分发挥水土资源的生态、经济和社会效益。

从本定义可知：

（1）在充分研究导致水土流失发生的各种因素的基础上，根据水土流失的程度有针对性地、因地制宜地采取治理措施。

（2）水土保持是"水资源"和"土地资源"两种自然资源的保护、改良和合理利用，而不仅限于土地资源。

（3）"保持"含义不仅限于保护，而是保护、改良和合理利用。

（4）水土保持的目的在于充分发挥水土资源的生态、经济和社会效益，改善当地的生态环境，可持续地利用水土资源，为发展生产、治理江河、减少灾害服务。

二、水土保持的意义

从"水土保持"本身的意义而言，水土保持是为国民经济的可持续发展、生态环境的保护和改善服务，"水土保持"的意义在于以下几点：

（1）树立水、土资源的可持续利用和保护观，进而维护和提高土地生产力。

（2）树立环境保护观，减少"水利工程"建设过程中对当地生态、社会环境的不利影响。

（3）提高"水利工程"的利用效率，防止因水利工程自身"水土保持"不到位，影响"水利工程"自身效益的发挥，如水库的淤积导致水库兴利库容的减少、大坝坝体的水土流失导致坝体的垮塌。

（4）"水利工程"注重"水土保持"，不是因"水土保持"牺牲"水利工程"的部分效益，而是使"水利工程"可持续地发挥"工程效益"。

三、水利工程项目建设造成的水土流失特点及原因

1. 水利工程项目建设造成的水土流失特点

水利工程项目建设过程中开挖面多而分散，弃渣量大，造成的水土流失严重，如渠

系、大坝工程的建设。水利工程施工所造成的水土流失范围有的呈面状，如水库大坝的施工；有的呈线状，如渠道施工；有的工程甚至跨越多流域和多种地貌类型，所造成的水土流失影响范围更广。

2. 水利工程项目建设造成水土流失的原因

（1）在施工过程中，因开挖使地表植被遭到破坏，原有表土与植被之间的平衡关系失调，使表土层抗蚀能力减弱，在雨滴打击和水流冲刷以及风蚀作用下产生水土流失。

（2）在大挖方段施工过程中，由于路段内挖方量大于填方量，多余的土石方因受地形和运输条件的限制，不便运往填方段，不得不进行弃渣处理，从而可能导致新的水土流失。

（3）施工过程中，施工作业面土石渣料处理不当，也可能造成新的水土流失。

（4）施工完成后，对取土坑、弃渣场等处理不当，可能产生新的水土流失。

四、水土保持在水利工程建设中的重要性

1. 减少洪涝灾害的发生

水土保持可以维持或增加土壤的入渗量，一些工程水土保持措施还可以拦蓄径流，一方面在汛期可以削减洪峰，提高防洪能力；另一方面，在枯水季节可以补充径流，减少径流的年际变化。

2. 提高水利工程效益

水土保持可以减少水土流失量，很多水土保持设施还可以拦泥曳沙，增加塘库蓄水，提高水利工程的效益，减少水库湖泊河道等的淤积，延长水库的使用寿命。

3. 提高水利工程的安全性

良好的水土保持措施可以减少或控制滑坡、泥石流等的发生，减少水土流失对水利工程建设及生产运行的影响及破坏。

4. 提高水环境的质量

因地制宜，深入推进生态清洁型小流域，施工按照清洁型小流域以水源保护为中心，构建"生态修复、生态治理、生态保护"三道防线的水土保持新思路，全面推进小流域综合治理。小流域治理应结合实际遵循生态良好、生产发展的原则，紧密结合新农村施工，综合配置各项措施并合理布局，实施污水、垃圾、厕所、河道环境同步治理，使其形成结构良好、各项功能较强的整体防护体系，达到保持水土、保护水源、改善环境、促进生产的目的。

五、水利工程建设过程中水土保持的原则

1. 注重对耕地保护

云南94％的面积为山区，耕地面积约占国土面积的9.1％，耕地面积少、耕地资源尤为紧缺，在水利工程建设过程中，特别是在建设水库时，应加大对耕地资源的保护，防止库区淹没更多的耕地。另外，在其他水利工程建设过程中减少对耕地的占用。

2. 减少大开挖，提高土石方的合理利用、较少弃方

在水库、大坝建设过程中，减少两侧山体的开挖，在水库清底、大坝清基过程中注重

对有机土的保护和再利用，在渠道穿越沟谷区时尽量采用渡槽、减少渠道的填筑高度，提高上述水利工程的土石方开挖利用率，减少不必要的弃方和对弃方的处置。

3. 提高水利工程自身占地区和其他施工区的土地生产力

在水利工程建设后期，对于大坝应注重大坝背水坡上的排水和植被恢复，对于大坝所用的取料场应注重复耕和植被恢复，对于渠道两侧因地制宜的栽植防护林，加大对施工后土地的再利用，提高施工所在区的土地生产力。

六、水利工程建设中水土流失防治措施

水利工程建设跨越多种地貌条件，对地面扰动的类型多，造成新的水土流失在所难免，防治水土流失是一项长期而艰巨的任务，必须引起足够的重视，把开发建设和生态环境的保护结合起来。这就要求从法制上加强依法防治水土流失的宣传教育，从技术上严把质量关，从管理上加强业务培训和监督执法工作。只有这样，水利工程建设中人为造成的水土流失才能得到有效遏制。具体的防治措施如下：

1. 加强行政管理职能

作为水土保持工作主管部门的水行政主管部门，应当起模范带头作用，严格执行水土保持法律、法规的有关规定，严格执行"三同时"制度，即水利工程建设项目中的水土保持应与主体工程同时设计、同时施工、同时竣工验收和投产使用。把水土保持设计与施工作为工程建设的一个组成部分来看待，对未做好水土保持防治工作的项目不予办理竣工验收和交付使用。

2. 工程与生物措施相结合

水利工程施工过程中对水土流失的预防，应从设计、施工过程，甚至工程竣工后都给予充分的重视，设计时应尽量使挖填方平衡，提高土、砂、石料的利用率，减少弃渣量；施工中应尽量减少对地貌及植被的破坏；工程竣工后应搞好护坡造林和种草工作。

3. 资金保障措施

落实资金是水土保持防治措施得以最终实施的根本保证。长期以来，水利工程建设对工程项目人为的水土流失治理不够重视，特别是在工程资金紧张的情况下更是无暇顾及。对水土流失治理费用可从以下两个方面进行落实：一是按水土保持法律、法规的要求，编制水土保持方案，把该项费用作为专项费用列入工程建设项目的概预算内；二是在工程项目报批立项时，要求业主把水土流失治理费以保证金形式提交水行政主管部门监督执行，对水土流失治理资金不落实的项目不予立项。

第二节　土石坝体、水库及河道的水土保持建设与管理

一、土石坝体的水土保持建设

土石坝体的迎水坡一般由防浪块组成，只要按照设计施工就可满足迎水坡的水土保持要求。背水坡一般坡度较缓，在坝体设计过程中都会采用分台放坡的设计方式，在背水坡水土保持建设与管理过程中，需注重以下几个方面的施工：

（1）注重排水系统的完善，即在土石坝体的背水坡要形成完善的截、排水系统，将背水坡上的雨水快速地排出坝体区域，以免雨水对坝体造成冲刷。另外，坝体上的汇水在排出坝体时要注意消能，如采用跌坎、消力井等，以免对坝体外侧造成冲刷。

（2）背水坡坝体上一般硬化（如采取浆砌片石或混凝土）或植草护坡，植草护坡时，一般不栽植深根性的草种（如百喜草），防止草根对坝体造成破坏。

（3）在坝体下游低湿地，宜用作培育速生丰产林，选择一些耐水湿和耐盐渍化土壤的造林树种，如垂柳、杨树、丝棉木、三角枫、桑树、乌桕、池杉、枫杨等，林分结构主要决定于生产目的和立地条件。造林时需注意应离开坝脚 8～10m，以避免树木根系横穿坝基造成隐患。据湖北省农业科学研究所（1988—1990 年）在长江大堤堤脚对柳树的观测，当柳树高为 12m 时，侧根最长为 8m，根系横向发展的距离为树高的 2/3 左右。水库坝体下游造林，以充分利用这些不合适耕种的土地进行林业生产的同时，对这些地方进行土壤改良，栽植块状或片状林以通过林木的强大蒸腾作用来降低该地段的地下水位，有利于附近其他作用地正常生产。

二、水库的水土保持建设

水库的水土保持建设主要集中在水库沿岸防护林的建设，在栽植水库沿岸防护林时应具体分析研究水库各个地段库岸类型、土壤母质以及与水库有关的气象、水文资料（如高水位、低水位、常水位等持续的时间和出现的频率、主风方向、泥沙淤积特点等），然后根据实际情况和存在的问题分地段进行建设，不能无区别地拘泥于某一种规格或形式。

水库沿岸防护林由靠近水面的防浪灌木林和其上坡的防蚀林组成。如果库岸为陡峭类型，其基部又为基岩母质，则无需设置防浪林，因此，水库沿岸的防护林重点应设在由疏松母质组成和具有一定坡度（30°以下）的库岸类型。在这种情况下，首先应确定水库沿岸防护林（主要是防浪灌木林带）的营造起点。另外，水库沿岸的防护林带的宽度应根据水库的大小、土壤侵蚀状况、沿岸受冲淘的程度而定，即使同一个水库，沿岸各个地段防护林带的宽度也是不相同的。当沿岸为缓坡且侵蚀作用不甚激烈时，林带宽度可为 30～40m，而当坡度较大，水土流失严重时，其宽度不应小于 50～60m，有时可达 100m 以上。

水库沿岸防护林带的起点可以由正常水位线或略低于此线的地方开始，配置在正常水位线或其略低地段的防浪灌木要由灌木柳及其他耐湿的灌木组成。在正常水位与高水位之间，采取乔灌木混交型，一般乔木采用耐水湿的树种，灌木则采用灌木柳，使其形成良好的结构。在高水位以上，常常立地条件变得干燥，应采用比较耐干旱的树种，特别是为了防止库岸周围泥沙直接入库，并防止牲畜进入，可在林缘配置若干行灌木，形成紧密结构。

对于护岸防浪林，灌木柳可以适当密植，其株行距多采用 1.0m×1.5m 或 1.5m×2.0m，乔木树种株行距多采用 1.5m×2.0m 或 2.0m×2.0m；选择接近水面或可能浸水地的造林树种时，应特别注意该树种耐水浸的能力。根据江西农业大学（1983）于鄱阳湖测定：金樱子、丝棉木、柞树、狭叶山胡椒、黄栀子、杞柳可耐水浸 90～120d；乌桕、垂柳、旱柳、池杉、加拿大杨、桑树、三角枫等耐水浸 60～70d，而樟树、枫香、苦楝、枫杨、紫穗槐、悬铃木、水杉等水淹至根茎部位不致死亡（一般可耐水浸 30d 左右）。在设置护岸防浪林时可多选择一些树种进行混交栽植，以提高林木的成活和抗病虫害的能力，减少后期的管护成本。

三、河道的水土保持建设

天然河道形成原因很复杂，按其地理环境和演变的过程，可分为河源、上游、中游、下游和河口，按河谷结构可分为河床、河漫滩、谷坡、阶地。一般情况下，河道的侵蚀从河源到河口是逐渐减轻的，在上游地区侵蚀是很强烈的。由于河谷的土壤地质条件不同，河道侵蚀的程度不同，由于曲流作用的影响，冲淘与淤积成为河道侵蚀的主要形式。河道侵蚀使阶地上的农田、工农业设施等不断受到冲淘的危害；上游的水土流失导致河床抬高，洪水泛滥成灾。

因此，治河、治滩就成为河道水土保持管理的一项重要任务。其基本原则是：全面规划、综合治理；从全局出发；考虑上下游、左右岸；考虑水资源的合理开发、分配和利用。当河道通过山地河谷进入中、下游宽阔的河川阶地河段或坝区时，河滩治理的基本任务在于：护滩、护岸、束水归槽，规整流路，保障河道两岸肥沃土地的安全生产，有条件的河段，根据水流的运行规律，科学地治理河滩，采取工程措施与生物措施相结合，以期发挥最大的防护和经济效益。

护岸河滩一般是"护岸必先护滩"，实际工作中，还应考虑具体河段的特点，确定治理顺序。为防止河岸的破坏，护岸林必须和护滩林密切结合起来，只有在河岸滩地营造起林地的条件下方能减弱水浪对河岸的冲淘和侵蚀，因为林木的强大根系一方面能固持岸堤的土壤，另一方面，根系本身就起减缓水浪的冲击作用。同时也应注意，林地固持河岸的作用是有限的，当洪水的冲淘作用特别大时，护岸应以水利工程为主，最好修筑永久性水利工程，如防堤、护岸、丁坝等水利工程；但是，绝不能忽视造林工作的重要性。在江河堤岸造林，尤其在堤外滩地造林有很大的意义，它不仅能护滩护堤岸，而且在成林后还能供应修筑堤坝和防洪抢险所需的木材。因此应尽可能地布设护岸护滩林地工程。

（一）河道护滩林

1. 防护目的

除常流水河床外，在河道的一侧或两侧往往形成以流水泥沙沉积为特征的平坦滩地，这些滩地，枯水时期一般不浸水，在洪水期则浸水。护滩林的目的就在于通过在洪水时期可能短期浸水的河滩外缘（或全部）栽植乔灌木，达到缓流挂淤、抬高滩地、保护河滩目的。

2. 造林配置技术

在河流两岸或一岸，当顺水流方向的滩地很长时，可营造雁翅式护滩林，即在河床的一侧或两侧，呈雁翅形丛带造林。栽植行的方向顺着规整流路所要求的导流线方向，林带与水流方向构成 30°～45°的角度，每带栽植 2～3 行杨柳，每隔 5～10m 栽植一带，其宽度依滩地的宽度而定，树种主要采用柳树，行距为 1.5～2.0m、丛距为 1m、每丛插条 3根，一般多采用 1～2 年生枝条、长 30～40cm、直径为 1.5～2.0cm。

为了预防水冲、水淹、沙压和提高造林成活率，可采取深栽柳树。栽植深度：林缘、浅水区 80cm，林内 60cm，滩地 50cm。地面保留主干高度一般为 50～150cm，插条多采用 1～2 年生，长 1～2m 的嫩枝，平均用条量 3000～4500kg/hm²。

丛状造林从第 3 年起，每年早春，结合提供造林条源对丛状林分普遍进行一次平茬，诱发萌蘖，增加立木密度，增强林分缓流落淤能力；到了汛期，应及时清理和扶正被漂浮物、泥沙压埋的树丛，为林分正常生长发育创造条件。

（二）河道护岸林

根据河岸的特征，河道护岸林可分为以下几种类型：

（1）人工开挖河道的梯形断面护岸林。该梯形断面护岸林是最常用于人工开挖河道的断面形式，在河道断面的流水以上部分，多营造两行以上的护岸林。在沿岸带用砌石工程、草木和灌木植被都能使河道稳定。因此，在这种情况下，沿着堤岸采用以乔木和灌木为主的植被措施，它既有一定的生产价值，又有巨大的美学功能。

（2）人工开挖河道的复式断面护岸林。在较大河流的河槽整治中常采用复式断面，这种断面为发展护岸林提供了适宜条件，这种断面类型包括河岸浅滩。在河道通过居民区的河段，浅滩上不造林，以保持河槽的最大过水能力，并作为洪水波浪的缓冲容积；在浅滩以上栽植乔木两行至多行，其目的是稳定河岸，美化景观，并改善当地的气候环境。

（3）天然河道的不规则断面护岸林。未经改造或者局部有些改造的大河流复式断面河道是流量变化很大和挟带砾石的河流，这种河道曲折又有广阔的砾石沉积区，造成水路从一侧向另一侧游荡，河床宽达数百米，这种河道断面类型具备发展宽林带的条件。栽植护岸林有两种重要功能：一是有助于在正常水位情况下防止侵蚀，保证河槽内侧堤岸的安全；二是稳定扩展断面的沙砾边坡，防止洪水的影响。护岸林除了它们的稳定作用外，由于这种断面形成的扩展区域适合于护林岸的发展，故林分也有着重要的经济效益。

（4）深切的天然河槽护岸林。这种情况多出现在山坡边岸，沿岸设置护岸林，对整个断面有独特的水土保持作用，这些林分由乔木和灌木组成，并有经济效益，既可提供林产品，又是构成区域环境的重要组成部分。在这种坡面上，树木从水边向岸上的林地连接，河岸边缘的数行树木能直接保护堤岸。根据自然演替过程，南方河岸常见树种有桤木、水杉、山地灌木柳等。

第三节 土地平整、田间道路及"五小"水利的水土保持建设与管理

一、土地平整的水土保持建设与管理

（一）土地平整水土保持建设与管理的意义

随着我国人口规模的不断增加及人们生活水平的提高，对粮食的需求日益增加，提高粮食产量的途径有多种，而提高土地生产力是增加粮食产量的最快、最有效的方法，土地平整是提高土地生产力的最快、最有效的方式。另外，伴随着农业机械的广泛使用，土地平整也是提高农业机械使用率的最好方式之一。

土地平整过程中注重水土保持的建设与管理是保持和提高土地肥力的重要组成部分，

是提高农业机械化水平必不可少的条件之一，因为如果不注重土地平整过程中水土保持的建设，则土壤养分就会造成流失或降低，从而使作物产量降低；如果不注重土地平整过程中水土保持的建设，则有可能造成田块的冲刷和坍塌，进而影响耕地的种植和农业机械化的使用。因此，在土地平整过程中注重水土保持工作的实施是保障土地平整效益实现的必不可少的重要环节。

（二）土地平整的水土保持建设与管理内容

根据禄劝县和富民县 2008—2010 年对土地平整的调查结果分析，在实施土地平整过程中，水土保持的建设与管理主要体现在以下几个方面：

（1）加强耕植表土层的收集、保护和利用。云南多山，耕地中 80％为坡地，在坡地土地平整中，一般施工的工序为：从山顶向山沟进行土地平整，施工单位根据设计的田块断面进行平整施工，为满足田块设计断面的要求，推土机将表层的大部分耕植土由山顶逐步推至山底，最后，平整出的田块棱角分明，比较美观。田块中以生土为主，致使土壤肥力下降、作物产量下降。因此，在土地平整的设计阶段就应加强对 35cm 耕植表土层的收集、保护和利用，在平整初期，将表层 35cm 厚的耕植土剥离、收集，有序堆放在合适的位置，待土地平整进入尾部工序时，再将收集的表层耕植土回填到田块中，从而确保土壤肥力的稳定。

（2）加强蓄水、排水设施的建设。对于上侧有汇水面积的地块，在土地平整时应加强蓄水、排水设施的建设。云南地处低纬高原亚热带季风气候区，干湿季分明，雨季为 5—10 月，雨季降水占全年降水量的 70％～85％，降水集中。土地平整中加强蓄水、排水设施的建设可起到两大方面的作用：

1）提供农田灌溉的水源。

2）减少和有序排放地表径流，减少地表径流对田块的冲刷。

根据禄劝县和富民县在 2007—2009 年对土地平整效果的调查，一部分田块未建蓄水设施，导致旱季农作物无法灌溉而减产或绝收；一部分田块未建排水设施，导致上侧的汇水将田块冲垮影响田块的正常耕作。

（3）土地平整蓄排水设施实施的原则。一方面，要根据整个水利建设的情况，把一个完整的灌溉系统所包括的水源、引水建筑、输配水系统、田间渠道系统、排水泄洪系统等工程全面设置；另一方面，分布于干旱缺水的山坡或山洪汇流的槽中地带，常处于干旱或洪涝的威胁中，因此，土地平整蓄排设施实施的另一个原则，就是要充分体现拦蓄和利用当地雨水的原则，合理布设蓄水灌溉和排洪防冲工程。

蓄排设施实施的重点：坡地区土地平整时以突出蓄水灌溉为主，结合坡面蓄水拦沙工程的实施，根据坡地面积和水源（当地降水径流）情况，布设水窖、池、塘等蓄水和渠系工程；位于冲沟区的地块，不仅要考虑灌溉用水，而且排洪和排涝措施也十分重要。位于冲沟区域的排水渠系布设可与灌溉渠道相结合，平日输水灌溉，雨日排涝防冲。

二、田间道路的水土保持建设与管理

（一）田间道路的特点

（1）由于投资少，田间道路的路面以土质为主。

（2）由于投资少，田间道路很少有边坡防护工程。

（3）由于投资少，田间道路的纵坡较陡，路基两侧的排水工程以土质沟道为主。

（二）田间道路的水土保持建设与管理的具体内容

1. 田间道路在建设过程中需注意的问题

（1）土石方的平衡及弃方处置。在田间道路修建过程中，力争使开挖的土石方能全部回填在田间道路区域，减少弃方，若确实无法减少弃方，则弃方的处置看能否被其他项目利用（如房地产建设回填用土），若弃方确需处置时，则弃方的堆弃点应满足以下要求：

1）布设的堆弃点不能影响周边公共设施的安全，不能对重要的基础设施、人民群众生命财产安全造成不利影响。

2）尽量选择汇水面积小的箐沟，以减小堆弃点排水措施的工程量。

3）不能占用基本农田。

4）不能布设在不良地质区域（如存在滑坡、崩塌、泥石流等区域）。

5）需采取拦挡措施时，应采取拦挡措施。由于田间道路投资小，一般情况下，无资金砌筑造价较高的挡渣墙，为降低费用，一般为放缓弃土石边坡，缓于 $1:1.8$ 或可利用弃土石砌筑土石坝体进行简单、有效拦挡。

（2）道路边坡坡比的确定。道路边坡越缓则边坡出现坍塌的概率就越小，但边坡开挖的土石方就越多，有效解决边坡的坡比是田间道路建设过程中需重点解决的一个问题，根据对云南省多地田间道路的调查，特提供以下参考坡比：对微风化岩质边坡坡比采用 $1:0.1\sim1:0.3$；对弱风化岩质边坡坡比采用 $1:0.3\sim1:0.75$；对强风化岩质边坡坡比采用 $1:0.5\sim1:1.0$；对全风化岩质或土质边坡坡比采用 $1:0.75\sim1:1.25$。当边坡高度大于 10m 时分台设置，分台处设 2m 宽碎落台，并设排水沟。

（3）路基排水工程的实施。受投资的限制，多数情况下田间道路的排水工程无法采用造价较高的浆砌石或混凝土质的排水沟、一般采用土质排水沟，而土质排水沟面临"被冲"的问题，经对云南省多地土质排水沟的调查，一般在沟道中设置简易的拦水堰，即为拦沙坝的缩小、简化版，简易拦水堰能抬高沟道的基准面，从而减小水的流速和沟道的侵蚀。在设置简易拦水堰时，要确保堰后的水位不淹没田间道路。一般情况下，当沟底的比降≤2%时、每隔 0.8km 处设置一个简易拦水堰；当沟底的比降在 2%～4%之间时，每隔 0.4km 处设置一个简易拦水堰；当沟底的比降≥4%时，需设置简易跌水井，简易跌水井的宽度一般与沟道同宽，深度为 0.5m，井内放置碎石，碎石厚 0.3m，呈凹形摆放；当沟底的比降在 4%～5%时，每隔 0.2km 处设置一个简易跌水井；当沟底的比降≥5%时，需设置浆砌石或混凝土沟道。

2. 田间道路在试运行初期需注意的问题

（1）栽植爬藤是对路基土质边坡成本最低的防护方式，在边坡下方每隔 0.7m 处栽植爬藤（如爬山虎、油麻藤、常春藤、扶芳藤、葛藤等藤蔓植物），以加强对土质边坡的防护。

（2）观察路基两侧土质排水沟的冲刷情况，若有冲刷则增加简易拦水堰或简易跌水井的数量，土质排水沟是造价最低的排水沟道。

三、"五小"水利工程的水土保持建设与管理

"五小"水利工程中与水土保持有密切关系的是水窖和水池，因为水窖和水池的容量较小，而这两者都是通过上游汇水面汇集雨水进行储存利用，上游的汇水中经常含有较多的泥沙，如果不在水窖和水池前设置沉沙池将这些泥沙沉淀，这些泥沙就会沉淀在水窖和水池中，导致水窖和水池的有效容积减少，影响水窖和水池效益的发挥。因此，在水窖和水池前一般设置沉沙池，沉沙池的容积为水窖和水池的 $1/10 \sim 1/6$，水经沉沙池沉淀后再流入水窖或水池，沉沙池应定期进行清理，以确保其沉沙效益的发挥。

对已建成的"五小"水利工程应加强建后管理，即采取承包、租赁、拍卖、用水合作组织或用水户协会管理、委托等方式进行管理，发放工程产权证。在山区农村，群众以饮用水窖水为主，对农户在管理水窖方面，由乡（镇）水务所人员对农户进行技术指导，每年对窖内进行一次清淤，并对水窖状态进行观察，发现异常及时处理。冬季采取防冻措施，对水窖窖口及水窖进人孔加盖锁牢。

第四节　水土保持农业措施

水土保持农业措施是农地普遍应用的水土保持方法，功能在于加强土壤抗蚀条件，增强水分渗入土壤能力，为作物蓄水。水土保持农业措施主要包括水土保持耕作措施和水土保持栽培措施等。

一、水土保持耕作措施

水土保持耕作措施的任务，除耕作的一般任务，如给种子发芽创造松软湿润适宜的条件、翻埋肥料、清除杂草、清洁田面、减少病虫害等之外，更重要的是充分发挥"土壤水库"的作用，尽可能地把天然降水蓄存于"天然水库"之中，以满足作物生长发育对水分的需要，以调节天然降水季节与作物生长季节不相吻合的矛盾，进而减少耕地区的地表径流，减少水土流失。

对现有耕作措施，按其作用的性质分类如下：

（1）以改变微地形为主，包括等高耕作、沟垄种植、坑田耕作、半旱式耕作等。

（2）以增加地面覆盖为主，包括留茬（或残茬）覆盖、秸秆覆盖、砂田覆盖、地膜覆盖等。

（3）以改变土壤物理性状为主，包括少耕（含少耕深松、少耕覆盖）、免耕等。

（一）以改变微地形为主的水土保持耕作措施

1. 等高耕作

（1）含义。等高耕作或称横坡耕作是指在坡面上沿等高线方向所实施的耕犁、作畦及栽培等作业。其特点是：沿等高线垂直于坡度走向，进行横向耕作。它是坡耕地实施其他水土保持措施的基础，一切水土保持耕作措施都要在此基础上进行。这种横坡耕作方法可以拦蓄大量地表径流，控制水土流失的发生和增加土壤的蓄水量。

（2）等高耕作的目的。一是增进水分入渗与保蓄；二是减少土壤冲蚀。

（3）等高耕作的功效。在坡耕地上沿等高线进行横坡耕作，在犁沟平行等高线方向会形成许多"蓄水沟"，能有效地拦蓄地表径流、增加土壤水分入渗率，减少水土流失，有利于作物生长发育，从而达到增产效果。大量观测资料表明，在坡耕地上如果不是横坡耕作而是顺坡耕作时，遇到暴雨后所形成的地表径流即沿着犁沟底顺坡冲刷流失大量肥沃表土，造成土壤肥力下降和土壤含水率减少，使农作物的生长和发育受到损害，最后导致产量降低。因此，凡是容易发生水土流失的坡式梯田和坡耕地，甚至坡度在 2°～3° 以上的耕地，无论种植什么作物，都应当采取横坡耕作方法，以最大限度地控制水土流失和改善土壤水分状况，为农作物的生长发育和稳产高产打下良好基础。

（4）等高耕作的做法。

1）适当的土地整平。当土地有局部的低洼时，等高行穿过时会发生急剧弯曲，这种情况下，将会造成积水的危险地带，很可能导致整个等高耕作的失败。因此，应提前予以适当的整平。

2）测定等高基线。等高耕作的实施，首先要测定基线，根据基线来耕犁、作畦和种植。基线先从上端开始测，然后依地形变化和坡度，按照适当的间隔距离再测一次，按顺序一直测下来。用手持水平仪定出较为精确的等高基线。

3）等高畦的犁筑。当设定第一条基线，即犁筑和该线平行的畦，到坡度改变处就停止犁筑，再在该处向上或向下和已经犁好的畦的等距离处，测出另一条等高基线，并根据此线再分别向上或向下继续筑畦。

4）短行的排列。坡度不同的地块上，在沿第一条基线犁出的畦和沿第二条基线犁出的畦的连接处，将产生一块楔形地区，这种小地形的处理，是沿着上面第一线和下面第二线分别筑出平行的畦，一般称短行。短行是积水的地带，它的位置将影响等高耕作的成败，所以要小心排列。排列的方法很多，最简单的是将短行放在上下两基线的中间部位，这样做起来简单，也较安全。

5）等高畦的配合应用。畦沟的容水量是有限的，因作业等关系，也不容易保持整齐的断面。在土层较浅、坡度较大、土壤渗透不良的土地，仅使用等高耕作法往往不能达到保土蓄水的目的。在这种情形下，必须配合用山边沟和梯田等方法。

2. 沟垄耕作

沟垄耕作是在等高耕作的基础上进行的一种耕作措施，即在坡面上沿等高线开犁，形成沟和垄，在沟内和垄上种植作物，用以蓄水拦泥、保水、保土和增产。

（1）沟垄种植的优点。因垄沟耕作改变了坡地小地形，将地面耕成有沟有垄，使地面受雨面积增大，减少了单位面积上的受雨面积。一条垄等于一个小土坝，一条沟等于一个小水库，因而有效减少了径流量和冲刷量，增加了土壤含水率，减少了土壤养分的流失，有较好的保水、保土、保肥和增产的效果。沟垄耕种法不只是在拦蓄径流上起到了很好的作用，并且是保证耕作质量、减轻畜力负担和逐步使缓坡地变为梯田的一项主要措施。

（2）沟垄耕作法的种类。我国沟垄耕作法主要有以下几种：

1）垄作区田（又称带状区田），是一种有效的蓄水保土增产的坡地耕作方法。

垄作区田就是在坡耕地上沿等高线犁成水平沟垄，作物种在垄的半坡上，在沟中每隔一定距离做一土挡，以蓄水留肥。因为垄作区田有耙耱不便和苗期蒸发量大的缺点，一般只适用于 20°以下的坡地和年降水量在 300mm 以上的地区。应特别注意保墒工作，播种后应进行打土块、镇压等，以利出苗。

在进行垄作区田时，注意垄作前必须精细整地，适当密植，最好和田间工程配合应用，才能发挥更大的保水、保土作用。

2）山地水平沟种植法，主要适用于 25°以下的坡耕地，可以种植小麦、马铃薯、豆类等多种作物。山地水平沟种植法的特点是：播种时沿坡地等高线开沟，紧接着施入底肥，然后再用耧子冲沟，使土、肥拌匀。行距视坡度而定，陡坡自上而下，行距为 50～60cm；缓坡地也可自下而上，行距 40cm 左右，以防浮土下滑，埋没垄沟。随开沟随播籽，小粒种子点在沟内半坡上，马铃薯等播入沟底。采用通行播种，然后用犁再耕一犁进行覆土并及时镇压。覆土不宜过深或过浅，过深难以出苗，过浅容易晒干发芽苗。覆土深度以 6～7cm 为宜，要做到沟垄明显，无土块，无露籽。播种第 2 行时，要先空一犁的宽度不耕，再按上述方法播种第 2 行。

山地水平沟种植对山地增产稳产起到了显著作用，它的优点是可以在较陡的坡地上进行，因为犁沟较深，播下的种子可以接触湿土，容易出苗，垄沟相间可起到蓄水拦泥、增加产量的作用。这一耕作法在所有坡地上都能应用，以 15°～25°田面最合适，一般多用在播种玉米、洋芋（马铃薯）、豆类等的栽种上。

3）平播起垄（又称中耕培垄），它是采取等高条播的播种方法，出苗后结合中耕除草在作物根部培起土垄，以拦土保水增加产量，适宜于 20°以下的坡耕地。具体做法是：在播种时采取隔犁条播，行距应根据不同作物来决定，一般为 50～60cm，并应进行镇压，使种子和土壤密接，以利于出苗、保墒；在雨季来到之前，结合中耕锄地，将行间的土培在作物根部，形成等高水平垄沟，并每隔 1～2m 做一土挡，以防止径流集中而形成冲刷。这一方法的优点是：在春旱地区，可以避免因早起垄而增加蒸发面积造成缺苗现象、影响产量；在雨季则可充分接纳和拦蓄雨水，故蓄水保土和增产作用较明显。

4）抽槽聚肥耕作，按作物的行距挖成一定宽度和深度的沟壕（或称槽子），然后回填肥土和肥料，再种植作物。这是一种保持水土、促进作物生长、获得丰产的好方法，在湖北黄冈地区得到了广泛的应用，无论在农业、林业还是经济林生产上都显示出它的优越性。

3. 坑田耕作法

坑田耕作法又名区田，适用于 15°～30°的土层较厚的陡坡上，有较大的水土保持作用。一般每 1hm² 地上可修 10000 个种植钵，每个钵的有效容量平均为 0.05m³，可拦蓄地表径流 500m³/hm²。

区田的做法是：在坡耕地上沿着等高线划分成 1m² 的小耕作区，每区中掏出 1～2 个钵，1hm² 地上为 10000 个钵；在掏钵的时候，用锨或镢挖掘长、宽、深各 50cm 的钵，由下向上进行，并纵横成行；先将表土刮到下面，然后开始掏钵，将底土放在钵的下方或左右侧，并扳成土埂，再将钵的上方表土层刮到钵内，以此类推；这样自下而上地进行，上下行的坑呈品字形错开，使整个坡面形成许多凹形种植坑，坑内作物可高度密植；区田在第一次掏钵后每 3～4 年再掏一次，第二次掏钵就较省工；在区田操作过程中，掏钵数也不一定必须做成 10000 个，可根据坡度大小、劳力多少和种植作物种类等采取不同的钵数。这种方法可较好地适应于喀斯特地貌区。

（二）以增加地面覆盖为主的覆盖耕作法

覆盖耕作法是将草类、作物残株或其他材料覆盖在作物株行间或裸露的地表上，以达到减少径流和土壤流失，增加土壤水分含量；抑制杂草，减少中耕除草；调节地温；增加土壤有机质；减少土壤水分蒸发的目的。这方面的耕作技术，在我国有很多种，根据覆盖材料的种类分为残株覆盖（又分留茬覆盖和秸秆覆盖）、青草覆盖、地膜覆盖和砂田等。

1. 残株覆盖

合理地利用作物残株，是非常经济有效的水土保持方法，而且有很显著的增产效果。可用作覆盖材料的作物残株是相当多的，如稻草、杂草、蔗叶、蔗渣、玉米秆、木屑及各种叶等。

秸秆覆盖材料主要是麦秸、麦糠和玉米秸等。农田覆盖秸秆后，一方面可以使土壤免受风吹日晒和雨滴的直接冲击，保护表层土壤结构，提高降水的入渗率；另一方面可以隔断蒸发表面与下层土壤的毛管联系，减弱土壤空气与大气之间的交换强度，有效抑制土壤蒸发。因此，以秸秆为材料进行地面覆盖，干旱季节可以保墒，多雨季节可以蓄水，是农田蓄水保墒的好方法。利用残株覆盖还有下列作用：

（1）抑制杂草生长，减少除草中耕。

（2）保护土壤温度，不致急剧升降，使作物免受霜害。

（3）增进土壤有效养分含量，改良土壤物理性质和可耕性。

（4）减少土面蒸发，增加土壤水分含量。

（5）促进水分渗透，减少径流，增加土壤水分供给量。

残株覆盖地实施方法是：在作物收获时，将残株堆积在田地边角，等作物新植后，用作覆盖。覆盖实施的时间，最好是作物新植后即覆盖，务必把握时机，争取效益。尤其是秋植，正是雨季，更是越快越好，可避免土壤冲蚀，并可增加土壤水分。

2. 青草覆盖

在中低山区，林草丰茂、山场面积大，在夏秋季节，割青草覆盖地面、厚 10～15cm，覆盖后雨滴打在青草上，能避免雨滴直接打在土壤上，同时因青草覆盖，地面没有野草滋生并保持了土壤墒情，减少中耕环节，能起到保持水土的作用。

3. 地膜覆盖

地膜覆盖是旱地农作物节水保土提温的一项革新措施，是行之有效的好方法。采用地膜覆盖栽培玉米、花生等作物，均获得了明显的增产效果。根据覆膜栽培能保土、保水的这一特点，可把它应用到坡耕地耕作中。地膜覆盖栽培能防止水土流失的原理，是整个栽培地块的地面全用塑料膜覆盖上了，降水时雨滴不能直接击溅在地表面，只是落到塑料膜上，雨水降落后顺垄沟膜隙渗入土里，所以不易产生水土流失，达到了保持水土的目的。

地膜覆盖栽培一般采用的是先覆膜后播种的方法。

（三）以改变土壤物理性状为主的耕作法

1. 少耕法

少耕法指在一定的生产周期内，尽量减少耕翻次数，如将每年深翻一次，改为隔年深翻或 3 年深翻一次。少耕翻有许多种，如以拖拉机胶轮镇压播种行的轮迹耕播法，其轮迹镇压沟可以减轻风蚀。少耕法减少了作业次数和减轻了风蚀和水蚀，但是它们只限于种植玉米等宽行作物，而不适合轮作中其他的作物。少耕法主要为深松少耕法。

深松少耕法是用深松铲取代有壁犁，对土壤只松不翻，并在数年中只进行一次的土壤耕作法。沿等高线用深松铲，每隔一定年限（5～8 年）对土壤深松一次（只松不翻），深松深度以 30cm 为宜。深松少耕法可以从根本上改善底层土壤的通透性能，创造一个"虚实并存"的耕层构造，与"上虚下实"的耕层构造相比调整了土壤"三相"（固相、液相和气相）比例，是多吸热保好温的有效措施。由于少耕法能改善耕层构造，调整土壤"三相"比例、提高地温，从而可促进土壤微生物的活动，加速土壤养分的转化过程。另外，由于少耕法具有减轻风蚀和水蚀的作用，从而也就减少了土壤肥分的损失。

2. 免耕法

免耕法也称零式耕法，是指不耕不耙，也不中耕，它是依靠生物的作用进行土壤耕作，用化学除草代替机械除草的一种保土耕作法。残茬或秸秆覆盖与除草剂是形成免耕法的两个重要的，也是唯一的作业环节。

（1）免耕法的原理。是以秸秆覆盖代替土壤耕作，以秸秆保持土壤自然构造，增加储水量，使有益微生物的群落繁殖并增加土壤的有机质、水稳性团粒，以防止水蚀。以便以除草剂、杀虫剂、杀菌剂，代替土壤耕作的除草作业和翻埋害虫及病菌孢子。土壤耕作的一个重要作用就是使土壤具有适当的"三相"比例，以便能够同时满足作物对水、肥、气、热的要求。传统耕法是靠物理和机械的方法来达到的，而免耕法是靠生物，包括作物的根系、土壤微生物、蚯蚓等活动来实现的。

（2）免耕法的运用。秋季收获玉米，同时将玉米秸秆打碎，留在地面上做覆盖，播种时，用免耕播种机开播种沟（宽 6～7cm、深 2～4cm）播种玉米。土壤杀虫剂与肥料混施，除草剂在播种后喷撒。

（3）免耕法的作用。许多免耕法的研究报告指出，农田土壤结构的破坏是由于进行了多次耕作的结果，而土壤结构的破坏才形成了板结层和紧实土层，它们的形成就越发需要用土壤耕作来调整。免去耕作，也就减少或免去了土壤结构破坏，就不会产生大垡块、坷垃、板结，也就不需要多次的表土耕作。作物的根系穿插和分割土壤，在其死亡和被分解后就会形成细管状的孔道和大小不同的孔隙，在不进行土壤耕翻的情况下，这些孔洞不被破坏，如果连续种植作物，则在每次种植后都将有新的根系进行进一步的穿插；同时在土体内有与作物相适应的多种微生物群系，有的根际微生物帮助吸收养分，有的微生物能固定空气中的氮，有的将作物残体进行分解、为作物提供矿质养分。在不翻动土层的情况下，留在土壤中大量的残根在土壤微生物的作用下，又可以重新合成新的、更为复杂的且比较稳定的有机化合物，即腐殖质，它可使土粒胶结在一起，形成很好的团粒，从而改善土壤的结构。

二、水土保持栽培技术措施

（一）水土保持栽培技术措施的重要性

水土保持技术措施具有因地制宜、充分有效地利用当地自然条件的特点。在不同环境条件下，实行不同的轮作、间作、套作、混播及栽培制度，可以发挥多种作物的优势，扬长避短，相互促进，减少水土流失，肥培地力，取得稳产高产。

（二）水土保持栽培技术的种类

水土保持栽培技术的种类主要有轮作、间作、套作和混播、高等带状间作、高等带状轮作。

1. 轮作

（1）轮作的意义和类型。轮作是指在一定的周期内（一般 1 年、2 年或几年），两种以上的农作物或牧草，本着持续增产和满足植物生活的要求，按照一定次序，一轮一轮倒种的农业栽培措施，如小麦→水稻→小麦。

依据生产任务和种植对象，通常将轮作分为大田轮作和草田轮作两大类。大田轮作以生产粮食或工业原料为主，它包括为了满足专门的生产要求而建立的专业轮作，以便能多方面满足国家对农产品的需要而建立的水旱轮作，以及为后茬作物提供较好的水肥条件的休闲轮作。草田轮作以生产粮食作物和牧草并重，它包括利用空闲季节和作物行间隙地种植绿肥，用地养地相结合的粮肥轮作和绿肥轮作，生产饲料为主，种植粮食作物或蔬菜作物的饲料轮作。

在水土流失地区，合理而科学地实行农作物之间或牧草与农作物之间的轮作制度，对提高农牧业生产、改善土壤水分及物理化学性质均具有深远和现实的意义。因为农作物生长在土地上，土壤会直接制约和影响农作物的生长和发育；农作物又是土地形成的主导因素，农作物种植在土壤里直接影响着土壤理化性质的变化。

不同农作物产量的高低，产品主要矿物质养分含量的多少相差很大。所以，种过一茬，从土壤里吸取的养分不同。就一般年而言，小麦从土壤里吸取的氮素较多，荞麦从土壤里吸取的磷、钾较多。不同作物利用土壤中难溶性养分的能力不同，麦类利用磷矿粉的能力甚微，几乎等于零，油菜、荞麦对于磷矿粉和磷酸钙的利用效果相差不多。不同作物根系有深有浅，从土壤中吸取养分的深度不同，豆科作物能固定空气中的氮素，油菜不但能够利用难溶性的磷，而且还可以将一部分吸收的磷以可溶的形态分泌到土壤中，这就改善了氮、磷的营养状况。因此，年复一年地种植一种作物必然扩大各种矿物养分间的差异，有的土壤某种元素过多，有的则越来越少，从而导致土壤理化性质恶化，限制作物产量的提高，所以在水土流失的地区，为了防止水土流失和改善土壤的理化性质，合理地选择轮作制具有较深远和现实的意义。

（2）合理轮作方式选择。考虑采用一种轮作方式时，要使农作物产量提高，才是比较合理的方式。此外，还必须考虑轮作方式对保持水土的良好作用。不能只考虑一方面的问题，要二者兼顾，这就增加了轮作方式选择的难度。改良后的轮作制注意两者兼顾比一般的轮作制具有较明显的水土保持作用和作物增产效益。栽培农作物，按照它们的水土保持作用可分为两类：

1）中耕农作物，如玉米、土豆等是水土保持作用较小的，而且是容易引起土壤侵蚀的农作物。这些中耕农作物采取连年栽植，常常会使土壤结构恶化，进而导致土壤透水能力降低，并造成土壤侵蚀的发生与发展。另外，这些中耕农作物的行距和株距都比较大，对地面覆盖度小，也容易引起降水时的土壤溅蚀和表层土壤的侵蚀。

2）密播农作物，如小麦、大麦、莜麦、谷类等禾本科和豆类，这些农作物在保持水土方面具有较大的作用，而且这些农作物又是水土流失地区的主要农作物。

（3）合理轮作的作用。轮作把生理生态特性不同的作物轮换种植，可以改善土壤的物理、化学特性，调节土壤微生物状况，有利于氮素积累，防止土壤有机物的过度消耗，从而有利于维持和提高土壤肥力。轮作有利于防除杂草和防除土壤传染的病虫害。合理轮作可以为适期耕作，增施有机肥等提高土壤肥力的主要耕作措施创造条件，从而有利于作物生产。因此，合理的轮作制可以协调农业生产中存在的多种关系，如粮食生产与多种经营、土地用养、多种与高产、多年增产与持续增产、充分利用自然资源与建立农业生态系统平衡等，同时也是合理利用土地的好办法。

（4）轮作中的休闲。休闲是增加土壤水分和调节地力的重要措施，休闲茬地的作物产量较未休闲茬地的高，对稳定、增产起着重要的作用。国内外水土流失区广泛采用这一措施。

休闲期间使降水储蓄在土壤中，增加土壤对植物的供水量，这种作用不仅直接受到休闲期间的降水量的影响，同时环境条件、土壤持水量以及休闲期间受土壤耕作等影响的土壤水分蒸发情况等也对其起决定性作用。休闲可以蓄积雨水和熟化土壤，增加土壤中的有效养分（主要是硝酸态氮），并能起到显著的防除杂草和病害虫的作用。因此，土地休闲期间，进行适当的土壤耕作十分重要。

2. 间作、套作和混播

间作、套作和混播是增加土壤表层覆盖面积，提高单位面积作物的产量和保持水土、改良土壤的一项有效的农业技术措施。它是我国农民在长期生产实践中，逐步认识并掌握各种农作物的特性和相互间的关系，积极利用作物互利的条件，克服不利条件而发展起来的。采取这种农业技术措施，极为省工，简单易行，行之有效。

（1）间作。这是两种作物同时在一块地上间隔种植的一种栽培方法，如玉米间作大豆、玉米间作马铃薯等。

（2）套作。这是在同一块土地上，不同时间播种两种以上的不同作物，当前作物未成熟收获时，就把后作物播种在前作物的行间，如小麦套种黑豆。

（3）混播。是指两种作物均匀地撒播，或混播在同一播种行内，或在同一播种行内进行间隔播种，如小麦混播豌豆。

实行间作、套作和混播作物能够减少水土流失，主要在于作物对土壤层增加了覆盖面积和覆盖度，经常使地表面具有两层的作物覆盖。间作、套作和混播也使土壤中的根系增加，它对网络固持土壤和改良土壤有很大的作用。尤其是套作，可使地面长期有作物覆盖和保护土壤不被溅蚀。玉米地套作耐阴的豆类具有良好的水土保持作用。

决定作物间作、套作和混播的形式和由哪些作物品种组成时，首先要考虑的是，使田地上农作物的覆盖度增加和水土流失减少，其次要考虑农作物的生物学特性、它们之间的关系以及延长地面的覆盖时间。所以，应该选择高秆与矮秆、疏松与密生、浅根与深根、早熟与晚熟、禾本科与豆科等农作物相配合的组成，这样，既能充分利用阳光与地力，又能增加地面覆盖和防止水土流失。

应该指出，在进行农作物间作、套作和混播的时候，必须结合水土保持耕作技术措施，如垄沟种植、水平犁沟等，使其发挥更大的蓄水保土和提高作物产量的作用。

3. 等高带状间作

等高带状间作就是沿着等高线将坡地划分成若干条地带，在各条带上交互或轮流地种植密生作物与疏生作物，它利用密生植物带覆盖地面、减缓径流、拦截泥沙来保护疏生作物生长，从而起到比一般间作更大的防蚀和增产作用；同时，等高带状间作也有利于改良土壤结构，提高土壤肥力和蓄水保土能力，便于确立合理的轮作制，促进坡地变梯田。

等高带状间作可分为农作物带状间作和草田带状间作两种。

（1）农作物带状间作就是利用疏生作物（如玉米、高粱、土豆等）和密生作物（如小麦、莜麦、谷子等）成带状相间种植。

在采用带状间作时，条带的宽度应依据当地的降水量大小、坡度大小和所种植的农作物品种而定。一般地说，在坡度大、降水量大和土壤透水性小的地区，作物条带应窄一些。例如，坡度为 12°～15°时，可以设置 10～20m 宽的条带；坡度为 15°～20°时，条带宽可设置为 5～10m。但疏生作物的条带可比密生作物宽一些，因为中耕作物的株行距大，如果条带太窄，种植的行数太少。

（2）草田带状间作就是利用牧草与农作物成带状相间种植。这种方法防止水土流失，增加农作物产量和改良土壤的效果都很好，这一方法在坡地上已广泛采用。在不十分破碎的坡地上，或在沿着侵沟岸边的坡地上也能采用。

草田带状间作，因为草的密度大，增加了地面植被覆盖率，降低了降水时雨滴冲击地面的能力，同时草的生长时间较长，从而延长了植被覆盖时间，草带不仅能防止本带水土流失，同时能拦住作物带流失的水土。下年草带和作物带倒茬种植后，作物因有良好的营养条件，生长茂盛，从而达到增产的目的。

草田带状间作的设计和布置要根据当地的具体情况，因地制宜来确定。在选用草品种上和在确定草和作物种植宽度时，要根据不同的土壤、坡度、坡形和当地的雨量大小而定。若坡度陡、雨量多且强度大又是黏重的土壤，草和作物种植宽度均要缩小，而且草的种植宽度一定不得小于作物的种植宽度；若雨量少且强度小、土质疏松、渗水性好的土壤种植宽度相应增大些，作物的种植宽度要大于牧草的种植宽度。在设计草田带时一定要在坡地上沿等高线进行。

4. 等高带状间轮作

等高带状间轮作要求首先将坡地沿等高线划分为若干条带，再根据粮草轮作的要求，分为种植作物和草，一面坡地至少要有 2 年生或 4 年生草带 3 条以上，沿沟边线则种植灌木带。

采用此法的好处：一是保证了粮食作物始终种在草茬上，可减少优质厩肥上山负担，节省大批劳畜力；二是既改良了土壤结构，又提高了土壤蓄水保土能力；三是既确立了合理的轮作制，又可促使坡地变成缓坡梯田。

第六章 项 目 建 设

第一节 项 目 建 设 程 序

一、流域规划

流域规划就是根据该流域（或区域）的水资源条件和国家长远计划对该地区水利水电建设发展的要求，提出该流域（或区域）水资源的梯级开发和综合利用的最优方案。因此，进行流域（或区域）规划，必须对流域（或区域）的自然地理、经济状况等进行全面、系统的调查研究，初步确定流域（或区域）内可能的大坝位置，分析各坝址的建设条件，拟定梯级布置方案工程规划、工程效益等，进行多方案的分析比较，选定合理的梯级开发方案，并推荐近期开发的工程项目。

1. 规划原则

江河流域规则的目标大致为：基本确定河流治理开发的方针和任务，基本选定梯级开发方案和近期工程，初步论证近期工程的建设必要性、技术可能性和经济合理性。各个国家不同时期的规划原则有所差别。我国水利部于 2015 年制定的《江河流域规划编制规程》规定：①贯彻国家的建设方针和政策，处理好需要与可能、近期与远景、除害与兴利、农业与工业交通、整体与局部、干流与支流、上游与下游、滞蓄与排洪、大型与中小型以及资源利用与保护等方面的关系；②贯彻综合利用原则，调查研究防洪、发电、灌溉、航运、过木、供水、渔业、旅游、环境保护等有关部门的现状和要求，分清主次，合理安排；③重视基本资料，在广泛收集整理已有的普查资料基础上，通过必要的勘测手段和调查研究工作，掌握地质、地形、水文、气象、泥沙等自然条件，了解地区经济特点及发展趋势、用电和其他综合利用要求、水库环境本底情况等基本依据。

2. 主要环节

流域规划的主要环节包括河流梯级开发方案和近期工程的选择。河流梯级开发方案的拟定遵循下列基本原则：①根据河流自然条件和开发任务，在必要和可能的前提下，尽量满足综合开发、利用的要求；②合理利用河道流量和天然落差；③结合地质地形条件，选择和布置控制性调节水库；④尽量减少因水库淹没所造成的损失；⑤注意对环境的不利影响。

近期工程的选定要考虑下列基本条件：①具有较多可靠的水文、地形、地质等基本资料；②能较好地满足近期用电和综合开发、利用的要求，距离用电中心较近的、工程技术措施比较落实的、建设规模与国民经济发展相适应的工程，则在经济上比较合理；③对外交通比较方便；④施工条件比较优越；⑤水库淹没所造成的损失相对较少。

3. 规划要点

（1）国家制定全国水资源战略规划。

开发、利用、节约、保护水资源和防治水害，应当按照流域、区域统一制定规划。规划分为流域规划和区域规划。流域规划包括流域综合规划和流域专业规划；区域规划包括区域综合规划和区域专业规划。

综合规划，是指根据经济社会发展需要和水资源开发利用现状编制的开发、利用、节约、保护水资源和防治水害的总体部署。专业规划，是指防洪、治涝、灌溉、航运、供水、水力发电、竹木流放、渔业、水资源保护、水土保持、防沙治沙、节约用水等规划。

（2）流域范围内的区域规划应当服从流域规划，专业规划应当服从综合规划。

流域综合规划和区域综合规划以及与土地利用关系密切的专业规划，应当与国民经济和社会发展规划以及土地利用总体规划、城市总体规划和环境保护规划相协调，兼顾各地区、各行业的需要。

（3）制定规划必须进行水资源综合科学考察和调查评价。水资源综合科学考察和调查评价由县级以上人民政府水行政主管部门会同同级有关部门组织进行。

县级以上人民政府应当加强水文、水资源信息系统建设。县级以上人民政府水行政主管部门和流域管理机构应当加强对水资源的动态监测。基本水文资料应当按照国家有关规定予以公开。

（4）国家确定的重要江河、湖泊的流域综合规划，由国务院水行政主管部门会同国务院有关部门和有关省（自治区、直辖市）人民政府编制，报国务院批准。跨省（自治区、直辖市）的其他江河、湖泊的流域综合规划和区域综合规划，由有关流域管理机构会同江河、湖泊所在地的省（自治区、直辖市）人民政府水行政主管部门和有关部门编制，分别经有关省（自治区、直辖市）人民政府审查提出意见后，报国务院水行政主管部门审核；国务院水行政主管部门征求国务院有关部门意见后，报国务院或者其授权的部门批准。

前款规定以外的其他江河、湖泊的流域综合规划和区域综合规划，由县级以上地方人民政府水行政主管部门会同同级有关部门和有关地方人民政府编制，报本级人民政府或者其授权的部门批准，并报上一级水行政主管部门备案。

专业规划由县级以上人民政府有关部门编制，征求同级其他有关部门意见后，报本级人民政府批准。其中，防洪规划、水土保持规划的编制、批准，依照防洪法、水土保持法的有关规定执行。

（5）规划一经批准，必须严格执行。

经批准的规划需要修改时，必须按照规划编制程序经原批准机关批准。

（6）建设水利工程，必须符合流域综合规划。在国家确定的重要江河、湖泊和跨省（自治区、直辖市）的江河、湖泊上建设水利工程，其工程可行性研究报告报请批准前，有关流域管理机构应当对水利工程的建设是否符合流域综合规划进行审查并签署意见；在其他江河、湖泊上建设水利工程，其工程可行性研究报告报请批准前，县级以上地方人民政府水行政主管部门应当按照管理权限对水利工程的建设是否符合流域综合规划进行审查并签署意见。水利工程建设涉及防洪的，依照防洪法的有关规定执行；涉及其他地区和行业的，建设单位应当事先征求有关地区和部门的意见。

二、项目建议书

项目建议书是要求建设某一具体工程项目的建议文件，是基本建设程序中最初阶段的工作，是投资决策前对拟建项目的轮廓设想。项目建议书应根据国民经济和社会发展长远规划、流域综合规划、区域综合规划、专业规划，按照国家产业政策和国家有关投资建设方针进行编制。项目建议书中应概述项目建设的依据，提出开发目标和任务，对水文、地质及项目所在地区和附近有关地区的生态、社会、人文、环境等建设条件进行调查分析和必要的勘测工作，并在对资金筹措进行分析后，论证工程项目建设的必要性，初步分析建设项目的建设规模、建设方案、建设地点、建设时间和主要建设物布置，初步估算项目的总投资额。

水利工程项目建议书应由政府委托具有相应资质的勘测设计单位编制，按照审批权限报批。按现行规定，凡属大中型或限额以上的水利工程的项目建议书，首先要报送国家水行政主管部门，同时报送国家计划主管部门。国家水行政主管部门根据国家中长期的规划要求，着重从水资源合理利用、综合效益、建设布局、技术经济合理性等方面进行初审。初审通过后报国家计划主管部门。由国家技划主管部门根据建设总规模、生产总布局、资源优化配置及资金供应可能、外部协作条件等方面进行综合平衡，还要委托有资质的咨询评估单位进行评估后审批。其中，特大型项目由国家计划部门审核后，报国务院审批。项目建议书批准后，若有投资建设意向，可着手确定法人，开展下一步工作。

水电工程项目建议书系在预可行性研究报告批准后由业主向国家主管部门申报。

三、可行性研究

在工程项目决策之前，应对拟建工程项目进行全面技术经济分析论证的前期工作。可行性研究报告的内容是：调查研究与拟建项目有关的自然、社会、经济等资料，分析比较工程规模和投资建设方案，预测和评价项目建设后的社会效益、经济效益和环境效益；在此基础上综合论证工程在近期建设的必要性、技术上的可行性和经济上的合理性。可行性研究可以为计划部门和建设单位的投资决策提供科学依据，提高项目投资的成功率和投资效益。

可行性研究的目的是研究兴建本工程技术上是否可行，经济上是否合理，其主要任务如下：

（1）论证工程建设的必要性，确定本工程建设任务和综合利用的主次顺序。

（2）确定主要水文参数和成果。查明影响工程的主要地质条件和主要地质问题。

（3）选定工程建设场址、坝（闸）址、厂（站）址。

（4）基本选定工程规模。

（5）选定基本坝型和主要建筑物的基本形式，初选工程总体布置。

（6）初选主要机电设备。

（7）初选水利工程管理方案。

（8）初步确定施工组织设计中的主要问题，提出控制性工期和分期实施意见。

（9）基本确定水库淹没、工程占地范围，查明主要淹没实物指标，提出移民安置、专项设施迁建的可行性规划和投资。

（10）评价工程建设对环境的影响。

（11）提出主要工程量和建材需用量，估算工程投资。

（12）明确工程效益，分析主要经济指标，评价工程的经济合理性和财务可行性。

（13）提出综合评价和结论。

可行性研究报告按国家现行规定的审批权限报批。申报项目可行性研究报告必须同时提出项目法人组建方案及运行机制、资金筹措方案、资金结构及回收资金办法，并依照有关规定附具有管辖权的水行政主管部门或流域机构签署的规划同意书。对取水许可预申请的书面审查意见，审批部门要委托有项目相应资质的工程咨询机构对可行性研究报告进行评估，并综合行业归口主管部门、投资机构（公司）、项目法人（或项目法人筹备机构）等方面的意见进行审批。项目可行性研究报告批准后，应正式确定项目法人，并按项目法人责任制实行项目管理。

四、初步设计

可行性研究报告批准后，项目法人应择优选择有项目相应资质的设计单位承担勘测设计任务。

初步设计是在可行性研究的基础上进行，要解决可行性研究阶段没有解决的主要问题。

初步设计的主要任务如下：

（1）复核工程任务及具体要求，确定工程规模，选定水位、流量、扬程等特征值，明确运行要求。

（2）复核水文成果。

（3）复核区域构造稳定，查明水库地质和建筑物工程地质条件、灌区水文地质条件及土壤特性，提出相应的评价和结论。

（4）复核工程的等级和设计标准，确定工程总体布置、主要建筑物的轴线、结构形式和布置、控制尺寸、高程和工程数量。

（5）确定电厂或泵站的装机容量，选定机组机型、单机容量、单机流量及台数，确定接入电入系统的方式、电气主接线和输电方式及主要机电设备的选型和布置，选定开关站（变电站、换流站）的形式，选定泵站电源进线路经、距离和线路形式，确定建筑物的闸门和启闭机等的形式和布置。

（6）提出消防设计方案和主要设施。

（7）选定对外交通方案、施工导流方式、施工总布置和总进度、主要建筑物施工方法及主要施工设备，提出天然（人工）建筑材料、劳动力、供水和供电的需要量及其来源。

（8）确定水库淹没、工程占地的范围，核实水库淹没实物指标及工程占地范围的实物指标，提出水库淹没处理、移民安置规划和投资概算。

（9）提出环境保护措施设计。

（10）拟定水利工程的管理机构，提出工程管理范围和保护范围以及主要管理设施。

（11）编制初步设计概算，利用外资的工程应编制外资概算。

（12）复核经济评价。

初步设计文件报批前，一般由项目法人委托相应资格的工程咨询机构或组织有关专家，对初步设计中的重大问题进行咨询论证。设计单位根据咨询论证意见，对初步设计文件进行补充、修改、优化。初步设计由项目法人组织审查后，按国家现行规定权限向主管部门申报审批。

五、施工准备

施工准备是在工程项目主体工程开工前做的准备工作，主要包括施工现场的准备和招标、投标等。在项目初步设计批准后，项目法人向主管部门提出主体工程开工申请报告前，进行施工准备工作。

（1）现场施工准备。在施工准备阶段，由项目法人组织完成施工现场的征地、拆迁，建设施工用水、用电、通信、道路和场地平整等工程，完成必需的生产、生活临时建筑工程的施工。

（2）项目招标。项目招标是项目的一种采购方式，包括工程、服务和货物的招标。招标人应按照《中华人民共和国招标投标法》和水利部的有关勘测、设计、施工、设备和材料采购、咨询、监理等方面的招标投标管理规则制度，组织招标工作，选择勘测、设计、监理、咨询、设备和材料采购等单位和施工承包单位。

六、建设实施

建设实施阶段是指主体工程的建设实施，项目法人按照批准的建设文件组织工程建设、保证项目建设目标的实现。

项目法人或其代理机构必须按审批权限，向主管部门提出主体工程开工申请报告，经批准后主体工程方能正式开工。主体工程开工须具备以下条件：

（1）前期工程各阶段文件已按规定批准，施工详图设计可以满足初期主体工程施工需要。

（2）建设项目已列入国家或地方水利水电建设投资年度计划，年度建设资金已落实。

（3）主体工程招标已经决标，工程承包合同已经签订，并得到主管部门同意。

（4）现场施工准备和征地移民等建设外部条件能够满足主体工程开工需要。

（5）建设管理模式已经确定，投资主体与项目主体的管理关系已经理顺。

（6）项目建设所需全部投资来源已经明确，且投资结构合理。

（7）项目产品的销售已有用户承诺，并确定了定价原则。

七、生产准备

生产准备是建设项目在投产运行前进行的准备工作，主要包括以下内容：

（1）建立组织机构。组建生产运行管理组织机构，确定部门人员编制、分工、岗位职责。制定工作程序、人员岗位守则、奖惩制度和其他有关规章制度。

（2）签订销售合同。正式签订产品销售合同，明确供水、供电等数量、销售方式、价格、用户等主要事项。

（3）招收和培训人员。按照生产运营的要求，配备生产管理人员，并通过多种形式的培训，提高人员素质，使之能满足运营要求。生产管理人员要尽早介入工程的施工建设，参加设备的安装调试，熟悉情况，掌握好生产技术和工艺流程，为顺利衔接基本建设和生产经营阶段做好准备。

（4）进行生产技术准备。主要包括国产装置的设计资料汇编、其他国家有关技术资料的翻译和编辑、各种生产运行方案和岗位操作法编制及新技术的学习和应用准备。

（5）进行生产的物资准备。主要是落实投产运营所需要的原材料、协作产品、燃料、水、电、气的来源和其他协作配合条件，组织工器具、备品、备件等制造和订货。

（6）进行正常的生活福利设施准备。根据生产和生活的需要以及工程现场自然、经济和社会条件，在工程现场或工程管理基地准备正常的生活福利设施。

八、竣工验收

竣工验收是工程完成建设目标的标志，是全面考核基本建设成果、检验设计和工程质量的重要步骤。竣工验收合格的项目即从基本建设转入生产或使用。

当建设项目的建设内容全部完成，并经过单位工程验收，符合设计要求并按水利基本建设项目档案管理的有关规定，完成了档案资料的整理工作，在完成竣工报告、竣工决算等必需文件的编制后，项目法人按照有关规定，向验收主管部门提出申请，根据国家和部颁验收规程组织验收。

竣工决算编制完成后，须由审计机关组织竣工审计，其审计报告作为竣工验收的基本资料。

对工程规模较大、技术较复杂的建设项目可先进行初步验收。不合格的工程不予验收；有遗留问题的项目，对遗留问题必须有具体处理意见，且有限期处理的明确要求并落实责任人。

初步验收应具备的条件：①工程建设内容已按照批准设计全部完成；②工程投资已基本到位，并具备财务决算条件；③有关验收报告已准备就绪。

初步验收的主要工作：①审查有关单位的工作报告；②检查工程的建设情况，鉴定工程质量；③检查历次验收中遗留的问题和已投入试运转后发现问题的处理情况；④确定尾工内容清单、完成期限和责任单位等；⑤对重大的技术问题作出评价；⑥检查工程档案资料的准备情况；⑦根据专业技术组的要求，对工程质量做必要的抽检；⑧提出施工验收的建议日期；⑨起草"竣工验收鉴定书"初稿。

竣工验收应具备的条件：①工程已按照批准设计规定的内容全部建设完毕；②各单位工程能正常运转；③历次验收所发现的问题已基本处理完毕；④归档资料符合工作档案资料管理的有关规定；⑤工程建设征地补偿及移民安置等问题已基本处理完毕；⑥工程投资已全部到位；⑦竣工决算已经完成并通过竣工审计。

竣工验收的主要工作：①审查《工程建设管理工作报告》和《初步验收工作报告》；②检查工程建设和运行情况；③协调处理有关问题；④讨论并通过《竣工验收鉴定书》。

竣工验收遗留问题由竣工委员会成员和有关单位妥善处理，遗留问题的处理结果应及时报告竣工验收主持单位。

九、后评价

建设项目竣工投产后，一般经过1~2年生产运营后，要进行一次系统的项目后评价，主要内容包括：影响评价，即项目投产后对各方面的影响进行评价；经济效益评价，即项目投资、国民经济效益、财务效益、技术进步和规模效益、可行性研究深度等进行评价；过程评价，即对项目的立项、设计施工、建设管理、竣工投产、生产运营等全过程进行评价。

项目后评价一般按3个层次组织实施，即项目法人的自我评价、项目行业的评价、计划部门（或主要投资方）的评价。

建设项目后评价工作必须遵循客观、公正、科学的原则，做到分析合理、评价公正。通过建设项目的后评价以达到肯定成绩、总结经验、研究问题、吸取教训、提出建议、改进工作，不断提高项目决策水平和投资效果的目的。

以上所述基本建设程序的9项内容，基本反映了水利工程基本建设工作的全过程，也是水利系统的基本建设程序。电力系统与此基本相同，其不同点如下：

（1）将初步设计阶段与可行性研究阶段合并，称为可行性研究阶段，其设计深度与水利系统初步设计接近。

（2）增加"预可行性研究阶段"，其设计深度与水利系统的可行性研究接近。

第二节 五 项 制 度

一、项目法人制

项目法人是工程建设领域的一个专用名词，是工程建设项目法定责任人的简称，系指具有法人资格和地位，依照有关法律法规要求设立或认定，对建设工程项目负有法定责任的企业或事业单位。也就是说，法人必须经过一定合法程序才有可能成为项目法人。这里所说的一定合法程序包括通过行政指定、委托或招标竞争产生项目法人，并履行法定手续以确立项目法人法定地位。应该说这是项目法人概念的本意和特定含义，是狭义的项目法人。而近几年在实际工作中已经将项目法人的概念作了引申，普遍将一般项目建设单位（业主或投资主体）称之为项目法人；这类项目法人虽然未经谁来指定、委托，也不是竞标所产生，但其依据法律法规对项目负有相应的法定责任，也就是说，处在项目法人的地位。所以，广义的项目法人，包括经过一定合法程序产生的项目法人和自然存在而对工程项目建设承担法定责任的项目法人。

项目法人责任制是建设项目的法人（业主）对项目的策划、资金筹集、建设实施、生产经营、债务偿还和资产保值增值实行全过程负责的制度。实行项目法人（业主）责任制旨在建立建设项目的投资责任约束机制，转换项目的建设和经营机制，提高投资效益。

1. 项目筹划

对于非经营性建设项目，通常有事业建制的作为非营利性机构项目的责任主体，即实体事业责任制，全面负责非经营性项目的建设实施。在确保行政、事业性经费的条件下，还应对项目的建设和经营机制负责，以提高投资效益。

对于经营性建设项目，通常由事业建制的非营利性机构作为项目的责任主体，即实行事业法人责任制。全面负责非经营性项目的建设实施。在确保行政、事业性经费的条件下，还应对项目的运行管理、工程维修养护和充分发挥其工程效益承担责任。

对于综合性建设项目，项目法人的组建则应从有利于水资源统一调配出发，综合考虑工程的功能、建设资金的性质和组成、国家对非经营性部分国有资金管理的有关规定等因素。

2. 项目筹资

项目法人负责筹集建设资金，落实所需外部配套条件，做好各项前期工作。

项目资金筹措方式一般有自筹资金、财政投资和发行股票（或认购股权）3 种方式。

（1）自筹资金。是指各地区、各部门、各企事业单位，按照财政制度保留、管理和自行分配用于固定资产扩大再生产的资金。

我国目前建设项目投资中的自筹资金主要来源有：地方自筹资金、部门自筹资金、企事业单位自筹资金、集体和城乡个人自筹资金几条渠道。

投资者也可以自有资金出资的股权资本的方式投资、一般非上市公司的有限责任公司，采用股权认购方式，不公开发行股票，投资者采用入股方式筹集资本金。

（2）国家财政投资。包括国家财政预算内补贴和国家预算内提取的国家基本建设投入到企业的资本金，形成国家股的资本金。

（3）股票筹资。经国家批准公开向社会发行股票。股票筹资是股份有限公司筹集社会资金的重要方式。按投资者不同可分为国家股、法人股、职工个人股和外商股 4 种。

3. 项目建设

项目法人是项目建设的责任主体，依法对所开发的项目负有项目的策划、资金筹措、建设实施、生产经营、债务偿还和资本的保值增值等责任，并享有相应的权利。

项目法人实行董事会领导下的总经理负责制，并对项目主管单位负责：第一，要求工程建设要形成一套由项目法人承担相应责任的制度，并在制度的约束下对工程建设实施全面的管理；第二，工程项目建设必须有明确的项目法人，项目法人在工程实施中享有法律授予的权利，同时，也应当担负起相应的义务；第三，项目法人依法律、法规和相关规定承担法律责任，如有违法违规行为将依法受到追究。这就给"建设单位"赋予了新的内涵。

4. 项目经营与管理

项目法人对项目的立项、筹资、建设和生产经营、还本付息以及资产的保值增值的全过程负责，并承担投资风险。

（1）负责筹集建设资金，落实所需外部配套条件，做好各项前期工作。

（2）按照国家有关规定，审查或审定工程设计、概算、集资计划和用款计划。

（3）负责组织工程设计、监理、设备采购和施工的招标工作，审定招标方案。要对投标单位的资质进行全面审查，综合评选，择优选择中标单位。

（4）审定项目年度投资和建设计划；审定项目财务预算、决算；按合同规定审定归还贷款和其他债务的数额，审定利润分配方案。

（5）按国家有关规定，审定项目（法人）机构编制、劳动用工及职工工资福利方案等，自主决定人事聘任。

（6）建立建设情况报告制度，定期向水利建设主管部门报送项目建设情况。

（7）项目投产前，要组织运行管理班子，培训管理人员，做好各项生产准备工作。

（8）项目按批准的设计文件内容建成后，要及时组织验收和办理竣工决算。

二、工程建设监理制

工程建设监理制是指针对具体的工程项目建设，由社会化、专业化的工程建设监理单位接受项目业主的委托和授权，依据国家批准的工程项目建设文件和工程建设法律、法规和工程建设委托监理合同以及业主所签订的其他工程建设合同，进行工程建设的微观监督和管理活动，以实现项目的进度、投资质量目标的制度。

工程建设监理制的实施有利于我国在市场经济条件下，满足项目业主对工程技术服务的社会需求；有利于实现政府的职能转变，强化政府的宏观监督管理；有利于我国建设市场的发展和完善，形成完整的项目组织系统。

（一）工程建设监理制的性质

1. 服务性

工程建设监理是监理单位接受项目业主（建设单位）的委托而全面开展的技术服务性活动。因此，它的直接服务对象是客户，是委托方，也就是项目业主。这种服务性的活动是按工程建设监理合同来进行的，是受法律保护的。

2. 独立性

从事工程建设监理活动的监理单位是直接参与工程项目建设的三方当事人之一。它与项目业主（建设单位）、承建商（施工、设计单位）之间的关系是平等的、横向的。在工程项目建设中，监理单位是独立的一方。监理单位既要认真、勤奋、竭诚地为委托方（建设单位）服务，协助业主（建设单位）实现预定的目标，也要按照公正、独立、自主的原则开展监理工作。工程建设监理的这种独立性是建设监理制的要求，是监理单位在工程项目建设中的第三方地位所决定的，是它所承担的工程建设监理的基本任务所决定的。因此，独立性是监理单位开展监理工作的重要原则。

3. 公正性

监理单位和监理工程师在工程建设中，一方面应当作为能够严格履行监理合同各项义务，能够竭诚地为客户服务的"服务方"，同时，应当成为"公正的第三方"，也就是在提供服务的过程中，监理单位和监理工程师应当排除各种干扰，以公正的态度对待委托方（建设单位）和被监理方（如施工、设计单位），特别是当业主和被监理方发生利益冲突或矛盾时能够以事实为依据，以法律、法规和双方所签订的工程建设项目合同为准绳，站在第三方立场上公正地加以解决和处理，做到公正地证明、决定或行使自己的处理权。

4. 科学性

工程建设监理是一种高智能的技术服务，要求从事工程建设监理活动应当遵循科学的准则。工程建设监理的科学性是由其任务所决定的。当今工程复杂程度、功能、标准要求越来越高，新技术、新工艺、新材料不断涌现，参加组织和建设的单位越来越多，市场竞争日益激烈，风险日益增加。所以，只有不断地采用新的更加科学的思想、理论、方法、手段才能驾驭工程项目建设。工程建设监理的科学性是由它的技术服务性质决定的，它是专门通过对科学知识的应用来实现其价值的。因此，要求监理单位和监理工程师在开展监理服务时能够提供科技含量高的服务，以创造更大的价值。

（二）工程建设监理的实施程序

工程建设监理一般按以下程序开展（根据业主授权范围及大小会有所不同）：

（1）进行监理招标，业主通过招标选择资质符合要求、业主满意的监理单位，双方签订监理委托合同，确定监理费用。

（2）监理单位成立项目监理机构并将总监理工程师人选报业主。

（3）监理合同签订后 10 日内，项目监理机构将总监代表/或常务副总监以及监理工程师和其他工作人员名单报业主备案，并一并报送项目监理机构的组织机构和职责分工，以及所启用的印章书面通知业主。

（4）业主提供项目文件和资料，监理收集工程和地区建设有关资料。

（5）项目监理机构编制监理规划，报业主。

（6）专业监理工程师编制专业监理实施细则，项目监理机构综合工程情况进行建章建制，并将监理作业制度报业主备案。

（7）项目总监下达开工令之前，由业主主持召开监理单位和被监理单位参加的第一次工地会议，宣布项目监理机构的责任、权利和义务。

（8）项目监理机构实施和开展建设监理作业，实施投资控制、进度控制、质量控制和安全文明控制。

（9）参与单位工程的验收和调试，并签署意见。

（10）参与工程的整套试运行和性能试验。

（11）提出工程质量评估报告，参与工程竣工验收和决算。

（12）参加后评价。

（13）监理工作总结。

（14）监理资料整理归档。

（三）工程建设监理实行范围及控制目标

1. 工程建设监理的实行范围

工程建设监理的实行范围适用于工程项目建设全部，既适用于工程项目的决策阶段（项目建议书和可行性研究），也适用于工程项目的实施阶段（设计阶段和施工阶段），何时委托监理，根据业主的委托要求和工程具体情况而定。目前业主在决策阶段一般较少委托监理，多数业主在项目实施阶段委托监理，其中设计阶段的监理，国家建设部于 2000 年 2 月 7 日以建设〔2000〕41 号，发布《建筑工程施工图设计文件审查暂行办法》。由于设计审查仅限于施工图设计审查，而且仅限于对成品的审查。对设计过程的控制（包括初步设计）未能触及，因此设计阶段的监理仍属必需。建设部曾在 1999 年 10 月 19 日以建设〔1999〕254 号文件颁发《关于工程设计与工程监理有关问题的通知》，规定建设单位可以通过咨询的方式，对勘察设计成果进行评估和优化。要求按照《关于开展项目设计咨询试点工作的通知》（建设〔1999〕208号文）执行，因此设计阶段的管理，今后将以咨询形式出现。《中华人民共和国建筑法》规定："工程监理人员发现工程设计不符合建筑工程质量标准或合同约定的质量要求的，应当报告建设单位要求设计单位改正。"尽管如此，目前监理单位仍可以接受业主的委托对设计阶段进行监理。

在项目施工阶段实施监理制是目前我国最通用的做法，《中华人民共和国建筑法》明确要求："国家推行建筑工程监理制度"，国务院颁发的279号令《建设工程质量管理条例》中明确规定了国家重点工程，大中型公用事业工程、住宅小区工程、国家援助资金等必须实行监理。

（1）建设工程监理范围和规模。建设部于2001年1月17日依据《建设工程质量管理条例》发布86号令《建设工程监理范围和规模标准规定》中规定：

1）必须实行监理的建设工程，包括：①国家重点建设工程；②大中型公用事业工程；③成片开发建设的住宅小区工程；④利用外国政府或者国际组织贷款、援助资金的工程；⑤国家规定必须实行监理的其他工程。

2）国家重点建设工程，是指依据《国家重点建设项目管理办法》所确定的对国民经济和社会发展有重大影响的骨干项目。

3）大中型公用事业工程，是指项目总投资额在3000万元以上工程项目，主要包括：①供水、供电、供气、供热等市政工程项目；②科技、教育、文化等项目；③体育、旅游、商业等项目；④卫生、社会福利等项目；⑤其他公用事业项目。

4）成片开发建设的住宅小区工程，建筑面积在5万 m² 以上的住宅建设工程必须实行监理；5万 m² 以下的住宅建设工程，可以实行监理，具体范围和规模标准由省（自治区、直辖市）人民政府建设行政主管部门规定。

为了保证住宅质量，对高层住宅及地基、结构复杂的多层住宅应当实行监理。

5）利用外国政府或者国际组织贷款、援助资金的工程，范围包括：①使用世界银行、亚洲开发银行等国际组织贷款资金的项目；②使用国外政府及其机构贷款资金的项目；③使用国际组织或者国外政府援助资金的项目。

6）国家规定必须实行监理的其他工程。

a. 项目总投资额在3000万元以上关系社会公共利益、公众安全的下列基础设施项目：

（a）煤炭、石油、化工、天然气、电力、新能源等项目。

（b）铁路、公路、管道、水运、民航以及其他交通运输业等项目。

（c）邮政、电信枢纽、通信、信息网络等项目。

（d）防洪、灌溉、排涝、发电、引（供）水、滩涂治理、水资源保护、水土保持等水利建设项目。

（e）道路、桥梁、地铁和轻轨交通、污水排放及处理、垃圾处理、地下管道、公共停车场等城市基本基础设施项目。

（f）生态环境保护项目。

（g）其他基础设施项目。

b. 学校、影剧院、体育场馆项目。

（2）工程建设监理内容和工程范围。工程建设监理的内容和受监工程范围由业主根据工程情况，在委托监理合同中予以明确。一般来说，一个工程由一家监理单位负责，但对专业性很强的单项工程，可另外委托专业监理单位。

2. 工程建设监理的控制目标

工程建设监理的主要任务是实现工程建设项目的目标。为此，必须将实现项目目标的约束条件作为监理的控制目标。工程建设项目约束的条件，一般是要求在限定资金、限定的期限（建设进度）和规定的质量标准条件下，通过安全文明施工，实现项目的目标。因此，通常监理的控制目标是工程投资控制、工程进度控制、工程质量控制，水电工程还将安全文明施工列为控制目标。

（1）工程投资控制目标是将工程目标投资控制在审定的范围内，初步设计概算不超过可行性研究的投资估算，施工图预算不超过审定的范围，并通过承包合同加以明确。

（2）工程进度控制目标一般根据各类工程项目的工期定额（设计工期定额、施工工期定额）制定，并在承包合同中予以明确。

（3）工程质量控制目标是指在设计和施工阶段，按照规定的规程、规范和技术标准进度控制，并通过检验和试运行，实现项目的功能和效益，并取得优良的等级，也应在承包合同中加以明确。

（4）安全文明施工控制目标是在项目实施过程中，确保设备和人身的安全，以及在投产后达到安全运行。

（四）工程建设监理目标控制

1. 目标控制的前提

工程监理实施目标控制的前提是：①做好目标控制的规划工作和计划工作；②做好监理的组织工作。

制定目标规划要了解业主的需求和实际可能，通过目标分解制定既可行又优化的计划。

监理控制目标规划是在项目业主制定的工程建设整体目标及阶段性目标的基础上编制的。因此，工程建设监理应首先全面了解项目业主的目标规划，再编制监理规划，以便实现项目业主的目标控制。规划编制得越全面、越完整，并与工程的内部因素和外部环境变化相适应，就越易进行监理目标控制，使目标规划能真正成为监理控制的规划。

为了实现监理目标控制，做好监理组织工作也是重要的前提。监理组织工作包括组织机构的设置、配置合适的各专业的监理人员、明确监理人员的任务和职责、制定工作流程和信息流程等。

2. 项目目标控制的措施

为取得目标控制的效果，通常采取以下措施：

（1）组织措施。对投资控制、进度控制、质量控制、安全文明控制的部门、人员予以落实并且对其相应的职能分工、职责、工作流程、工序流程等均有明确的要求，并进行工作考核、人员培训等，以便完善项目控制的组织系统。

（2）技术措施。工程监理目标控制主要是通过技术工作来处理问题，对技术方案的分析、技术数据的审查、新技术的适应性、质量保证的技术措施等通过有一定素质的监理工程师的工作，使目标控制收到较好的效果。

（3）经济措施。监理工程师经常收集、整理、加工经济信息和数据，包括各阶段目标计划进行资源、经济、财务的影响因素分析。通过对工程的估算、概算、预算进行复核，对资金使用计划、工程拨款付款等进行审查，有效地对监理目标进行控制。如监理工程师忽视具体的经济措施，将会影响其他目标计划的实现。

（4）合同措施。参与工程建设的设计、施工、设备材料供货等单位的行为，都是在合同规定工作范围、质量标准下行使应有的责任和义务，并承担法律责任。监理工程师对被监理单位的行为进行控制是在工程建设合同的基础上进行的。因此，监理工程师协助项目业主确定对目标控制有利的工程承包发包模式以及合同结构，拟订合同条款、参与工程招标、合同谈判、处理合同执行过程中的问题，做好防止索赔以及发生索赔后的处理工作，这些都是监理工作重要的项目控制措施。

3. 目标控制的基本方法

工程建设监理的基本工作方法是目标规划、动态控制、组织协调、信息管理、合同管理。

（1）目标规划。目标规划是监理单位为实施项目业主提出的工程整体目标计划或者阶段性的目标而提出的监理控制目标的规划和计划，是围绕工程项目的投资、进度、质量、安全进行研究确定的，编制计划安排、制定风险管理措施。监理目标规划是监理目标控制的基础和前提，只有做好目标规划后才能有效地进行目标控制。

（2）动态控制。动态控制是在工程监理工作过程中，通过对过程、目标和活动的跟踪，全面、及时、准确地掌握工程信息，及时将实际目标值与计划目标值进行对比，发现或者预测出现偏离，及时采取措施予以纠正，以实现计划目标。动态控制要求在不同的阶段、不同的空间，受到外部环境和内部因素的影响和干扰，工程监理应根据合同规定的职责范围，采取相应的控制措施，进行调整，并随其变化而不断地控制对目标计划进行适应性调整，以达到总体目标计划的实现。

（3）组织协调。组织协调是指监理在工程项目的进度、质量、投资、安全4项目标控制中所涉及与工程参建单位的协调。组织协调还包括监理单位内部人与人、机构与机构之间的协调。组织协调工作与监理控制目标是密不可分的，协调的目的就是为实现目标控制。在监理过程中，称为"近外层协调"的是监理与项目业主、设计单位、施工单位、设备材料单位的协调，主要从事工程进度、工程质量、工程投资、安全文明发生偏离或预测偏离发生的可能性，影响工程目标计划所进行的协调工作。称为"远外层协调"的是监理与有关政府部门、社会团体、科研单位、社会团体、工程毗邻单位的协调。主要从事与工程结合部位上做好联合、连接及调和工作。当然，在具体处理问题时应按合同规定和规定程序进行工作。

监理组织内部的人际关系处理、工作分工与职责的处理也是十分重要的。通过协调使监理内部人员充分发挥才能，步调一致地实现工程项目目标。

（4）信息管理。它是指对监理工作所需要的各类信息的收集、整理、处理、存储、传递、应用等项工作的管理。监理的信息管理是进行目标控制的基础，缺乏信息会使监理工作造成盲目，信息处理错误会使监理工作造成失误；对信息不进行综合分析会使监理工作造成偏离，信息不储存、不传递或传递不及时会使监理工作造成被动或混乱。因此，信息管理对监理工作十分重要。监理单位必须要进行严格有序的管理。信息的质量要求是准确、全面；掌握信息发生的时间、地点、人员、过程，信息的时间要求是及时，失去时效性的信息是无用信息，只能作为参考提示性资料。

信息管理的必要工作是确定信息流程，不断充实和完善数据库，建立信息目录、编码以及信息的管理制度等。

(5) 合同管理。监理在监理过程中的合同管理应按监理委托合同的要求，对工程建设合同（包括设计、施工、调试、设备材料供应等）的签订、履行、变更、解除进行监督、检查，对合同争议进行调解和处理，以保证合同依法签订和全面履行，以便为目标控制创造条件。

工程监理应站在第三方公正的位置进行合同管理，履行监理职责，恰当地使用监理合同赋予的权力，认真地参与合同制定和合同谈判，公正地处理争议。作为监理单位应具有熟悉建设工程有关法律及有应变能力，还有能坚持原则的能力，经常进行风险分析的监理人员，方能公正地处理合同履行中各种复杂的问题。监理人员对拟定的工程文件，即报告、记录、整理、指示应做到全面、细致、准确、具体，避免发生因理解不一致、细节不确切或语义含混而造成合同双方纠缠不清，也尽量避免因合同条款含义不清引起索赔和反索赔。在合同谈判过程中，还必须注意合同风险的合理转移。

(五) 监理机构的主要工作方法与职责

1. 监理的主要工作方法

努力促使工程承建单位与监理机构"约束、控制、反馈、完善"机制的形成，采用主动控制为主、被动控制为辅，两种手段相结合的动态控制方法实施工程建设监理。

2. 业主单位授予监理单位的基本职责与权限

为促使工程建设目标的实现，业主单位通过工程建设监理合同与各工程项目承建合同文件，授予监理单位，包括设计文件核查确认、施工措施计划审批、工程开工（停工、返工、复工）与完工指示、分包资格审查、施工质量认证、工程承建合同文件解释与合同争端调解、有限施工变更、合同支付签证、安全生产与施工环境保护监督、施工关系协调、撤换承建单位不称职的现场人员直至撤换施工队伍的建议权等各项必需的职责与权限。

3. 监理工作中的职责

监理单位在监理业务进行过程中，应准确地运用业主单位授予的职责与权限。如这种职责与权限的运用，会提高工程造价、或延长建设工期、或对业主单位到期支付能力产生不利影响，则应当事先向业主单位报告。

如在紧急情况下未能事先报告时，则应在事项发生后的24h内向业主单位作出书面报告。

4. 各级监理机构关系与职责

在项目实施过程中，实行项目监理处管理、综合技术处控制；在目标控制过程中，实行综合技术处控制、项目监理处展开，对施工过程每一管理点实施双向控制的管理格局。

(1) 监理部办公室在做好监理行政、后勤服务、群众工作和监理人员行为规范监督的同时，还承担监理人员上岗培训、业务考核、岗位管理和协助总监承担内部协调和对外公共关系处理等项工作。

（2）综合技术处承担工程进度、施工质量、合同支付3项目标控制，以及工程信息处理、专业技术管理与合同商务管理等监理业务。通过伸展到各项目监理处的工程进度、施工质量、合同支付控制网络与信息管理网络，负责工程施工控制目标与对策措施的制订、进展跟踪、过程分析与目标调整。同时，对各项目监理处合同赶工指令、施工质量签证以及合同支付计量认证等负有监督、协调和管理责任。

（3）检测监理处的职责包括对承建单位检验和测量机构的资质、手段、方法与成果的监理（简称检测监理），以及监理自身为施工质量与合同支付控制所进行的对照检测（简称监理检测）两方面。

（4）项目监理处直接负责相应工程项目现场施工中从施工准备、资源投入、工序作业、目标实施到合同履行等全过程的跟踪监理和信息处理。

5. 监理过程中工作协调与争议处理

（1）四级、五级监理职级授权范围内的一般问题争议由监理组长或由监理组长指定本组三级监理负责协调和处理，并向监理处长报告。

（2）三级监理职级授权范围内或跨技术专业问题争议由监理组长报请监理处召开专题会议研究或协调处理，并向分管副总监理工程师（总师）报告。

（3）一级、二级监理职级授权范围内的，或涉及专业技术上的重大问题，由监理处长或二级监理以上人员提出，由总监理工程师（或分管副总监、总师，下同）主持召开专题会议研究与协调处理。必要时，由总监理工程师报请业主单位或监理单位研究解决。

6. 其他

（1）除工程承建合同有明确规定者外，监理单位无权免除工程承建合同文件中规定的工程承建单位或业主单位的责任与义务。

（2）监理工程师对工程承建单位施工组织设计、施工措施计划等的审议与批准，对施工过程的监理与对工程项目的检查、质量检验和验收，并不意味着可以变更或减轻工程承建单位应负的全部合同义务和责任。

（六）监理过程控制

1. 进度、质量、投资3项合同目标控制关系处理

坚持以"安全生产为基础，工程工期为重点，施工质量作保证，投资效益为目标"的方针。在工程实施过程中，及时协调进度、质量、变更与合同支付的关系，促使合同控制目标由矛盾向统一转化，促使合同目标得到更优实现。

2. 施工质量控制

（1）在认真做好设计图纸核查签发、施工措施计划审批和施工准备检查的基础上，严格执行以单元工程为基础的单位工程、分部工程、分项工程、单元工程四级质量检验制度，严格实行以施工"工序控制"和"过程跟踪"为环节的标准化、量值化质量管理。

（2）努力促使工程承建单位质量控制体系的建立、完善和落实，进一步调动和引导承建单位按国家法规和合同文件要求做好施工质量和安全生产管理，变单向监控为双向监控。

（3）努力促使施工过程中承建单位现场三员（调度员、施工员、质检员）到位和作用的发挥，逐步强化以承建单位自身三检制为基础的单元工程质量检验制度，改变施工质量与安全生产只靠监理工程师管理的被动局面，努力提高工程质量和单元工程一次报检合格率。

（4）监理工程师施工质量认证实行内部会签与责任考核制度。

（5）当工程进度与施工质量发生矛盾时，要求承建单位以施工质量求工程进度、以工程进度求施工效益，确保向业主提交合格的工程。

3. 施工进度控制

（1）根据合同工期和调整的合同工期目标，编制和按期修订控制性工程进度计划与控制性网络进度计划，报请业主单位审批后，作为业主单位安排投资计划，物资、设备部门安排供应计划，设计单位安排设计供图计划，监理部安排监理人员工作计划和工程承建单位安排资源投入计划的依据。

（2）监理过程中，根据控制性进度计划及分解工期目标计划，做好承建单位年、季、月施工进度计划的审议，检查承建单位劳动组织和施工设施的完善，以及劳力、设备、机械、材料等资源投入与动力供应计划。

（3）随施工进展逐旬对施工实施进度特别是关键路线项目和重要事件的进展进行控制，包括运用工程承建合同文件中规定的"指令赶工"等手段，努力促进施工进度计划和合同工期目标得以实现。

（4）针对施工条件的变化和工程进展，阶段性地向业主单位提出调整控制性进度计划建议和分析报告。

4. 投资控制

（1）根据业主单位审查批准的合同工期控制性进度计划，编制总投资及分年资金流计划。

（2）根据当年季、月合同支付情况做好资金效益分析，并及时向业主单位反馈，按期向业主单位提供建议，促使有限资金得到更合理的运用。

（3）合同支付结算坚持以"承建合同为依据，单元工程为基础，工程质量为保证，量测核实为手段"的原则。通过业主单位授予监理工程师的支付签证权的正确使用，促使工程承建合同的履行，促进工程建设的顺利进展。

5. 合同管理

（1）监理工程师应熟悉工程承建合同文件，能正确与准确地引用和解释合同文件。

（2）监理部在切实履行合同与加强对监理人员遵纪守法教育、合同观念教育的同时，通过自身的工作，努力促进工程建设各方合同意识的提高。

（3）对合同履行过程中的违约行为、性质、事件及其发生原因及时进行分析，并向业主单位和违约方反馈。同时，实事求是地正确处理合同争议和合同索赔事件，促使合同履约率的进一步提高。

6. 信息管理

（1）健全各级监理大事记录、项目进展记录、专业技术记录和现场监理记录制度，定期对监理记录进行整编并向业主单位反馈。

（2）建立开工项目或待开工项目四级编码系统和工程信息反馈系统并督促其运行。

（3）在加强文字、图表等信息记录采集与管理的同时，充分运用声像手段和计算机处理技术加强对工程建设和施工过程中各种信息的采集、整编与管理。为工程质量检验、项目验收、合同索赔、合同纠纷调解，以及后期工程的运行、维护和管理提供资料。

（4）监理部依照监理合同文件规定，通过编制《监理月报》《监理简报》《监理周报》《监理记事编录》等信息表报和专题报告，定期或不定期向业主单位报告工程进展，及时向业主单位报告涉及工程工期、工程质量或合同支付等重大变化情况。

7. 组织协调

（1）监理工程师的协调职能主要包括协调工程建设各方与不同标项之间的矛盾；协调施工进度、工程质量、工程变更和合同支付之间的矛盾；协调合同各方应承担的责任与义务之间的矛盾。

（2）监理工程师要努力提高、掌握与运用现场协调能力，及时发现与解决工程施工和合同履行过程中的问题，通过协调及时促使矛盾向统一转化，督促工程建设各方切实履行合同，促进工程建设的顺利进展。

（3）进一步建立、健全和完善监理工程师的分级协调制度，强化和发挥各级监理协调会的作用，公正、及时地解决工程施工进展中发生的合同责任、商务和技术问题，加强工程建设各方之间的沟通、理解、配合与支持，通过监理协调职能发挥，为工程施工创造更为良好的外部条件与环境，促使工程建设目标的顺利实现。

三、项目合同制

（一）施工合同的类型

水利水电工程施工合同的类型是按工程价款的支付方式来划分的，主要有以下几种类型：

1. 单价合同

在整个合同执行期间使用同一合同单价，而工程量则按应支付量结算的一种合同。在初步设计被批准后就进行招标的工程项目，不能较精确地计算工程量，为避单方承担风险，采用单价合同较适宜。可细分为估算工程量单价合同、纯单价合同、单价与包干混合式合同 3 种。

2. 总价合同

总价合同是合同总价不变化，或是影响价格的关键因素不变的一种合同，要求承包商在合同规定的总价内完成合同规定的全部建设项目。可细分为固定总价合同、调值总价合同、固定工程量总价合同 3 种。

3. 成本加酬金合同

成本加酬金合同也称为成本补偿合同，是指业主向承包商支付实际工程成本中的直接费（一般包括人工、材料及机械设备费用等），并按事先协议好的某一种方式支付管理费及利润的一种合同方式。可细分为成本加固定百分比酬金合同、成本加固定酬金合同、成本加浮动酬金合同、成本加固定最大酬金合同。

（二）施工合同的作用

合同是保障市场经济有序运行的手段。在市场经济条件下，市场主体之间的所有经济流转，不是靠权力部门的计划指令，而是通过市场交易来进行的。为了保证市场经济行为的有序运行，必然要求所有市场主体必须遵守行为规范。经济行为规范可分为两个层次，即法律和合同。

法律这一层包括法律、条例、法规和政策等。法律是国家制定或认可，并由国家保证执行的行为规则。法律代表的是行为规范的普遍性，国家的每一个公民都必须遵守，任何人不得违反法律从事经济活动。但法律不可能详细、具体到规范市场主体的每一项具体行为，这就需要有第二层的行为规范——合同，来约束和规范。

合同代表了行为规范的特殊性，它只对签订合同当事人具有法律效力，也就是当事人双方必须全面履行合同。当事人不履行或不完全履行合同规定的义务，必须承担违约而引起的法律责任。

施工合同具有以下作用：

（1）明确建设单位和施工企业在施工中的权利和义务。

（2）有利于对工程施工的管理。

（3）有利于建筑市场的培育和发展。

（三）订立施工合同应遵守的原则

（1）平等原则。《中华人民共和国合同法》第三条规定：合同当事人的法律地位平等，一方当事人不得将自己的意志强加给另一方。

（2）自愿原则。《中华人民共和国合同法》第四条规定：当事人依法享有自愿订立合同的权利，任何单位和个人不得非法干预。

（3）公平原则。《中华人民共和国合同法》第五条规定：当事人应当遵循公平的原则确定各方的权利和义务。

（4）诚信原则。《中华人民共和国合同法》第六条规定：当事人行使权利、履行义务应当遵循诚实信用原则。

（5）合法原则。《中华人民共和国合同法》第七条规定：当事人订立、履行合同，应当遵守法律、行政法规，尊重社会公德，不得干扰社会经济秩序，损害社会公共利益。

（四）订立施工合同的程序

施工合同作为经济合同的一种，其订立也应经过要约和承诺两个阶段。如果没有特殊的情况，工程建设的施工都应通过招标投标确定施工企业。

（1）实行招标投标的工程，发包人、承包人应当自中标通知书发出之日起 30 日内，依法按照招标人招标文件和中标人投标文件订立书面施工合同，发包人应与招标人一致，承包人应与中标人一致。

（2）直接发包的工程，发包人、承包人应在领取施工许可证前依法订立施工合同，合同主体必须符合相应要求。

（3）施工合同应采用国家或省制定的合同示范文本订立。

（4）合同订立后，除依法变更外，发包人、承包人不得再订立背离施工合同实质性内容的其他协议。

（五）施工合同的履行和管理

1. 施工合同的履行

施工合同的履行是指合同当事人，根据合同规定的各项条款，实现各自权利、履行各自义务的行为。施工合同一旦生效，对双方当事人均有法律约束力，双方当事人应当严格履行。

施工合同中工程竣工、验收和竣工结算是合同履行的 3 个基本环节。

2. 施工合同的管理

施工合同的管理是指各级工商行政管理机关、建设行政主管机关和金融机构以及工程发包单位、社会监理单位、承包企业依照法律和行政法规、规章制度，采取法律的、行政的手段，对施工合同关系进行组织、指导、协调及监督，保护施工合同当事人的合法权益，处理施工合同纠纷，防止和制裁违法行为，保证施工合同法规的贯彻实施等一系列活动。主要包括施工合同的签订管理、施工合同的履行管理和施工合同的档案与信息管理。

在合同履行过程中，为确保合同各项指标的顺利实现，承包方需建立一套完整的施工合同管理制度，主要有检查制度、奖惩制度及统计考核制度。

（六）施工索赔管理

索赔是当事人在合同实施过程中，根据法律、合同规定及惯例，对并非由于自己的过错，而应由对方承担责任的情况所造成的损失，向对方提出给予补偿或赔偿的权利要求。

1. 索赔与变更的关系

索赔与变更是既有联系也有区别的两个概念。

（1）索赔与变更的相同点。对索赔和变更的处理往往都是由于施工企业完成了工程量表中没有约定的工作，或者在施工过程中发生了意外事件，需要施工单位额外处理时，由建设单位或者监理工程师按照合同的有关规定给予施工企业一定的费用补偿或者批准展延工期。

（2）索赔与变更的区别。变更是建设单位或者监理工程师提出变更要求（指令）后，主动与施工企业协商确定一个补偿额付给施工企业；而索赔则是施工企业根据法律和合同的规定，对其认为有权得到的权益，主动向建设单位提出的要求。

2. 施工索赔的起因

索赔起因很多，但归结起来主要有以下几种：

（1）建设单位违约。

（2）甲方代表（监理工程师）指令或处置不当。

（3）合同文件的缺陷。

（4）合同变更。

（5）不可抗力事件。

3. 施工索赔的程序

（1）有正当的索赔理由。

（2）发出索赔通知。

（3）索赔的批准。

四、招投标制

(一) 招标

1. 招标的条件

(1) 招标人自行招标应具备的条件。按照水利部发布的《水利工程建设项目招标投标管理规定》第十三条规定，当招标人具备以下条件时，按有关规定和管理权限经核准可自行办理招标事宜：

1) 具有法人资格。

2) 具有与招标项目规模和复杂程度相适应的工程技术、概预算、财务和工程管理等方面专业技术力量。

3) 编制招标文件和组织评标的能力。

4) 具有从事同类工程建设项目招标的经验。

5) 设有专门的招标机构或者拥有 3 名以上专职招标人员。

6) 熟悉和掌握招标投标法律、法规和规章。

当招标人不具备上述条件时，应当委托符合相应条件的代理机构办理招标事宜。

(2) 施工招标应具备的条件。水利部〔2001〕第 14 号令颁布的《水利工程建设项目招标投标管理规定》第十六条规定，水利工程施工招标应当具备以下条件：

1) 初步设计已被批准。

2) 建设资金来源已落实，年度投资计划已安排。

3) 监理单位已确定。

4) 具有能满足招标要求的设计文件，已与设计单位签订适应施工进度要求的图纸交付合同或协议。

5) 有关建设项目永久征地、临时征地和移民搬迁的实施、安置工作已经落实或已有明确安排。

2. 招标的工作程序

(1) 招标前，按项目管理权限向水行政主管部门提交招标报告备案。报告具体内容应当包括招标已具备的条件、招标方式、分标方案、招标计划安排、投标人资质 (资格) 条件、评标方法、评标委员会组建方案以及开标、评标的工作具体安排等。

(2) 编制招标文件。

(3) 发布招标信息 (招标公告或投标邀请书)。

(4) 发售资格预审文件。

(5) 按规定日期接受潜在投标人编制的资格预审文件。

(6) 组织对潜在投标人资格预审文件进行审核。

(7) 向资格预审合格的潜在投标人发售招标文件。

(8) 组织购买招标文件的潜在投标人现场踏勘。

(9) 接受投标人对招标文件有关问题要求澄清的函件，对问题进行澄清，并书面通知所有潜在投标人。

(10) 组织成立评标委员会，并在中标结果确定前保密。

（11）在规定时间和地点，接受符合招标文件要求的投标文件。

（12）组织开标评标会。

（13）在评标委员会推荐的中标候选人中确定中标人。

（14）向水行政主管部门提交招标投标情况的书面总结报告。

（15）发中标通知书，并将中标结果通知所有投标人。

（16）进行合同谈判，并与中标人订立书面合同。

3．招标资格预审

（1）资格预审的目的。

1）了解潜在招标人的财务状况、技术力量以及类似本工程的施工经验，为招标人选择优秀的承包商打下良好的基础。

2）事前淘汰不合格的潜在招标人，排除将合同授予不合格的潜在招标人的风险。

3）减少评标阶段的工作时间，减少评标费用。

4）避免不合格的潜在投标人增加购买招标文件、现场考察和投标的费用。

（2）资格预审通告。资格预审通告应当通过国家指定的报纸、信息网络或者其他媒介发布，邀请有意参加工程投标的企业申请投标资格预审。

资格预审通告主要包括以下内容：

1）工程项目名称、建设地点、工程规模、资金来源。

2）对申请资格预审施工单位的要求。

3）招标人和招标代理机构名称、工程承包的方式、工程招标的范围、工程计划开工和竣工时间。

4）要求潜在招标人就工程的施工、竣工、保修所需的劳务、材料、设备和服务的供应提交资格预审申请书。

5）获取进一步信息和资格预审文件的办公室名称和地址，负责人姓名，购买资格预审文件的时间和价格。

6）资格预审申请文件递交的截止日期、地点和负责人姓名；向所有参加资格预审的潜在投标人发出资格预审通知书的时间。

（3）资格预审文件。由招标人组织有关专业人员或委托招标代理机构编制，主要包括以下内容：

1）总则，包括工程招标人名称、资金来源、工程概况等。

2）要求潜在投标人就提供的资格和证明，主要包括申请人的身份及组织机构，管理和执行本合同所配备主要人员资历和经验、执行本合同拟采用的主要施工机械设备情况、财务状况等。

3）资格预审通过的强制性标准，如强制性财务、人员、设备、分包、诉讼等。

4）对联合体提交资格预审申请的要求。

5）对通过资格预审潜在招标人所建议的分包人的要求。

6）资格预审申请表格式及要求。

7）其他规定，主要有递交资格预审申请书的份数、送交单位的地址、邮编、电话、传真、负责人、截止日期等。

（4）资格预审评审。由评标委员会负责评审工作，评审委员由招标人组织，参加人员由招标人代表、有关专业技术和财务经济方面的专家等，人数由 5 人以上单数组成。评审分两个阶段进行：第一阶段审查潜在招标人的申请是否对资格预审文件作出实质性的响应，只有作出实质性响应的才能进入下一阶段的审查；第二阶段采用百分制进行评分，总分高于 60 分的潜在投标人才能通过资格预审。

（5）资格后审。对于工期要求紧或不复杂的工程项目，有时采取资格后审的办法进行资格审查。资格后审是在招标文件中加入资格审查内容，投标人在填报投标文件时，按要求填报资格审查资料，评标委员在正式评标前对投标人进行资格审查，合格的进行评标，不合格的不进行评标。

4. 招标文件

（1）招标文件的编制。招标文件的编制是招标准备工作中极为重要的一环。招标文件一方面是提供投标人的投标依据，另一方面是签订合同的基础和构成合同文件的组成部分，因此，招标文件必须完整、系统、准确、明了，使投标人充分了解自己的权益和义务。

招标文件的编制原则如下：

1）应遵守国家的法律、法规。

2）公正处理招标人和承包商的利益，使承包商获取合理的利润。

3）正确、详细地反映工程项目。

4）内容力求统一，避免相互矛盾。

（2）招标文件范本的利用。为了规范招标文件内容和格式，水利部等发布了《水利水电工程施工合同和招标文件示范文本》（GF—2000—0208）（以下简称《范本》），在使用《范本》时，通用条款不须改动，只须对投标人须知、专用合同条款、协议书、工程量清单、投标辅助资料、技术条款等重新进行编制，加上招标图纸即构成一套完整的招标文件。

（3）招标文件的格式和内容。招标文件分为商务文件、技术条款、招标图纸 3 个部分，其中商务文件和技术条款见《范本》，图纸由招标人委托的设计单位提供。

5. 标底

（1）评标标底。评标标底是衡量投标报价合理性的一个尺度或标准，施工招标设有标底的可采用以下其中一种作为标底：

1）招标人组织编制的标底 A。

2）以全部或部分投标人报价的平均值作为标底 B。

3）以标底 A 和标底 B 的加权平均值作为标底。

4）以标底 A 作为确定有效标的标底，以进入有效标的投标人的平均值作为标底。

施工招标未设有标底的，按不低于成本价的有效标进行评审。

（2）标底编制的依据和原则。

1）编制依据。为使标底准确、合理、可靠，编制标底依据以下资料：

a. 招标文件。

b. 施工图或招标图，工程量计算规定。

c. 施工现场水文、地质、交通条件。

d. 施工方案和施工组织设计。

e. 招标文件指定的定额、取费标准和价格调整文件等。

f. 当地的材料市场价格、劳务供求及工资标准。

g. 被批准的设计概算或施工图预算。

2）编制原则。

第一章：说明是按国家和部颁的现行技术标准、定额标准及规范编制。

第二章：项目划分、工程量、施工条件等就与招标文件一致。

第三章：标底应由成本、利润、税金等组成，一般控制在批准的总概算内。

第四章：与市场的实际相吻合，有利于竞争和保证工程质量。

第五章：一个招标项目只有一个标底。

3）标底编制的程序和方法。

a. 熟悉工程项目的招标文件。

b. 了解市场信息和现场施工条件。

c. 确定基础价格，包括：人工单价，材料预算价格，电、风、水价格，砂、石料价格，施工机械台班费等。

4）计算工程单价。工程单价由直接工程费、间接费、企业利润、税金组成，计算的主要方法有定额法、实物量法、直接填入法等。

5）摊临时工程费用编制综合单价。有些招标文件没有列出临时工程项目，应按施工组织确定的临时工程的项目和数量，将费用分摊到相关的工程单价内，形成综合单价。

6）计算汇兑形成标底文件。标底文件包括下列内容：

a. 编制单位名称、编制人员及专业证书号。

b. 综合说明。

c. 标底汇总表。

d. 标底计算辅助资料。

（二）投标

1. 投标前的准备工作

（1）设置机构、人员。为适应投标竞争的需要，施工企业必须建立适当的机构，专门从事投标工作，并配备一支精干的专业队伍，人员包括建筑、安装工程技术人员，预算、财务和熟悉经营、物资供应的人员。

（2）寻找投标对象。寻找投标对象是施工企业经营管理的重要任务，要尽可能地招揽到足够的工程任务，才能保持持续、稳定的生产和利润。寻找投标对象的途径有以下几个：

1）运用各种宣传手段，介绍本企业的全面情况，主动提供给招标单位了解。

2）纵、横向联系，了解拟开工的基本建设项目。

3）查找报刊、杂志上的招标广告。

4）通过专门从事招标业务的公司获取招标信息。

（3）研究招标文件。投标前要仔细了解招标单位的条件和要求，认真研究招标文件内容，搞清工程的性质、规模、质量标准、结构特点、设计深度、工程复杂程度、图纸资料的完整性及询问清楚招标文件中存在的凝点，认真审查合同条款，提出难以接受的作为报价的先决条件。

（4）分析建设单位情况。对建设单位的资金、主要材料落实情况以及负责人的能力、态度和对发包工程所采取的方针进行全面了解。

（5）分析竞争对手情况。施工单位在决定参加工程项目投标前，要全面了解参加该项目投标企业的实力和信誉，特别是主要竞争对手的人力、物力、财政状况、管理水平、队伍作风、报价动向、惯用标准，做到知己知彼、扬长避短，决定自己的投标策略。

（6）搜集各种信息资料。搜集的资料包括本企业以外的各种信息，包括投资方向、招标信息、建筑市场情况、资金渠道、建设单位和设计单位对承包商的协作情况、竞争对手情况、招标单位倾向性、工程自然条件、施工环境、材料供应、交通状况、价格变动趋势等，以及本企业内部的潜力、任务饱满度、可能投入的施工力量、完成同类工程的技术经济指标、施工经验、定额资料、现有装备、拟配备的新设备情况、采用新技术的可能性等。

2. 投标程序

（1）报名、提交资格预审材料。施工单位一旦选定了适合本企业的投标对象，要在规定的期限内提交投标申请，表明自己的投标意向并提供本企业各方面的详细材料，介绍情况，有可能的邀请招标单位实地考查自己的企业和业绩，让招标单位充分了解本企业的情况，为资格预审的顺利通过打好基础。

（2）购买标书。施工企业接到招标邀请书，说明已通过投标资格预审，凭邀请书按指定时间、地点和手续购买招标文件。

（3）熟悉招标文件和施工现场。购买招标文件后，要组织人员对其进行全面研究分析，结合现场查看，摸清并收集工程有关的自然地理、技术、经济资料，积极参加招标文件解答会议，解除招标文件中的疑问，为编标打下基础。

（4）编制投标文件。投标文件又称标书，是招标者要求投标单位递交的正式文件，是评标、决标的主要依据，也是企业在竞争性投标中获胜的关键。

1）标书编制的原则。

a. 严格按招标文件要求认真、全面地填写各种表格和数据。

b. 对招标文件不清楚的可要求招标单位解释清楚，对不能接受的条款，可作为附加条件提出，供评标时参考。

c. 施工方案、技术措施、进度安排、总体布置，要先进、合理，有利于提高质量、确保工期、降低成本和安全施工。

d. 报价要合理，套用的定额、单价、费率要符合实际，避免报价失误。

e. 要准确计算工程量，对招标文件中存在的计量错误，以书面形式提出，请招标人认可。

f. 文字表达清楚，数据准确，图纸符合规范。

g. 一经确定，就不能随意更改，在允许的时间内发现问题更改时，须经主管核准并盖章。

2）标书的组成及内容。标书是指参加投标而编制的所有文件，除正文外，还有补充文件和附件，其中报送招标单位 1 份，清楚注明"正本"，其余为"副本"，以"正本"为准。

标书常按招标单位编制的统一标书格式，一般内容包括：

a. 综合说明。

b. 投标报价。

c. 工程质量。

d. 工程开竣工日期、交付使用日期。

e. 施工组织设计及工程形象进度。

f. 主体工程施工方法，主要机械设备。

g. 要求招标单位提供的配合条件。

3）标书的编制步骤。

a. 核算和计算工程量。

b. 编制分部工程单价表。

c. 间接费的测算。

d. 资金占用和利息分析。

e. 不可预见因素的考虑。

f. 利润率的确定。

g. 确定基础报价。

h. 确定报价方案。

（5）报送标书及参加开标会。标书编制结束并封存完好，按招标文件规定的投标最晚时间交招标单位，按招标要求的时间、地点派人参加开标会议，参加人员除宣读投标书外还要及时、准确地回答招标单位的有关问题。

（6）中标及签订合同。通过评标、议标，招标单位对中标单位发出中标通知，中标单位应抓紧研究合同条款，按期前去签订承包合同，经过进一步的谈判，把以前的一些协议具体化，争取合同条款公平合理，在充分一致的基础上，双方签署正式协议书。

五、环境监理制

环境监理的根本目的在于：①实现工程建设项目环保目标；②落实环境保护设施与措施，防止环境污染和生态破坏；③满足工程竣工环境保护验收要求。

对环境监理单位则要求必须在施工现场对污染防治和生态保护的情况进行检查，督促各项环保措施落到实处。对未按有关环境保护要求施工的，应责令建设单位限期改正，造成生态破坏的，应采取补救措施或予以恢复。

环境标准分为三类，即国家环境标准、地方环境标准和国家环境污染物排放标准。

国家环境标准包括国家环境质量标准、国家污染物排放标准、国家环境监测方法标准、国家环境标准样品标准和国家环境基础标准。

地方环境标准包括地方环境质量标准和地方污染物排放标准。地方污染物排放标准要严于国家污染物排放标准。

国家环境污染物排放标准由综合标准和行业标准组成。执行污染物排放标准的原则是先地方后国家、先行业后综合。

环境监理的事实依据包括：环境监测数据；物料衡算数据；排污申报登记数据；现场调查取得的有法律效力的人证和物证。

第三节 三 项 控 制

一、施工进度控制

施工进度控制是影响工程项目建设目标实现的关键因素之一。其控制的总任务是在满足工程项目建设总进度计划要求的基础上，编制或审核施工进度计划，对其执行情况进行动态控制与调整，以保证工程项目按期实现控制的目标。

影响施工进度的因素很多，有人的因素、设备材料因素、技术因素、资金因素、工程水文地质因素、气象因素、环境因素、社会环境因素等。归纳起来在工程施工项目上有以下具体表现：

（1）为满足业主使用要求的设计变更。

（2）业主提供的施工场地不满足施工要求。

（3）勘察资料不准确。

（4）设计、施工中采用的技术及工艺不合理。

（5）不能及时提供设计图纸或图纸不配套。

（6）施工场地水、电供应发生困难。

（7）材料供应不及时和相关专业不协调。

（8）各专业、工序交接有矛盾、不协调。

（9）社会环境干扰。

（10）出现质量事故时的停工调查。

（11）业主资金供应不及时。

（12）突发事件的影响等。

（一）施工进度的控制方法

施工项目进度控制是工程项目进度控制的主要环节，常用的控制方法有横道图控制法、S形曲线控制法、"香蕉"曲线比较法等。

1. 横道图控制法

横道图控制法是在项目过程实施中，收集检查实际进度的信息，经整理后直接用横道线表示，并直接与原计划的横道线进行比较。

2. S形曲线控制法

S形曲线是一个以横坐标表示时间、纵坐标表示工作量完成情况的曲线。该工作量的具体内容可以是实物工程量、工时消耗或费用，也可以是相对的百分比。对于大多数工程项目来说，在整个项目实施期内单位时间（以天、周、月、季等为单位）的资源消耗（人、财、物的消耗），通常是中间多而两头少。由于这一特性，资源消耗累加后便形成一条中间陡而两头平缓的形如S的曲线。

像横道图一样，S形曲线也能直观地反映工程项目的实际进展情况。项目进度控制工程师事先绘制进度计划的S形曲线。在项目施工过程中，每隔一定时间按项目实际进度情况绘制完工进度的S形曲线，并与原计划的S形曲线进行比较。

3. "香蕉"曲线比较法

"香蕉"曲线是由两条以同一开始时间、同一结束时间的S形曲线组合而成。其中，一条S形曲线是工作按最早开始时间安排进度所绘制的S形曲线，简称ES曲线；而另一条S形曲线是工作按最迟开始时间安排进度所绘制的S形曲线，简称LS曲线。除了项目的开始和结束点外，ES曲线在LS曲线的上方，同一时刻两条曲线所对应完成的工作量是不同的。在项目实施过程中，理想的状况是任一时刻的实际进度在这两条曲线所包区域内的曲线。

（二）进度计划实施中的调整方法

1. 分析偏差对后续工作及工期的影响

当进度计划出现偏差时，需要分析偏差对后续工作产生的影响。分析的方法主要是利用网络计划中工作的总时差和自由时差来判断。工作的总时差（TF）不影响项目工期，但影响后续工作的最早开始时间，是工作拥有的最大机动时间；而工作的自由时差是指在不影响后续工作的最早开始时间的条件下，工作拥有的最大机动时间。利用时差分析进度计划出现的偏差，可以了解进度偏差对进度计划的局部影响（后续工作）和对进度计划的总体影响（工期）。

2. 进度计划实施中的调整方法

进度调整的方法主要有以下两种：

（1）改变工作之间的逻辑关系。这种方式主要是通过改变关键线路上工作之间的先后顺序、逻辑关系来实现缩短工期的目的。采取这种方式进行调整时，由于增加了工作之间的相互搭接时间，进度控制工作显得更加重要，实施中必须做好协调工作。

（2）改变工作延续时间。这种方式与改变工作之间的逻辑关系方式不同，它主要是对关键线路上工作本身的调整，工作之间的逻辑关系并不发生变化。这种调整方式通常在网络计划图上直接进行，其调整方法与限制条件以及对后续工作的影响程度有关，一般可考虑以下3种情况：

1）在网络图中，某项工作进度拖延，但拖延的时间在该工作的总时差范围内、自由时差以外。若用 Δ 表示此项工作拖延的时间，即

$$FF < \Delta < TF$$

根据前面的分析，这种情况不会对工期产生影响，只对后续工作产生影响。因此，在进行调整前，要确定后续工作允许拖延的时间限制，并作为进度调整的限制条件。

2）在网络图中，某项工作进度的拖延时间大于项目工作的总时差，即

$$\Delta > TF$$

这时该项工作可能在关键线路上（TF＝0）；也可能在非关键线路上，但拖延的时间超过了总时差（$\Delta > TF$）。调整的方法是，以工期的限制时间作为规定工期，对未实施的网络计划进行工期-费用优化。通过压缩网络图中某些工作的持续时间，使总工期满足规定工期的要求。

3）在网络图中，某项工作进度拖延，但拖延的时间在该工作的总时差范围内、自由时差以外。若用 △ 表示此项工作拖延的时间，即

$$FF < \triangle < TF$$

根据前面的分析，这种情况不会对工期产生影响，只对后续工作产生影响。因此，在进行调整前，要确定后续工作允许拖延的时间限制，并作为进度调整的限制条件。

二、施工成本控制

施工成本指施工过程中所发生的全部生产费用的总和，具体包括人工费、材料费、机械使用费、其他直接费用和施工企业管理费用等间接费用。施工成本是项目总成本的主要组成部分。

施工成本管理是施工生产过程中以降低工程成本为目标，对成本的形成所进行的预测、计划、控制、核算、分析等一系列管理工作的总称。施工成本是施工过程工作质量的综合性指标，反映着企业生产经营管理活动各个方面的工作成果。

（一）施工成本控制的基础工作

（1）定额管理工作。

（2）计量检验工作。

（3）原始记录工作。

（4）内部价格工作。

（5）编制施工预算。

（二）编制成本计划

编制程序首先根据施工任务和降低成本指标，收集、整理所需要的资料。然后以计划部门为主，财务部门配合，对上述资料进行研究分析，比先进，找差距，挖掘企业潜力，提出降低成本的目标。再由技术生产部门会同有关部门共同研究，提出降低成本的技术组织措施计划，会同行政部门，根据人员定额和费用开支范围编制管理费用计划。在此基础上，由计划财务部门会同有关部门编出降低成本计划。

降低工程成本的措施一般包括以下内容：

（1）加强施工生产管理，合理组织施工生产，正确选择施工方案，进行现场施工成本控制，降低工程成本。

（2）提高劳动生产率。

（3）节约材料物资。

（4）提高机械设备利用率和降低机械使用费。

（5）节约施工管理费。

（6）加强技术质量管理，积极推行新技术、新结构、新材料、新工艺。

（三）施工成本因素分析

工程成本分析就是通过对施工过程中各项费用的对比与分析，揭露存在问题，寻找降低工程成本的途径。

影响工程成本的因素很多，主要因素有产量变化、劳动生产率变动、机械利用率、资

源能源利用率、工程质量、技术措施、管理水平等。下面就主要工程技术经济指标变动对工程成本的影响作简要分析。

1. 产量变动对工程成本的影响

工程成本一般可分为变动成本和固定成本两部分。由于固定成本不随产量变化，因此，随着产量的提高，各单位工程所分摊的固定成本将相应减少，单位工程成本也就会随产量的增加而有所减少，即

$$D_Q = R_Q C \qquad (6-1)$$

式中 R_Q——因产量变动而使工程成本降低的数额，简称成本降低额；

C——原工程总成本。

2. 劳动生产率变动对工程成本的影响

提高劳动生产率，是增加产量、降低成本的重要途径。在分析劳动生产率的影响时，还须考虑人工平均工资增长的影响。

3. 资源、能源利用程度对工程成本的影响

影响资源、能源费用的因素主要是用量和价格两个方面。就企业角度而言，降低耗用量（当然包含损耗量）是降低成本的主要方面。

$$R_L = \left(1 - \frac{1+\Delta W}{1+\Delta L}\right) W_0 \qquad (6-2)$$

式中 R_L——由于劳动生产率（含工资增长）变动而使成本降低的成本降低率；

ΔW——平均工资增长率；

ΔL——劳动生产率增长率；

W_0——人工费占总成本的比例。

4. 机械利用率变动对工程成本的影响

机械利用率变动对工程成本的影响，可直接利用式（6-1）和式（6-2）分析。

为便于随时测定，也可用下式计算，即：

$$R_T = \left(1 - \frac{1}{P_T}\right) W_d \qquad (6-3)$$

$$R_p = \frac{P_p - 1}{P_T P_p} W_d \qquad (6-4)$$

式中：R_T、R_p——机械作业时间和生产能力变动引起的单位成本降低率；

P_T、P_p——机械作业时间的计划完成率和生产能力计划完成率；

W_d——固定成本占总成本比例。

5. 工程质量变动对工程成本的影响

质量提高，返工减少，既能加快施工速度，促进产量增加，又能节约材料、人工、机械和其他费用消耗，从而降低工程成本。

水利水电工程虽不设废品等级，但对废品存在返工、修补、加固等要求。一般用返工损失金额来综合反映工程成本的变化。

6. 技术措施变动对工程成本的影响

在施工过程中，施工企业应尽力发挥潜力，采用先进的技术措施，这不仅是企业发展的需要，也是降低工程成本最有效的手段。

7. 施工管理费变动对工程成本的影响

施工管理费在工程成本中占有较大的比例，如能注意精简机构，提高管理工作质量和效率，节省开支，对降低工程成本也具有很大的作用。

（四）工程成本综合分析

工程成本综合分析，就是从总体上对企业成本计划执行的情况进行较为全面、概略地分析。在经济活动分析中，一般把工程成本分为 3 种，即预算成本、计划成本和实际成本。

（1）预算成本。一般为施工图预算所确定的工程成本；在实行招标承包工程中，一般为工程承包合同价款减去法定利润后的成本，因此又称为承包成本。

（2）计划成本。是在预算成本的基础上，根据成本降低目标，结合本企业的技术组织措施计划和施工条件等所确定的成本。它是企业降低生产消耗费用的奋斗目标，也是企业成本控制的基础。

（3）实际成本。是指企业在完成建筑安装工程施工中实际发生费用的总和。它是反映企业经济活动效果的综合性指标。计划成本与预算成本之差即为成本计划降低额，实际成本与预算成本之差即为成本实际降低额。将实际成本降低额与计划成本降低额比较，可以考察企业降低成本的执行情况。

工程成本的综合分析，一般可分为以下 3 种情况：①实际成本与计划成本进行比较，以检查完成降低成本计划情况和各成本项目降低和超支情况；②企业间各单位之间进行比较，从而找出差距；③本期与前期进行比较，以便分析成本管理的发展情况。

在进行成本分析时，既要看成本降低额，又要看成本降低率。成本降低率是相对数，便于进行比较。可看出成本降低水平。

（五）施工成本控制的方法

施工成本控制的目的是为了确保施工成本目标的实现，合理地确定施工项目成本控制目标值，包括项目的总目标值、分目标值、各细目标值。在确定施工成本控制目标时，应有科学的依据。

工程项目的施工成本控制目标，要允许对脱离实际的既定施工成本控制目标进行必要的调整，但调整并不意味着可以随意改变项目施工成本控制的目标值，而必须按照有关的规定和程序进行。

三、施工质量管理

（一）施工质量管理的任务

施工质量管理的中心任务是要通过建立健全有效的质量监督工作体系来确保工程质量达到合同规定的标准和等级要求。根据工程质量形成的时间阶段，施工质量管理又可分为质量的事前控制、事中控制和事后控制。其中，工作的重点应是质量的事前控制。

1. 质量的事前控制

（1）确定质量标准，明确质量要求。

（2）建立本项目的质量监理控制体系。

（3）施工场地质检验收。

（4）建立完善质量保证体系。

（5）检查工程使用的原材料、半成品。

（6）施工机械的质量控制。

（7）审查施工组织设计或施工方案。

2. 质量的事中控制

（1）施工工艺过程质量控制。现场检查、旁站、量测、试验。

（2）工序交接检查。坚持上道工序不经检查验收不准进行下道工序的原则，检验合格后签署认可才能进入下道工序。

（3）隐蔽工程检查验收。

（4）做好设计变更及技术核定的处理工作。

（5）工程质量事故处理。分析质量事故的原因、责任；审核、批准处理工程质量事故的技术措施或方案；检查处理措施的效果。

（6）进行质量、技术鉴定。

（7）建立质量监理日志。

（8）组织现场质量协调会。

3. 质量的事后控制

（1）组织工程试运行。

（2）组织单位、单项工程竣工验收。

（3）组织对工程项目进行质量评定。

（4）审核竣工图及其他技术文件资料，搞好工程竣工验收。

（5）整理工程技术文件资料并编目建档。

（二）施工质量管理的基本方法

1. 施工质量管理的工作程序

工程项目施工过程中，为了保证工程施工质量，应对工程建设对象的施工生产进行全过程、全面的质量监督、检查与控制，即包括事前的各项施工准备工作质量控制、施工过程中的控制以及各单项工程及整个工程项目完成后对建筑施工及安装产品质量的事后控制。

2. 施工质量管理的途径

在施工过程中，质量控制主要是通过审核有关文件、报表以及进行现场检查及试验这两条途径来实现的。

（1）审核有关技术文件、报告或报表。

1）审查进入施工单位的资质证明文件。

2）审查开工申请书，检查、核实与控制其施工准备工作质量。

3）审查施工方案、施工组织设计或施工计划，保证工程施工质量的技术组织措施。

4）审查有关材料、半成品和构配件质量证明文件（出厂合格证、质量检验或试验报告等），确保工程质量有可靠的物质基础。

5）审核反映工序施工质量的动态统计资料或管理图表。

6）审核有关工序产品质量的证明文件（检验记录及试验报告）、工序交接检查（自检）、隐蔽工程检查、分部分项工程质量检查报告等文件、资料，以确保并控制施工过程的质量。

7）审查有关设计变更、修改设计图纸等，确保设计及施工图纸的质量。

8）审核有关应用新技术、新工艺、新材料、新结构等的应用申请报告后，确保新技术应用的质量。

9）审查有关工程质量缺陷或质量事故的处理报告，确保质量缺陷或事故处理的质量。

10）审查现场有关质量技术签证、文件等。

（2）质量监督与检查。现场监督检查的内容如下：

1）开工前的检查。主要是检查开工前准备工作的质量，能否保证正常施工及工程施工质量。

2）工序施工中的跟踪监督、检查与控制。主要是监督、检查在工序施工过程中，人员、施工机械设备、材料、施工方法及工艺或操作以及施工环境条件等是否均处于良好的状态，是否符合保证工程质量的要求，若发现有问题应及时纠偏和加以控制。

3）对于重要的和对工程质量有重大影响的工序，还应在现场进行施工过程的旁站监督与控制，确保使用材料及工艺过程质量。

4）工序的检查、工序交接检查及隐蔽工程检查。在施工单位自检与互检的基础上，隐蔽工程须经监理人员检查确认其质量后才允许加以覆盖。

5）复工前的检查。当工程因质量问题或其他原因停工后，在复工前应经检查认可后，下达复工指令，方可复工。

6）分项、分部工程完成后，应经检查认可后，才可签署中间交工证书。

（3）现场质量检验工作的作用。要保证和提高工程施工质量，质量检验与控制是施工单位保证施工质量的十分重要的、必不可少的手段。质量检验主要有以下作用：

1）它是质量保证与质量控制的重要手段。

2）质量检验为质量分析与质量控制提供了所需依据的有关技术数据和信息。

3）保证质量合格的材料与物资，避免因材料、物资的质量问题而导致工程质量事故的发生。

4）在施工过程中，可以及时判断质量，采取措施，防止质量问题的延续与积累。

5）在某些工序施工过程中，通过旁站监督，在施工过程中采取某些检验手段及所显示的数据，可以判断其施工质量。

（4）现场质量控制的方法。施工现场质量控制的有效方法就是采用全面质量管理。全面质量管理的基本方法可以概括为4个阶段、8个步骤和7种工具。

1）4个阶段。质量管理过程可分成4个阶段，即计划、执行、检查和措施，简称PDCA循环。PDCA循环的特点有3个：①各级质量管理都有一个PDCA循环，形成一个大环套小环，一环扣一环，互相制约、互为补充的有机整体。在PDCA循环中，一般地说，上一级的循环是下一级循环的依据，下一级的循环是上一级循环的落实和具体化；②每个PDCA循环，都不是在原地周而复始运转，而是像爬楼梯那样，每一循环都有新的目标和内容，这意味着质量管理，经过一次循环，解决了一批问题，质量水平有了新的提高；③在 PDCA 循环中，A 是一个循环的关键，这是因为在一个循环中，包括从质量目标计划的制定、质量目标的实施和检查到找出差距和原因。

2）8 个步骤。为了保证 PDCA 循环有效地运转，有必要把循环的工作进一步具体化，一般细分为以下 8 个步骤。

a. 分析现状，找出存在的质量问题。

b. 分析产生质量问题的原因或影响因素。

c. 找出影响质量的主要因素。

d. 针对影响质量的主要因素，制定措施，提出行动计划，并预计改进的效果。

以上 4 个步骤是"计划"阶段的具体化。

e. 质量目标措施或计划的实施，这是"执行"阶段。

在执行阶段，应该按上一步所确定的行动计划组织实施，并给予人力、物力、财力等保证。

f. 调查采取改进措施以后的效果，这是"检查"阶段。

g. 总结经验，把成功和失败的原因系统化、条例化，使之形成标准或制度，纳入到有关质量管理的规定中去。

h. 提出尚未解决的问题，转入到下一个循环。

最后两个步骤属于"措施"阶段。

3）7 种工具。在以上 8 个步骤中，需要调查、分析大量的数据和资料，才能作出科学的分析和判断。

常用的 7 种工具是排列图、直方图、因果分析图、分层法、控制图、散布图、统计分析表等。

（5）施工质量监督控制手段。施工质量监督控制，一般可采用以下几种手段。

1）旁站监督。

2）测量。

3）试验。

4）指令文件。

（6）规定的质量监控程序。

（三）质量事故原因分析

1. 常见的工程质量事故发生的原因

常见的工程质量事故发生的原因归纳起来主要有以下几方面：

（1）违背基本建设规律。基本建设程序是工程项目建设过程及其客观规律的反映，但有些工程不按基建程序建设。

（2）地质勘察原因。诸如未认真进行地质勘察或勘探时钻孔深度、间距、范围不符合规定要求，地质勘察报告不详细、不准确、不能全面反映实际的地基情况等，从而使得或地下情况不清，或对基岩起伏分布误判等，它们均会导致采用不恰当或错误的基础方案，造成地基不均匀沉降、失稳，使上部结构或墙体开裂、破坏，或引发建筑物倾斜、倒塌等质量事故。

（3）对不均匀地基处理不当。对软弱土、杂填土、冲填土、大孔性土或湿陷性黄土、膨胀土、红黏土、岩溶、土洞、岩层出露等不均匀地基未进行处理或处理不当也是导致重大事故的原因。必须根据不同地基的特点，从地基处理、结构措施、防水措施、施工措施等方面综合考虑，加以治理。

（4）设计计算问题。诸如盲目套用图纸，采用不正确的结构方案，计算简图与实际受力情况不符，荷载取值过小，内力分析有误，沉降缝或变形缝设置不当，悬挑结构未进行抗倾覆验算，以及计算错误等，都是引发质量事故的隐患。

（5）建筑材料及制品不合格。

（6）施工与管理问题。

（7）自然条件影响。空气温度、湿度、暴雨、风、浪、洪水、雷电、日晒等均可能成为质量事故的诱因，施工中应特别注意并采取有效的措施预防。

2. 质量事故原因分析

由于影响工程质量的因素众多，所以引起质量事故的原因也错综复杂，应对事故的特征表现，以及事故条件进行具体分析。

工程质量事故原因分析可概括为以下的方法和步骤：

（1）对事故情况进行细致的现场调查研究，充分了解与掌握质量事故或缺陷的现象和特征。

（2）收集资料（如施工记录等），调查研究，摸清质量事故对象在整个施工过程中所处的环境及面临的各种情况。

（3）分析造成质量事故的原因。根据对象质量事故的现象及特征，结合施工过程中的条件，进行综合分析、比较和判断，找出造成质量事故的主要原因。对于一些特殊、重要的工程质量事故，还可能进行专门的计算、试验验证，分析其原因。

（四）质量事故处理

1. 施工质量事故处理程序

（1）当出现施工质量缺陷或事故后，应停止有质量缺陷部位及其有关部位及下道工序施工，需要时，还应采取适当的防护措施。同时，要及时上报主管部门。

（2）进行质量事故调查，主要目的是要明确事故的范围、缺陷程度、性质、影响和原因，为事故的分析处理提供依据。调查力求全面、准确、客观。

（3）在事故调查的基础上进行事故原因分析，正确判断事故原因。事故原因分析是确定事故处理措施方案的基础。正确的处理来源于对事故原因的正确判断。只有对调查提供的充分的调查资料、数据进行详细、深入的分析后，才能由表及里、去伪存真，找出造成事故的真正原因。

（4）研究制定事故处理方案。事故处理方案的制定应以事故原因分析为基础。如果某些事故一时认识不清，而且事故一时不致产生严重的恶化，可以继续进行调查、观测，以便掌握更充分的资料数据，做进一步分析，找到原因，以利制定方案。

（5）按确定的处理方案对质量缺陷进行处理。

（6）在质量缺陷处理完毕后，应组织有关人员对处理结果进行严格的检查、鉴定和验收。

2. 事故处理方案的确定

一般的质量事故处理，必须具备以下资料：

（1）施工质量事故有关的施工图。

（2）与施工有关的资料、记录。

（3）事故调查分析报告。

3. 质量事故处理的鉴定验收

事故处理的质量检查鉴定，应严格按施工验收规范及有关标准的规定进行，必要时还应通过实际量测、试验和仪表检测等方法获取必要的数据，才能对事故的处理结果作出确切的检查结论和鉴定结论。

第四节 施 工 安 全 管 理

施工安全管理是施工企业全体职工及各部门同心协力，把专业技术、生产管理、数理统计和安全教育结合起来，为达到安全生产目的而采取各种措施的管理。

一、安全管理的内容

（1）建立安全生产制度。

（2）贯彻安全技术管理。

（3）坚持安全教育和安全技术培训。

（4）组织安全检查。

（5）进行事故处理。

二、安全生产责任制

1. 安全生产责任制的含义

安全生产责任制是根据"管生产必须管安全""安全工作、人人有责"的原则，以制度的形式，明确规定各级领导和各类人员在生产活动中应负的安全职责。

2. 责任制的制定和考核

施工现场项目经理是项目安全生产第一责任人，对安全生产负全面的领导责任。施工现场从事与安全有关的管理、执行和检查人员，特别是独立行使权力开展工作的人员，应规定其职责、权限和相互关系，定期考核。

3. 安全生产目标管理

施工现场应实行安全生产目标管理，制定总的安全目标，如伤亡事故控制目标、安全达标、文明施工目标等。制定达标计划，将目标分解到人，责任落实到人，考核到人。

4. 安全技术操作规程

施工现场要建立、健全各种规章制度，除安全生产责任制，还有安全技术交底制度、安全宣传教育制度、安全检查制度、安全设施验收制度、伤亡事故报告制度等。

5. 施工现场安全管理网络

施工现场要建立以项目经理为组长、由各职能机构和分包单位负责人和安全管理人员参加的安全生产管理小组，组成自上而下覆盖各单位、各部门、各班组的安全生产管理网络。

三、安全生产检查

1. 安全检查内容

施工现场应建立各级安全检查制度，工程项目部在施工过程中应组织定期和不定期的安全检查。主要是查思想、查制度、查教育培训、查机械设备、查安全设施、查操作行为、查劳保用品的作用、查伤亡事故处理等。

2. 安全检查的要求

（1）各种安全检查都应该根据检查要求配备力量。

（2）每种安全检查都应有明确的检查目的和检查项目、内容及标准。

（3）检查记录是安全评价的依据，因此要认真、详细。特别是对隐患的记录必须具体，如隐患的部位、危险性程度及处理意见等。

（4）安全检查需要认真地、全面地进行系统分析，定性、定量地进行安全评价。

（5）整改是安全检查工作重要的组成部分，是检查结果的归宿。整改工作包括隐患登记、整改、复查、销案。

3. 施工安全文件编制要求

施工安全管理的有效方法按照水利水电工程施工安全管理的相关标准、法规和规章，编制安全管理体系文件。施工安全文件编制有以下要求：

（1）安全管理目标应与企业的安全管理总目标协调一致。

（2）安全保证计划应围绕安全管理目标，将要素用矩阵图的形式，按职能部门（岗位）进行安全职能各项活动的展开和分解，依据安全生产策划的要求和结果，对各要素在本现场的实施提出具体方案。

（3）体系文件应经过自上而下、自下而上的多次反复讨论与协调，以提高编制工作的质量，并按标准规定由上报机构对安全生产责任制、安全保证计划的完整性和可行性、工程项目部满足安全生产的保证能力等进行确认，建立并保存确认记录。

（4）安全保证计划应送上级主管部门备案。

（5）配备必要的资源和人员，首先应保证适应工作需要的人力资源，适宜而充分的设施、设备，以及综合考虑成本、效益和风险的财务预算。

（6）加强信息管理、日常安全监控和组织协调。

（7）由企业按规定对施工现场安全生产保证体系运行进行内部审核，验证和确认安全生产保证体系的完整性、有效性和适合性。

为了有效、准确、及时地掌握安全管理信息，可以根据项目施工的对象、特点要求，编制安全检查表。

4. 检查和处理

（1）检查中发现隐患应该进行登记，作为整改备查依据，提供安全动态分析信息。

（2）安全检查中查出的隐患除进行登记外，还应发出隐患整改通知单。

（3）对于违章指挥、违章作业行为，检查人员可以当场指出，进行纠正。

（4）被检查单位领导对查出的隐患，应立即研究整改方案，按照"三定"原则（即定人、定期限、定措施），立即进行整改。

（5）整改完成后要及时报告有关部门。

四、安全生产教育

1. 安全教育的内容

（1）新工人（包括合同工、临时工、学徒工、实习和代培人员）必须进行公司、工地和班组的三级安全教育。教育内容包括安全生产方针、政策、法规、标准及安全技术知识、设备性能、操作规程、安全制度、严禁事项及本工种的安全操作规程。

（2）电工、焊工、架工、司炉工、爆破工、机操工及起重工、打桩机和各种机动车辆司机等特殊工种工人，除进行一般安全教育外，还要经过本工种的专业安全技术教育。

（3）采用新工艺、新技术、新设备施工和调换工作岗位时，对操作人员进行新技术、新岗位的安全教育。

2. 安全教育的种类

（1）安全法制教育。

（2）安全思想教育。

（3）安全知识教育。

（4）安全技能教育。

（5）事故案例教育。

3. 特种作业人员培训

根据国家经济贸易委员会《特种作业人员安全技术培训考核管理办法》的规定，特种作业是指容易发生人员伤亡事故，对操作者本人、他人及周围设施的安全有重大危害的作业。对从事这些作业的人员必须进行专门培训和考核。与建筑业有关的主要种类如下：

（1）电工作业。

（2）金属焊接切割作业。

（3）起重机械（含电梯）作业。

（4）企业内机动车辆驾驶。

（5）登高架设作业。

（6）压力容器操作。

（7）爆破作业。

4. 安全生产的经常性教育

施工企业在做好新工人入场教育、特种作业人员安全生产教育和各级领导干部、安全管理干部的安全生产培训的同时，还必须把经常性的安全教育贯穿于管理工作的全过程，并根据接受教育对象的不同特点，采取多层次、多渠道和多种方法进行。

第七章 管 理 体 制

第一节 水 利 工 程 管 理

一、概述

水利工程的运用、操作、维修和保护工作是水利管理的重要组成部分。水利工程建成后，必须通过有效的管理，才能实现预期的效果和验证原来规划、设计的正确性。工程管理的基本任务是保持工程建筑物和设备的完整、安全，经常处于良好的技术状况；正确运用工程设备，以控制、调节、分配、使用水源，充分发挥其防洪、灌溉、供水、排水、发电、航运、水产、环境保护等效益；正确操作闸门启闭和各类机械、电机设备，提高效率，防止事故；改善经营管理，不断更新改造工程设备和提高管理水平。主要工作内容：①开展水利工程检查观测；②组织进行水利工程养护修理；③运用工程进行水利调度；④更新工程设备，适当进行技术改造。工作方法是：①制订和贯彻有关水利工程管理的行政法规；②制定、修订和执行技术管理规范、规程，如工程检查观测规范、工程养护修理规范、水利调度规程、闸门启闭操作规程等；③建立、健全各项工作制度，据以开展管理工作，主要工作制度有计划管理制度、技术管理制度、经济管理制度、财务管理制度、器材管理制度和安全保卫制度等。

水利工程种类多，其作用和所处的客观环境互不相同，管理内容、管理方法也都有自己的特点，现主要介绍如下。

二、水库管理

水库是调节径流的工程。水库管理的突出重点是做好大坝安全管理工作，防止溃坝而造成严重后果。水库效益是通过水库调度实现的。在水库调度中，要坚持兴利服从安全的原则。水库的兴利调度要权衡轻重缓急，考虑多方面需要，如工、农业和城市供水、水力发电、改善通航条件、发展水库渔业以及维护生态平衡和水体自净能力等需要。为了充分发挥水库的综合效益，在水库调度中，需要进行许多技术工作（如水库调度图、水库预报调度、水库群调度）。多泥沙河流上的水库调度，为了减少库区淤积、延长水库寿命，还需要进行水库泥沙观测和专门研究水沙调度问题。

三、水闸管理

水闸是用以挡水，控制过闸流量，调节闸上、下游水位的低水头水工建筑物，有节制闸、分洪闸、进水闸、排水闸、冲沙闸和挡潮闸等类。发挥水闸的作用是通过水闸调度实现的。水闸管理中最常见的问题是：过闸流量的测定不准确，闸门启闭不灵，闸门漏水、锈蚀和腐蚀，闸基渗漏和变形，闸上下游冲刷和淤积等。为保持水闸的正常运用，需要做好技术管理工作：①率定闸上下游水位、闸门开度与过闸流量之间的关系，保证过闸流量的测读准确性；②进行泄流观测和其他各种水工观测；③按规章制度启闭闸门；④按规章制度进行闸门启闭设备、闸室消能工程和水工建筑物的养护修理；⑤靠动力启闭的水闸，必须有备用的动力机械设备或电源。

四、堤防管理

堤防是约束水流的挡水建筑物，特点是堤线长、穿堤涵闸、管线等与堤身结合部容易形成弱点，土堤所占比例较大，河道堤防往往由于河势变化而形成险工，堤身内部往往存在隐患。堤防管理的中心任务就是防备出险和决口。管理工作的特点是：①堤防与相对应的河道由一个机构统一管理并实行分段管理；②进行堤防外观检查测量和必要的河道观测，根据堤身变形和河势变化及时采取堤防的加固除险措施；③有计划地开展堤坝隐患探测，发现隐患及时处理；④堤防养护除工程措施外，生物措施往往更经济有效，如绿化堤坡代替护坡、护堤地营造防浪林等；⑤汛期组织防汛队伍准备抢险料物以应急需等。

五、引水工程管理

引水工程的作用是把天然河、湖或水库中可以调出的水输送到需要的地点。引水线路有的利用天然河道，有的是人工开渠或敷设管道，沿线可能有泵站、调节水库以及分水、跌水、平面或立体交叉等建筑物。引水工程建筑物种类和数量多，技术经济关系比较复杂，运行管理任务比较繁重。引水工程特有的管理工作主要是：①对来水、用水情况进行分析预测；②按照需要与可能统筹安排，有计划地引水、输水和分配水，并做好计量管理工作；③设法降低输水损失，提高输水效率；④提水泵站要设法降低能源消耗；⑤采取有效措施，防止沿线水源污染，以满足用户的水质要求；⑥工程设施的养护维修。

六、灌溉工程管理

灌溉工程管理是灌溉管理工作实现灌溉节水高产目标的物质基础。灌溉工程一般包括水源工程、渠道和渠系建筑物三部分。其管理要点分别如下：

1. 水源工程

水源工程包括水库、拦河闸坝和引水渠首。水源工程的管理实际上也就是水库、水闸的管理。渠首工程还包括泵站和机电井，其管理特点是水泵、动力设备的操作、检修工作量所占比例较大。

2. 渠道

渠道一般分干渠、支渠、斗渠、农渠、毛渠五级，视灌区规模大小而异。灌溉渠道是一个系统，较大灌区的渠道需要按渠道的性质和自然条件，因地制宜分级管理，适当划分各级管理的范围和权限，制定各级渠道的检查养护制度，开展正常管理工作。渠道管理的主要任务是保持输水能力和降低输水损失。

3. 渠系建筑物

渠系建筑物种类繁多，有节制闸、进水闸、分水闸、冲沙闸、退水闸、渡槽、跌水、倒虹吸管、隧洞、涵管、桥梁和量水建筑物等。需要针对各类建筑物的不同功能、结构型式和所处的不同环境，制定规程、规范，进行检查养护和操作运用。渠系是一个整体，渠系建筑物的运用必须服从统一调度安排。

第二节 云南省水利管理体制改革

新中国成立以来，云南省兴建了一大批水利工程，为全省经济社会发展、生态环境保护、抗御水旱灾害、维护社会稳定发挥了重要作用。但是，随着云南省社会经济的发展和市场经济体制的逐步形成，水利工程管理中存在的问题也日趋突出，水利工程管理体制不顺、职能不清、权责不明；水利工程管理单位（以下简称"水管单位"）事企不分、机制不活、管理粗放；水利工程运行管理和维修养护经费不足；供水价格形成机制不合理。这些问题导致云南省投入巨资修建的大量水利工程老化失修、效益衰减，影响了水利工程的安全运行。因此，加快推进云南省水管体制改革（以下简称水管体制改革）势在必行。

为保证云南省水利工程的安全运行，充分发挥水利工程的效益，促进水资源的可持续利用，保障经济社会的可持续发展，根据国务院办公厅转发的《国务院体改办关于水利工程管理体制改革实施意见的通知》（国办发〔2002〕45号），结合云南省实际，就水管体制改革制定了以下实施方案。

一、水管体制改革的指导思想、原则和目标任务

1. 指导思想

坚持解放思想，实事求是，与时俱进，按照社会主义市场经济的要求，积极探索各种有效措施，建立科学合理的水利工程管理体制和符合社会主义市场经济规律的水利工程运行机制，为确保水利工程的安全运行和效益的正常发挥，促进水资源可持续利用，保障社会和经济的可持续发展，建立牢固的体制基础。

2. 改革的目标、任务和时间要求

从2003年起用3年左右的时间，初步建立起符合省情、水情和社会主义市场经济要求的水利工程管理体制和运行机制。主要任务是建立和完善职能清晰、权责明确的水利工程分级管理体制；建立管理科学、经营规范的水管单位运行机制；建立市场化、专业化和社会化的水利工程维修养护体系；建立合理的水价形成机制和有效的水费计收方式；建立规范的资金投入、使用、管理与监督机制；建立保障有力、配套完善的政策、法律支撑体系。

全省水管体制改革，按国务院统一部署，根据云南的实际，分三步走：2003年为准备阶段，做好调查研究，完成经费测算，搞好试点，编制本地的改革方案并报经当地政府批准；2004—2005年为实施阶段，各地要认真贯彻，落实《实施方案》，深化内部改革，初步建立起新的管理体制和运行机制，有条件的地区和水管单位较少的地、州、市、县可抓紧布署，提前完成；2006年为总结经验阶段，对改革工作进行全面总结，并进行检查验收。

3. 改革的原则

（1）正确处理水利工程的社会效益与经济效益的关系。既要确保水利工程社会效益的充

分发挥，又要引入市场竞争机制，降低水利工程的运行管理成本，提高管理水平和经济效益。

（2）正确处理水利工程建设与管理的关系。既要重视水利工程建设，又要重视水利工程管理，加大水利管理的投入，建立稳定的投入机制，从根本上解决"重建轻管"问题。

（3）正确处理责、权、利的关系。既要明确政府各有关部门和水管单位的权利和责任，又要在水管单位内部建立有效的约束和激励机制，使管理责任、工作绩效和职工的切身利益紧密挂钩。

（4）正确处理改革、发展与稳定的关系。既要从水利行业的实际出发，大胆探索，勇于创新，又要积极稳妥，充分考虑各方面的承受能力，把握好改革的时机与步骤，确保改革顺利进行。

（5）正确处理近期目标与长远发展的关系。既要努力实现水管体制改革的近期目标，又要确保新的管理体制有利于水资源的可持续利用和生态环境的协调发展。

二、水管体制改革的范围、主要内容和措施

（一）改革的范围

水管体制改革的范围是全省小型及其以上规模已建和在建的国有水利工程。对上述的水利工程至今仍未明确管理机构、落实管理人员和经费，应按照本实施方案的有关规定，及时纳入此次水利工程管理体制改革的范围。

（二）明确权责，规范管理

云南省全省水利工程实行分级负责的管理体制。各级水行政主管部门对辖区内各类水利工程负有行业管理责任，并负责监督检查水利工程的管理养护和安全运行，对直接管理的水利工程负有监督资金使用、资产管理、安全运行和干部任免责任。分级管理的划分原则是：跨县（市、区）级行政区划的水利工程原则上由主要受益区水行政主管部门管理，特殊情况，可由上一级水行政主管部门管理；对同一县（市、区）级行政区划内的小（1）型水库及其以上规模的水利工程由当地水行政主管部门负责管理；小（2）型水库及其以下规模的小型水利工程可由各县（市、区）级水行政主管部门委托工程所在乡镇负责管理或由所在乡镇直接管理。

各级水行政主管部门要按照政事分开、政企分开的原则，转变职能，改进管理方式，提高管理水平。水行政主管部门管理的水利工程出现安全事故的，要依法追究水管单位、水行政主管部门和当地政府负责人的责任；其他单位管理的水利工程出现安全事故的，要依法追究业主责任和水行政主管部门的行业管理责任。

（三）划分水管单位类别和性质，严格定编定岗

1. 划分水管单位类别和性质

根据水管单位承担的任务和收益情况，将水管单位分为纯公益性单位、准公益性单位和经营性单位三类。

第一类是指承担防洪、排涝等水利工程管理运行维护任务的水管单位，界定为纯公益性水管单位，定性为事业单位。

第二类是指既承担防洪、排涝等公益性任务，又有供水、水力发电等经营性功能的水

利工程管理运行维护任务的水管单位，界定为准公益性水管单位。准公益性水管单位依其经营收益情况确定性质，不具备自收自支条件的，定性为事业单位；具备自收自支条件的，定性为企业。已转制为企业的，维持企业性质不变。

第三类是指承担城市供水、水力发电等，不具有防洪、排涝等公益性任务的水管单位，界定为经营性水管单位，定性为企业。

目前，云南省一些既承担防洪、排涝等公益性任务，又有承担农业灌溉任务，社会效益较好、经济收益较少的水管单位，各地可视情况确定为纯公益性水管单位。

水管单位的性质由机构编制部门会同同级财政和水行政主管部门按有关规定负责确定。

2. 水管单位的定编定岗

《云南省水利工程管理单位编制定员标准》由省编办会同省水利厅和省财政厅抓紧研究制定。在新标准未出台前，云南省事业性质水管单位的编制［可参照水利部《水利工程管理单位岗位设置标准》（征求意见稿）的规定］，按照精简、高效的原则，结合工程管理任务和实际需要，由当地水行政主管部门专题报同级机构编制部门核定。实行管养分离后的维修养护人员、准公益性水管单位中从事经营性资产运营和其他经营活动的人员，不再核定编制。各事业性质的水管单位要根据《水利工程管理单位定岗标准》，在核定的编制总额内，本着精干高效的原则合理定岗。

（四）推进水管单位内部改革，严格资产管理

1. 分类实行人事、劳动、工资等项改革

事业性质的水管单位，要根据《国务院办公厅转发人事部关于在事业单位试行人员聘用制度意见的通知》（国办发〔2002〕35 号）和省人事厅《关于印发〈云南省事业单位聘用制度试行办法〉和〈云南省事业单位人事制度改革实施意见〉的通知》（云人〔2000〕42 号）等有关规定，按照精简、高效的原则，根据各水管单位功能和职责，科学界定单位类型，撤并不合理的管理机构。在核定事业编制时，原则上按低限控制，各事业性质的水管单位，要通过严格的定岗、定编，坚决压缩和分流超编人员，严格控制事业人员编制。在人事管理和分配制度上要大胆创新，主动探索，着力改革和建立各种内部激励机制。破除干部职务终身制和固定用工制度，引入竞争机制，全面推行聘用制度，按岗聘人，竞争上岗，并建立严格的目标责任和绩效考核制度。事业性质的水管单位负责人由水行政主管部门按干部管理权限，通过竞争方式选拔聘任，定期考评。事业性质的水管单位，执行国家统一的事业单位工资制度，同时鼓励在国家政策指导下，探索符合市场经济规则，结合单位实际，搞活内部分配，把职工收入与管理责任和绩效紧密结合起来。

定性为企业的水管单位，要按产权清晰、权责明确、政企分开、管理科学的原则建立现代企业制度，构建有效的法人治理结构，做到自主经营、自我约束、自负盈亏、自我发展。企业负责人由企业董事会或水行政主管部门依照相关规定聘任，并签订聘用合同。其他职工由水管单位择优聘用，并依法实行劳动合同制度，由企业与职工签订劳动合同。在工资分配上，国家对企业工资总额实行宏观调控，企业内部分配时，要积极推行以岗位工资为主的基本工资制度，明确职责，以岗定薪，合理拉开各类人员收入差距。

2. 积极开展和认真规范水管单位的经营活动，严格水利资产管理

为保障水利工程安全，改善生态环境，防止水土资源和水利设施的闲置和浪费，各级财政和水利部门应鼓励水管单位在水利工程管理范围内，利用自身水土资源优势，采取多种方式积极开展水利经营活动，增强自身经济实力，减轻财政负担，为安置分流人员创造有利条件。水管单位利用水利及相关设施开展创收，照章纳税后的收入必须纳入单位预算统一管理，用于水利工程的维修养护。与此同时，各地要认真规范水管单位的经营活动，由财政拨款的纯公益性水管单位，原则上不得从事与水资源保护、开发和利用无关的经营活动。准公益性水管单位要在科学划分公益性和经营性资产的基础上，对承担防洪、排涝等公益性职能和承担供水、发电及多种经营职能进行严格划分。在不影响工程公益性功能发挥的前提下，经水行政主管部门批准，将经营部门转制为水管单位下属企业，做到事企分开，搞好财务核算。事业性质的准公益性水管单位所兴办的与水利工程无关的多种经营项目要限期脱钩；暂未脱钩的项目，其经营收益应纳入单位预算管理，专项用于水利工程养护支出；企业性质的准公益性水管单位和经营性水管单位的投资经营活动，原则上应围绕与水利工程相关的项目进行，并保证水利工程日常维修养护经费的足额到位。各类水利事业单位要深化改革，以盘活存量资产入手，搞好水利经营管理工作。实行事改企的水管单位，享受国家、省级各地规定的扶持政策。

水管单位要认真做好所有权、使用权、经营权分离的改革工作，加强国有水利资产的管理，明确国有资产出资人代表，分清水利资产使用权和经营权，与此同时，暂不具备自收自支条件的水管单位，要积极创造条件，努力实现自收自支。在有条件的地方，水管单位要积极培育具有一定规模的国有或国有控股的企业集团，负责水利经营性项目的投资和运营，承担国有资产的保值增值责任。

（五）积极推行管养分离。

水管单位要积极推行水利工程管理和维修养护分离，精简管理机构，提高养护水平，降低运行成本。在对水管单位核定管理人员编制和科学定岗基础上，将水利工程维修养护业务和养护人员从水管单位剥离出来，独立或采取多个工程联合组建专业化水利工程养护维修公司、实业公司或物业管理公司等专业化养护企业，承担水利工程维修养护工作。初期剥离且主要承担原单位相关工程及设备维修养护的，单位可视情况给予一定的启动资金。各水管单位要把水利工程的维修及养护工作逐步推向市场，实行公开招投标方式择优确定维修养护企业，使水利工程维修养护走上社会化、市场化和专业化的道路。为保证水利工程管养分离的顺利实施，各级财政部门要按照预算管理体制保证经核定的水利工程维修养护资金足额到位。各级政府和水行政主管部门以及有关部门要努力创造条件，培育维修养护市场主体，规范维修养护市场环境。

（六）建立合理的水价形成机制，强化计收管理

（1）逐步理顺水价。水利工程供水价格，采取统一政策分级管理的原则，按照补偿成本、合理收益、节约用水、公平负担的原则制定。对农业灌溉用水和非农业灌溉用水要区别对待，分类定价。对农业灌溉用水水价按补偿供水成本的原则核定，不计税收、利润，逐步到位；对非农业灌溉用水价格在补偿供水成本、费用、税金、计提合理利润的基础上确定。目前，水利工程供水价格低于补偿成本的，各地可根据水资源状况、市场供求变化及当地社会和经济发展的承受能力，适时调整，分步到位。超出补偿成本的供水价格的调整和制定，须按照国家和省发布的水利工程供水价格管理办法的规定执行。

（2）强化计收管理。改进农业用水计量设施和方法，逐步推行计量收费。积极培育农民用水合作组织，改进收费办法，减少收费环节，提高缴费率。严格禁止乡、村两级在代收水费中任意加码和截留。收取水费时，要实行公示制，接受民主监督，规范收费行为。非农业用水要安装计量设施，未安装计量设施的，要限期安装，实行计量收费。供水经营者与用水户要通过签订供水合同，规范双方的责任和权利。要充分发挥用水户的监督作用，促进供水经营者降低供水成本。

（七）规范财政支付范围和方式，严格资金管理

（1）根据水管单位的类别和性质，实行不同的财政支付办法。纯公益性和准公益性水管单位，其编制内承担公益性任务的在职人员经费、离退休人员经费、公用经费等基本支出，由同级财政承担。公益性工程的日常维修养护经费在水利工程维修养护岁修资金中列支，工程更新改造费用纳入基本建设投资计划，由计划部门在非经营性资金中安排；经营性工程的日常维修养护经费由企业负担，更新改造费用在折旧资金中列支，不足部分纳入基本建设投资计划，由计划部门在非经营性资金中安排。事业性质的准公益性水管单位执行事业单位财务规则和会计制度，其经营性资产收益和其他投资收益要纳入单位的预算。各级水行政主管部门应及时向同级财政部门报告该类水管单位各种收益的变化情况，以便财政部门进行管理。

企业性质的水管单位，其所管理的水利工程的运行和日常维修养护资金由水管单位自行筹集，财政不予补贴。水管单位应加强资金积累，提高抗风险的能力，确保水利工程维修养护资金足额到位，保证水利工程的安全运行。

水利工程日常维修养护经费数额由同级财政部门会同水行政主管部门依据《水利工程维修养护定额标准》核定。

（2）积极筹集水利工程维修养护岁修资金，严格资金管理。各级要加强水利建设基金的征收工作，还未征收水利建设基金的地（州、市）、县（市、区），必须尽快实施水利建设基金的征收。为保障水管体制改革的顺利实施，各级政府要增加对水利工程管理的投入，合理调整水利支出结构，积极筹集水利工程维修养护岁修资金。省、地（州、市）、县（市、区）水利工程维修养护岁修资金的来源为同级水利建设基金的30％和同级财政年初预算安排的岁修费。各项水行政事业性收费，作为水行政主管部门和水管事业单位管护资金的来源，按"收支两条线"原则纳入同级财政，统筹安排、加强管理。对已纳入财政预算的水行政事业性收费，其相应的支出，同级财政部门应予以安排；对作为预算外管理的水行政事业性收费，实行专户管理，严格按规定用途使用。各有关职能部门要加强对水管单位管理经费的落实情况和各项资金使用情况的审计和监督。

（八）妥善安置分流人员，落实社会保障政策

（1）妥善安置分流人员是水管体制改革的重要任务。要支持和鼓励分流人员大力开展多种经营，特别是旅游、水产养殖、农林畜产、建筑施工以及渠系维修养护等具有行业和

自身优势的项目。利用水利工程和保护区域内的水土资源开展多种经营的项目或企业，要优先安排水管单位分流人员。在理顺水管单位现有经营性项目的基础上，把部分经营项目的剥离与分流人员的安置结合起来。在水管体制改革过程中，明确为事业性质水管单位的富余人员安置，按照云南省事业单位人事制度改革的有关规定办理，符合提前退休政策规定的人员，可按照云南省事业单位人事制度改革的有关规定办理提前退休手续，同时鼓励其他富余人员自谋职业，从事非公有制经济；明确为企业性质和已转为企业的水管单位，职工的分流安置按云南省有关政策规定执行。

（2）切实落实社会保障政策。各类水管单位应按照有关法律、法规和政策参加所在地的基本医疗、失业、工伤、生育等社会保险。在国家统一的事业单位养老保险改革方案出台前，保留事业性质的水管单位继续执行现行养老保险政策规定。有条件的水管单位要为职工建立各类补充保险。事业性质的水管单位编制内人员参加社会保险所需费用由同级财政负担；编制外的人员参加社会保险所需费用由单位解决。事业性质水管单位所欠缴的各项社会保险费由同级财政解决。

改制为企业性质的水管单位应按照有关政策的规定，参加企业职工基本养老保险和其他社会保险。改革前已属企业性质的水管单位，未参加企业养老保险的应按规定参保并补缴养老保险费，已参保欠费的应按规定补缴；改革前属事业性质现改为企业的水管单位，不再补缴改革前的养老保险费。单位及其职工按国务院《失业保险条例》的规定，从1999年1月起缴纳失业保险费或补缴完失业保险费的，原工龄视为缴费年限，职工失业时工龄合并计算失业保险待遇；单位及其职工未从1999年1月起缴纳失业保险费的，从实际缴费时计算缴费年限，职工失业时以实际缴费年限计算失业保险待遇。职工的工伤、生育、医疗保险按现行规定执行。

（九）明确税收扶持政策

水管单位用于防洪、排涝、灌溉等公益性支出，经主管税务部门审核，允许在企业所得税税前扣除。在实行水管体制改革中，为安置水管单位分流人员兴办的经济实体，符合国家有关税法规定的，经税务部门核准，执行相应的税收优惠政策。

（十）完善新建水利工程管理体制

进一步完善在建水利工程的建设管理体制，全面实行建设项目法人责任制、招标投标制和工程监理制。纯公益性质的水利工程要组建全额拨款的事业单位（工程管理局、处、站或所）作为项目法人；准公益性质的水利工程，要按照本实施方案的要求，组建事业单位（工程管理局、处、站或所）作为项目法人；经营性质的水利工程，要组建有限责任公司作为项目业主。

实行新建水利工程建设与管理的有机结合，在编制水利工程项目建议书（大型水利工程）或可行性研究报告时，设计单位及项目业主必须认真制定管理方案，核算管理成本，明确工程的管理体制、管理机构（工程管理局、处、站或所）和运行经费来源。水行政主管部门要对工程性质提出审查意见，按有关规定办理相关手续。在工程建设过程中管理机构、管理设施应与主体工程同步实施，管理设施、管理机构不健全的水利工程不予验收。

（十一）改革小型农村水利工程管理体制

为了更好地保障小型农村水利工程的安全运行，使其充分发挥效益，要积极探索小型农村水利工程管理体制的改革。对小型农村水利工程，要根据工程的不同情况采取相应的形式认真落实管理主体。一是可由乡镇组建工程管理所负责管理，同时将工程安全、清淤维修、供水管理、水费征收、工程的日常管理等任务下达给工程管理所。乡镇水利管理站则负责督促检查各项管理制度和任务的落实。二是以受益户为基础，组建工程灌溉管理委员会（或受益户代表委员会）履行工程管理主体责任。日常管理由灌溉管理（受益户代表）委员会聘用专人负责，工程清淤、维护整治、水费征收由工程灌溉管理（受益户代表）委员会组织广大受益户共同落实，内部实行民主管理。三是对于受益范围小的微型水利工程可以明确由主要受益户所有，并负责日常管理。

无论是国有还是集体所有的小型农村水利工程，要因地制宜，因工程制宜，在明晰所有权的基础上，要积极探索以承包、租赁、拍卖、股份合作等灵活多样的经营方式和运行机制。小型农村水利工程管理和经营方式改革的收入所得，要全部用于农村水利工程的维修养护、病害整治、渠系配套和工程管理，严禁挪作他用。改制后要加强行业管理，完善管理措施，强化服务功能。

（十二）加强水利工程的环境、法规建设，强化安全管理

（1）加强环境保护。水利工程的建设和管理要遵守国家环保法律法规，符合环保要求，着眼于水资源的可持续利用。进行水利工程建设，要严格执行环境影响评价制度和环境保护"三同时"制度。水管单位要做好水利工程管理范围内的防护林（草）建设和水土保持工作，并采取有效措施，保障下游生态用水需要。水管单位开展多种经营活动应当避免污染水资源，防止对生态环境造成损坏。环保部门要组织开展有关环境监测工作，加强对水利工程及周边区域环境保护的监督管理。

（2）严格依法行政。各级水行政主管部门和水管单位要严格执行有关水利工程管理的法律、法规，坚持依法行政，依法管理，加大执法力度，做到有法必依、执法必严、违法必究，依法维持水事秩序，维护水利工程的安全。

（3）强化安全管理。水管单位要强化安全意识，加强对水利工程的安全保卫工作。利用水利工程及保护区域内的水土资源开展旅游等经营项目，要在确保水利工程安全的前提下进行。不得将水利工程作为主要交通通道。大坝坝顶、河道堤顶确需兼作公路，需经科学论证和水行政主管部门批准，并采取相应的安全维护措施。未经批准，已作为主要交通通道的，要限期实行坝路分离，对堤防要限制交通流量。各级政府要按照国家有关规定，支持水管单位尽快完成水利工程的确权划界工作，明确水利工程的管理和保护范围。

三、加强组织领导、积极稳妥地推进改革

1. 加强组织领导

省政府已成立云南省水利工程管理体制改革领导小组，负责领导全省水管体制改革工作。各州（市）县（市、区）人民政府也要成立相应的领导机构，承担起对本地区水管体制改革工作的组织领导责任，同时依据本实施意见，结合当地实际，制定具体实施方案并

组织实施。各地实施方案由同级政府审批，并报上一级政府备案，同时抄送上一级水行政主管部门。

2. 精心组织实施

各地要在认真制定改革实施方案的基础上，按照工作步骤，制定周密的工作计划，完善工作程序，规范工作制度，有计划、有步骤地推进改革。要认真开展试点工作。省、州（市）、县（市、区）都应选择不同类型的典型，开展试点工作，以点带面，为全面推进改革积累经验。要坚持一切从实际出发的原则，既要大胆借鉴事业单位和国有企业改革的成功经验，又要立足于水利行业和本单位的实际，根据各水管单位所承担的任务和人员、资产的现状，实行分类指导。对改革中出现的问题，要及时研究制定措施予以解决。

第八章 法 律 法 规

中华人民共和国水法

（2002 年 8 月 29 日　中华人民共和国主席令第 74 号　2009 年 8 月 27 日修改）

第一章 总 则

第一条 为了合理开发、利用、节约和保护水资源，防治水害，实现水资源的可持续利用，适应国民经济和社会发展的需要，制定本法。

第二条 在中华人民共和国领域内开发、利用、节约、保护、管理水资源，防治水害，适用本法。

本法所称水资源，包括地表水和地下水。

第三条 水资源属于国家所有。水资源的所有权由国务院代表国家行使。农村集体经济组织的水塘和由农村集体经济组织修建管理的水库中的水，归各该农村集体经济组织使用。

第四条 开发、利用、节约、保护水资源和防治水害，应当全面规划、统筹兼顾、标本兼治、综合利用、讲求效益，发挥水资源的多种功能，协调好生活、生产经营和生态环境用水。

第五条 县级以上人民政府应当加强水利基础设施建设，并将其纳入本级国民经济和社会发展计划。

第六条 国家鼓励单位和个人依法开发、利用水资源，并保护其合法权益。开发、利用水资源的单位和个人有依法保护水资源的义务。

第七条 国家对水资源依法实行取水许可制度和有偿使用制度。但是，农村集体经济组织及其成员使用本集体经济组织的水塘、水库中的水的除外。国务院水行政主管部门负责全国取水许可制度和水资源有偿使用制度的组织实施。

第八条 国家厉行节约用水，大力推行节约用水措施，推广节约用水新技术、新工艺，发展节水型工业、农业和服务业，建立节水型社会。

各级人民政府应当采取措施，加强对节约用水的管理，建立节约用水技术开发推广体系，培育和发展节约用水产业。

单位和个人有节约用水的义务。

第九条 国家保护水资源，采取有效措施，保护植被，植树种草，涵养水源，防治水土流失和水体污染，改善生态环境。

第十条 国家鼓励和支持开发、利用、节约、保护、管理水资源和防治水害的先进科学技术的研究、推广和应用。

第十一条 在开发、利用、节约、保护、管理水资源和防治水害等方面成绩显著的单位和个人，由人民政府给予奖励。

第十二条 国家对水资源实行流域管理与行政区域管理相结合的管理体制。

国务院水行政主管部门负责全国水资源的统一管理和监督工作。

国务院水行政主管部门在国家确定的重要江河、湖泊设立的流域管理机构（以下简称流域管理机构），在所管辖的范围内行使法律、行政法规规定的和国务院水行政主管部门授予的水资源管理和监督职责。

县级以上地方人民政府水行政主管部门按照规定的权限，负责本行政区域内水资源的统一管理和监督工作。

第十三条 国务院有关部门按照职责分工，负责水资源开发、利用、节约和保护的有关工作。

县级以上地方人民政府有关部门按照职责分工，负责本行政区域内水资源开发、利用、节约和保护的有关工作。

第二章 水 资 源 规 划

第十四条 国家制定全国水资源战略规划。

开发、利用、节约、保护水资源和防治水害，应当按照流域、区域统一制定规划。规划分为流域规划和区域规划。流域规划包括流域综合规划和流域专业规划；区域规划包括区域综合规划和区域专业规划。

前款所称综合规划，是指根据经济社会发展需要和水资源开发利用现状编制的开发、利用、节约、保护水资源和防治水害的总体部署。前款所称专业规划，是指防洪、治涝、灌溉、航运、供水、水力发电、竹木流放、渔业、水资源保护、水土保持、防沙治沙、节约用水等规划。

第十五条 流域范围内的区域规划应当服从流域规划，专业规划应当服从综合规划。

流域综合规划和区域综合规划以及与土地利用关系密切的专业规划，应当与国民经济和社会发展规划以及土地利用总体规划、城市总体规划和环境保护规划相协调，兼顾各地区、各行业的需要。

第十六条 制定规划，必须进行水资源综合科学考察和调查评价。水资源综合科学考察和调查评价，由县级以上人民政府水行政主管部门会同同级有关部门组织进行。

县级以上人民政府应当加强水文、水资源信息系统建设。县级以上人民政府水行政主管部门和流域管理机构应当加强对水资源的动态监测。

基本水文资料应当按照国家有关规定予以公开。

第十七条 国家确定的重要江河、湖泊的流域综合规划，由国务院水行政主管部门会同国务院有关部门和有关省、自治区、直辖市人民政府编制，报国务院批准。跨省、自治区、直辖市的其他江河、湖泊的流域综合规划和区域综合规划，由有关流域管理机构会同江河、湖泊所在地的省、自治区、直辖市人民政府水行政主管部门和有关部门编制，分别经有关省、自治区、直辖市人民政府审查提出意见后，报国务院水行政主管部门审核；国务院水行政主管部门征求国务院有关部门意见后，报国务院或者其授权的部门批准。

前款规定以外的其他江河、湖泊的流域综合规划和区域综合规划，由县级以上地方人民政府水行政主管部门会同同级有关部门和有关地方人民政府编制，报本级人民政府或者其授权的部门批准，并报上一级水行政主管部门备案。

专业规划由县级以上人民政府有关部门编制，征求同级其他有关部门意见后，报本级人民政府批准。其中，防洪规划、水土保持规划的编制、批准，依照防洪法、水土保持法的有关规定执行。

第十八条 规划一经批准，必须严格执行。

经批准的规划需要修改时，必须按照规划编制程序经原批准机关批准。

第十九条 建设水工程，必须符合流域综合规划。在国家确定的重要江河、湖泊和跨省、自治区、直辖市的江河、湖泊上建设水工程，其工程可行性研究报告报请批准前，有关流域管理机构应当对水工程的建设是否符合流域综合规划进行审查并签署意见；在其他江河、湖泊上建设水工程，其工程可行性研究报告报请批准前，县级以上地方人民政府水行政主管部门应当按照管理权限对水工程的建设是否符合流域综合规划进行审查并签署意见。水工程建设涉及防洪的，依照防洪法的有关规定执行；涉及其他地区和行业的，建设单位应当事先征求有关地区和部门的意见。

第三章　水资源开发利用

第二十条 开发、利用水资源，应当坚持兴利与除害相结合，兼顾上下游、左右岸和有关地区之间的利益，充分发挥水资源的综合效益，并服从防洪的总体安排。

第二十一条 开发、利用水资源，应当首先满足城乡居民生活用水，并兼顾农业、工业、生态环境用水以及航运等需要。

在干旱和半干旱地区开发、利用水资源，应当充分考虑生态环境用水需要。

第二十二条 跨流域调水，应当进行全面规划和科学论证，统筹兼顾调出和调入流域的用水需要，防止对生态环境造成破坏。

第二十三条 地方各级人民政府应当结合本地区水资源的实际情况，按照地表水与地下水统一调度开发、开源与节流相结合、节流优先和污水处理再利用的原则，合理组织开发、综合利用水资源。

国民经济和社会发展规划以及城市总体规划的编制、重大建设项目的布局，应当与当地水资源条件和防洪要求相适应，并进行科学论证；在水资源不足的地区，应当对城市规模和建设耗水量大的工业、农业和服务业项目加以限制。

第二十四条 在水资源短缺的地区，国家鼓励对雨水和微咸水的收集、开发、利用和对海水的利用、淡化。

第二十五条 地方各级人民政府应当加强对灌溉、排涝、水土保持工作的领导，促进农业生产发展；在容易发生盐碱化和渍害的地区，应当采取措施，控制和降低地下水的水位。

农村集体经济组织或者其成员依法在本集体经济组织所有的集体土地或者承包土地上投资兴建水工程设施的，按照谁投资建设谁管理和谁受益的原则，对水工程设施及其蓄水进行管理和合理使用。

农村集体经济组织修建水库应当经县级以上地方人民政府水行政主管部门批准。

第二十六条 国家鼓励开发、利用水能资源。在水能丰富的河流，应当有计划地进行多目标梯级开发。

建设水力发电站，应当保护生态环境，兼顾防洪、供水、灌溉、航运、竹木流放和渔业等方面的需要。

第二十七条 国家鼓励开发、利用水运资源。在水生生物洄游通道、通航或者竹木流放的河流上修建永久性拦河闸坝，建设单位应当同时修建过鱼、过船、过木设施，或者经国务院授权的部门批准采取其他补救措施，并妥善安排施工和蓄水期间的水生生物保护、航运和竹木流放，所需费用由建设单位承担。

在不通航的河流或者人工水道上修建闸坝后可以通航的，闸坝建设单位应当同时修建过船设施或者预留过船设施位置。

第二十八条 任何单位和个人引水、截（蓄）水、排水，不得损害公共利益和他人的合法权益。

第二十九条 国家对水工程建设移民实行开发性移民的方针，按照前期补偿、补助与后期扶持相结合的原则，妥善安排移民的生产和生活，保护移民的合法权益。

移民安置应当与工程建设同步进行。建设单位应当根据安置地区的环境容量和可持续发展的原则，因地制宜，编制移民安置规划，经依法批准后，由有关地方人民政府组织实施。所需移民经费列入工程建设投资计划。

第四章 水资源、水域和水工程的保护

第三十条 县级以上人民政府水行政主管部门、流域管理机构以及其他有关部门在制定水资源开发、利用规划和调度水资源时，应当注意维持江河的合理流量和湖泊、水库以及地下水的合理水位，维护水体的自然净化能力。

第三十一条 从事水资源开发、利用、节约、保护和防治水害等水事活动，应当遵守经批准的规划；因违反规划造成江河和湖泊水域使用功能降低、地下水超采、地面沉降、水体污染的，应当承担治理责任。

开采矿藏或者建设地下工程，因疏干排水导致地下水水位下降、水源枯竭或者地面塌陷，采矿单位或者建设单位应当采取补救措施；对他人生活和生产造成损失的，依法给予补偿。

第三十二条 国务院水行政主管部门会同国务院环境保护行政主管部门、有关部门和有关省、自治区、直辖市人民政府，按照流域综合规划、水资源保护规划和经济社会发展要求，拟定国家确定的重要江河、湖泊的水功能区划，报国务院批准。跨省、自治区、直辖市的其他江河、湖泊的水功能区划，由有关流域管理机构会同江河、湖泊所在地的省、自治区、直辖市人民政府水行政主管部门、环境保护行政主管部门和其他有关部门拟定，分别经有关省、自治区、直辖市人民政府审查提出意见后，由国务院水行政主管部门会同国务院环境保护行政主管部门审核，报国务院或者其授权的部门批准。

前款规定以外的其他江河、湖泊的水功能区划，由县级以上地方人民政府水行政主管部门会同同级人民政府环境保护行政主管部门和有关部门拟定，报同级人民政府或者其授

权的部门批准，并报上一级水行政主管部门和环境保护行政主管部门备案。

县级以上人民政府水行政主管部门或者流域管理机构应当按照水功能区对水质的要求和水体的自然净化能力，核定该水域的纳污能力，向环境保护行政主管部门提出该水域的限制排污总量意见。

县级以上地方人民政府水行政主管部门和流域管理机构应当对水功能区的水质状况进行监测，发现重点污染物排放总量超过控制指标的，或者水功能区的水质未达到水域使用功能对水质的要求的，应当及时报告有关人民政府采取治理措施，并向环境保护行政主管部门通报。

第三十三条 国家建立饮用水水源保护区制度。省、自治区、直辖市人民政府应当划定饮用水水源保护区，并采取措施，防止水源枯竭和水体污染，保证城乡居民饮用水安全。

第三十四条 禁止在饮用水水源保护区内设置排污口。

在江河、湖泊新建、改建或者扩大排污口，应当经过有管辖权的水行政主管部门或者流域管理机构同意，由环境保护行政主管部门负责对该建设项目的环境影响报告书进行审批。

第三十五条 从事工程建设，占用农业灌溉水源、灌排工程设施，或者对原有灌溉用水、供水水源有不利影响的，建设单位应当采取相应的补救措施；造成损失的，依法给予补偿。

第三十六条 在地下水超采地区，县级以上地方人民政府应当采取措施，严格控制开采地下水。在地下水严重超采地区，经省、自治区、直辖市人民政府批准，可以划定地下水禁止开采或者限制开采区。在沿海地区开采地下水，应当经过科学论证，并采取措施，防止地面沉降和海水入侵。

第三十七条 禁止在江河、湖泊、水库、运河、渠道内弃置、堆放阻碍行洪的物体和种植阻碍行洪的林木及高秆作物。

禁止在河道管理范围内建设妨碍行洪的建筑物、构筑物以及从事影响河势稳定、危害河岸堤防安全和其他妨碍河道行洪的活动。

第三十八条 在河道管理范围内建设桥梁、码头和其他拦河、跨河、临河建筑物、构筑物，铺设跨河管道、电缆，应当符合国家规定的防洪标准和其他有关的技术要求，工程建设方案应当依照防洪法的有关规定报经有关水行政主管部门审查同意。

因建设前款工程设施，需要扩建、改建、拆除或者损坏原有水工程设施的，建设单位应当负担扩建、改建的费用和损失补偿。但是，原有工程设施属于违法工程的除外。

第三十九条 国家实行河道采砂许可制度。河道采砂许可制度实施办法，由国务院规定。

在河道管理范围内采砂，影响河势稳定或者危及堤防安全的，有关县级以上人民政府水行政主管部门应当划定禁采区和规定禁采期，并予以公告。

第四十条 禁止围湖造地。已经围垦的，应当按照国家规定的防洪标准有计划地退地还湖。

禁止围垦河道。确需围垦的，应当经过科学论证，经省、自治区、直辖市人民政府水行政主管部门或者国务院水行政主管部门同意后，报本级人民政府批准。

第四十一条　单位和个人有保护水工程的义务，不得侵占、毁坏堤防、护岸、防汛、水文监测、水文地质监测等工程设施。

第四十二条　县级以上地方人民政府应当采取措施，保障本行政区域内水工程，特别是水坝和堤防的安全，限期消除险情。水行政主管部门应当加强对水工程安全的监督管理。

第四十三条　国家对水工程实施保护。国家所有的水工程应当按照国务院的规定划定工程管理和保护范围。

国务院水行政主管部门或者流域管理机构管理的水工程，由主管部门或者流域管理机构商有关省、自治区、直辖市人民政府划定工程管理和保护范围。

前款规定以外的其他水工程，应当按照省、自治区、直辖市人民政府的规定，划定工程保护范围和保护职责。

在水工程保护范围内，禁止从事影响水工程运行和危害水工程安全的爆破、打井、采石、取土等活动。

第五章　水资源配置和节约使用

第四十四条　国务院发展计划主管部门和国务院水行政主管部门负责全国水资源的宏观调配。全国的和跨省、自治区、直辖市的水中长期供求规划，由国务院水行政主管部门会同有关部门制定，经国务院发展计划主管部门审查批准后执行。地方的水中长期供求规划，由县级以上地方人民政府水行政主管部门会同同级有关部门依据上一级水中长期供求规划和本地区的实际情况制定，经本级人民政府发展计划主管部门审查批准后执行。

水中长期供求规划应当依据水的供求现状、国民经济和社会发展规划、流域规划、区域规划，按照水资源供需协调、综合平衡、保护生态、厉行节约、合理开源的原则制定。

第四十五条　调蓄径流和分配水量，应当依据流域规划和水中长期供求规划，以流域为单元制定水量分配方案。

跨省、自治区、直辖市的水量分配方案和旱情紧急情况下的水量调度预案，由流域管理机构商有关省、自治区、直辖市人民政府制定，报国务院或者其授权的部门批准后执行。其他跨行政区域的水量分配方案和旱情紧急情况下的水量调度预案，由共同的上一级人民政府水行政主管部门商有关地方人民政府制定，报本级人民政府批准后执行。

水量分配方案和旱情紧急情况下的水量调度预案经批准后，有关地方人民政府必须执行。

在不同行政区域之间的边界河流上建设水资源开发、利用项目，应当符合该流域经批准的水量分配方案，由有关县级以上地方人民政府报共同的上一级人民政府水行政主管部门或者有关流域管理机构批准。

第四十六条　县级以上地方人民政府水行政主管部门或者流域管理机构应当根据批准的水量分配方案和年度预测来水量，制定年度水量分配方案和调度计划，实施水量统一调度；有关地方人民政府必须服从。

国家确定的重要江河、湖泊的年度水量分配方案，应当纳入国家的国民经济和社会发展年度计划。

第四十七条 国家对用水实行总量控制和定额管理相结合的制度。

省、自治区、直辖市人民政府有关行业主管部门应当制订本行政区域内行业用水定额，报同级水行政主管部门和质量监督检验行政主管部门审核同意后，由省、自治区、直辖市人民政府公布，并报国务院水行政主管部门和国务院质量监督检验行政主管部门备案。

县级以上地方人民政府发展计划主管部门会同同级水行政主管部门，根据用水定额、经济技术条件以及水量分配方案确定的可供本行政区域使用的水量，制定年度用水计划，对本行政区域内的年度用水实行总量控制。

第四十八条 直接从江河、湖泊或者地下取用水资源的单位和个人，应当按照国家取水许可制度和水资源有偿使用制度的规定，向水行政主管部门或者流域管理机构申请领取取水许可证，并缴纳水资源费，取得取水权。但是，家庭生活和零星散养、圈养畜禽饮用等少量取水的除外。

实施取水许可制度和征收管理水资源费的具体办法，由国务院规定。

第四十九条 用水应当计量，并按照批准的用水计划用水。

用水实行计量收费和超定额累进加价制度。

第五十条 各级人民政府应当推行节水灌溉方式和节水技术，对农业蓄水、输水工程采取必要的防渗漏措施，提高农业用水效率。

第五十一条 工业用水应当采用先进技术、工艺和设备，增加循环用水次数，提高水的重复利用率。

国家逐步淘汰落后的、耗水量高的工艺、设备和产品，具体名录由国务院经济综合主管部门会同国务院水行政主管部门和有关部门制定并公布。生产者、销售者或者生产经营中的使用者应当在规定的时间内停止生产、销售或者使用列入名录的工艺、设备和产品。

第五十二条 城市人民政府应当因地制宜采取有效措施，推广节水型生活用水器具，降低城市供水管网漏失率，提高生活用水效率；加强城市污水集中处理，鼓励使用再生水，提高污水再生利用率。

第五十三条 新建、扩建、改建建设项目，应当制订节水措施方案，配套建设节水设施。节水设施应当与主体工程同时设计、同时施工、同时投产。

供水企业和自建供水设施的单位应当加强供水设施的维护管理，减少水的漏失。

第五十四条 各级人民政府应当积极采取措施，改善城乡居民的饮用水条件。

第五十五条 使用水工程供应的水，应当按照国家规定向供水单位缴纳水费。供水价格应当按照补偿成本、合理收益、优质优价、公平负担的原则确定。具体办法由省级以上人民政府价格主管部门会同同级水行政主管部门或者其他供水行政主管部门依据职权制定。

第六章 水事纠纷处理与执法监督检查

第五十六条 不同行政区域之间发生水事纠纷的，应当协商处理；协商不成的，由上一级人民政府裁决，有关各方必须遵照执行。在水事纠纷解决前，未经各方达成协议或者共同的上一级人民政府批准，在行政区域交界线两侧一定范围内，任何一方不得修建排水、阻水、取水和截（蓄）水工程，不得单方面改变水的现状。

第五十七条 单位之间、个人之间、单位与个人之间发生的水事纠纷，应当协商解决；当事人不愿协商或者协商不成的，可以申请县级以上地方人民政府或者其授权的部门调解，也可以直接向人民法院提起民事诉讼。县级以上地方人民政府或者其授权的部门调解不成的，当事人可以向人民法院提起民事诉讼。

在水事纠纷解决前，当事人不得单方面改变现状。

第五十八条 县级以上人民政府或者其授权的部门在处理水事纠纷时，有权采取临时处置措施，有关各方或者当事人必须服从。

第五十九条 县级以上人民政府水行政主管部门和流域管理机构应当对违反本法的行为加强监督检查并依法进行查处。

水政监督检查人员应当忠于职守，秉公执法。

第六十条 县级以上人民政府水行政主管部门、流域管理机构及其水政监督检查人员履行本法规定的监督检查职责时，有权采取下列措施：

（一）要求被检查单位提供有关文件、证照、资料；

（二）要求被检查单位就执行本法的有关问题作出说明；

（三）进入被检查单位的生产场所进行调查；

（四）责令被检查单位停止违反本法的行为，履行法定义务。

第六十一条 有关单位或者个人对水政监督检查人员的监督检查工作应当给予配合，不得拒绝或者阻碍水政监督检查人员依法执行职务。

第六十二条 水政监督检查人员在履行监督检查职责时，应当向被检查单位或者个人出示执法证件。

第六十三条 县级以上人民政府或者上级水行政主管部门发现本级或者下级水行政主管部门在监督检查工作中有违法或者失职行为的，应当责令其限期改正。

第七章 法 律 责 任

第六十四条 水行政主管部门或者其他有关部门以及水工程管理单位及其工作人员，利用职务上的便利收取他人财物、其他好处或者玩忽职守，对不符合法定条件的单位或者个人核发许可证、签署审查同意意见，不按照水量分配方案分配水量，不按照国家有关规定收取水资源费，不履行监督职责，或者发现违法行为不予查处，造成严重后果，构成犯罪的，对负有责任的主管人员和其他直接责任人员依照刑法的有关规定追究刑事责任；尚不够刑事处罚的，依法给予行政处分。

第六十五条 在河道管理范围内建设妨碍行洪的建筑物、构筑物，或者从事影响河势稳定、危害河岸堤防安全和其他妨碍河道行洪的活动的，由县级以上人民政府水行政主管部门或者流域管理机构依据职权，责令停止违法行为，限期拆除违法建筑物、构筑物，恢复原状；逾期不拆除、不恢复原状的，强行拆除，所需费用由违法单位或者个人负担，并处一万元以上十万元以下的罚款。

未经水行政主管部门或者流域管理机构同意，擅自修建水工程，或者建设桥梁、码头和其他拦河、跨河、临河建筑物、构筑物，铺设跨河管道、电缆，且防洪法未作规定的，由县级以上人民政府水行政主管部门或者流域管理机构依据职权，责令停止违法行为，限期补办有关手续；逾期不补办或者补办未被批准的，责令限期拆除违法建筑物、构筑物；逾期不拆除的，强行拆除，所需费用由违法单位或者个人负担，并处一万元以上十万元以下的罚款。

虽经水行政主管部门或者流域管理机构同意，但未按照要求修建前款所列工程设施的，由县级以上人民政府水行政主管部门或者流域管理机构依据职权，责令限期改正，按照情节轻重，处一万元以上十万元以下的罚款。

第六十六条　有下列行为之一，且防洪法未作规定的，由县级以上人民政府水行政主管部门或者流域管理机构依据职权，责令停止违法行为，限期清除障碍或者采取其他补救措施，处一万元以上五万元以下的罚款：

（一）在江河、湖泊、水库、运河、渠道内弃置、堆放阻碍行洪的物体和种植阻碍行洪的林木及高秆作物的；

（二）围湖造地或者未经批准围垦河道的。

第六十七条　在饮用水水源保护区内设置排污口的，由县级以上地方人民政府责令限期拆除、恢复原状；逾期不拆除、不恢复原状的，强行拆除、恢复原状，并处五万元以上十万元以下的罚款。

未经水行政主管部门或者流域管理机构审查同意，擅自在江河、湖泊新建、改建或者扩大排污口的，由县级以上人民政府水行政主管部门或者流域管理机构依据职权，责令停止违法行为，限期恢复原状，处五万元以上十万元以下的罚款。

第六十八条　生产、销售或者在生产经营中使用国家明令淘汰的落后的、耗水量高的工艺、设备和产品的，由县级以上地方人民政府经济综合主管部门责令停止生产、销售或者使用，处二万元以上十万元以下的罚款。

第六十九条　有下列行为之一的，由县级以上人民政府水行政主管部门或者流域管理机构依据职权，责令停止违法行为，限期采取补救措施，处二万元以上十万元以下的罚款；情节严重的，吊销其取水许可证：

（一）未经批准擅自取水的；

（二）未依照批准的取水许可规定条件取水的。

第七十条　拒不缴纳、拖延缴纳或者拖欠水资源费的，由县级以上人民政府水行政主管部门或者流域管理机构依据职权，责令限期缴纳；逾期不缴纳的，从滞纳之日起按日加收滞纳部分千分之二的滞纳金，并处应缴或者补缴水资源费一倍以上五倍以下的罚款。

第七十一条　建设项目的节水设施没有建成或者没有达到国家规定的要求，擅自投入使用的，由县级以上人民政府有关部门或者流域管理机构依据职权，责令停止使用，限期改正，处五万元以上十万元以下的罚款。

第七十二条　有下列行为之一，构成犯罪的，依照刑法的有关规定追究刑事责任；尚不够刑事处罚，且防洪法未作规定的，由县级以上地方人民政府水行政主管部门或者流域管理机构依据职权，责令停止违法行为，采取补救措施，处一万元以上五万元以下的罚款；违反治安管理处罚法❶的，由公安机关依法给予治安管理处罚；给他人造成损失的，依法承担赔偿责任：

（一）侵占、毁坏水工程及堤防、护岸等有关设施，毁坏防汛、水文监测、水文地质监测设施的；

（二）在水工程保护范围内，从事影响水工程运行和危害水工程安全的爆破、打井、采石、取土等活动的。

第七十三条 侵占、盗窃或者抢夺防汛物资，防洪排涝、农田水利、水文监测和测量以及其他水工程设备和器材，贪污或者挪用国家救灾、抢险、防汛、移民安置和补偿及其他水利建设款物，构成犯罪的，依照刑法的有关规定追究刑事责任。

第七十四条 在水事纠纷发生及其处理过程中煽动闹事、结伙斗殴、抢夺或者损坏公私财物、非法限制他人人身自由，构成犯罪的，依照刑法的有关规定追究刑事责任；尚不够刑事处罚的，由公安机关依法给予治安管理处罚。

第七十五条 不同行政区域之间发生水事纠纷，有下列行为之一的，对负有责任的主管人员和其他直接责任人员依法给予行政处分：

（一）拒不执行水量分配方案和水量调度预案的；

（二）拒不服从水量统一调度的；

（三）拒不执行上一级人民政府的裁决的；

（四）在水事纠纷解决前，未经各方达成协议或者上一级人民政府批准，单方面违反本法规定改变水的现状的。

第七十六条 引水、截（蓄）水、排水，损害公共利益或者他人合法权益的，依法承担民事责任。

第七十七条 对违反本法第三十九条有关河道采砂许可制度规定的行政处罚，由国务院规定。

第八章 附 则

第七十八条 中华人民共和国缔结或者参加的与国际或者国境边界河流、湖泊有关的国际条约、协定与中华人民共和国法律有不同规定的，适用国际条约、协定的规定。但是，中华人民共和国声明保留的条款除外。

第七十九条 本法所称水工程，是指在江河、湖泊和地下水源上开发、利用、控制、调配和保护水资源的各类工程。

第八十条 海水的开发、利用、保护和管理，依照有关法律的规定执行。

第八十一条 从事防洪活动，依照防洪法的规定执行。

水污染防治，依照水污染防治法的规定执行。

第八十二条 本法自 2002 年 10 月 1 日起施行。

---

❶ 2009 年 8 月 27 日第十一届全国人民代表大会常务委员会第 10 次会议通过，中华人民共和国主席令第 18 号公布，将条款中"治安管理处罚条例"修改为"治安管理处罚法"。

中华人民共和国水土保持法

（2010 年 12 月 25 日　中华人民共和国主席令第 39 号）

第一章　总　　则

第一条　为了预防和治理水土流失，保护和合理利用水土资源，减轻水、旱、风沙灾害，改善生态环境，保障经济社会可持续发展，制定本法。

第二条　在中华人民共和国境内从事水土保持活动，应当遵守本法。

本法所称水土保持，是指对自然因素和人为活动造成水土流失所采取的预防和治理措施。

第三条　水土保持工作实行预防为主、保护优先、全面规划、综合治理、因地制宜、突出重点、科学管理、注重效益的方针。

第四条　县级以上人民政府应当加强对水土保持工作的统一领导，将水土保持工作纳入本级国民经济和社会发展规划，对水土保持规划确定的任务，安排专项资金，并组织实施。

国家在水土流失重点预防区和重点治理区，实行地方各级人民政府水土保持目标责任制和考核奖惩制度。

第五条　国务院水行政主管部门主管全国的水土保持工作。

国务院水行政主管部门在国家确定的重要江河、湖泊设立的流域管理机构（以下简称流域管理机构），在所管辖范围内依法承担水土保持监督管理职责。

县级以上地方人民政府水行政主管部门主管本行政区域的水土保持工作。

县级以上人民政府林业、农业、国土资源等有关部门按照各自职责，做好有关的水土流失预防和治理工作。

第六条　各级人民政府及其有关部门应当加强水土保持宣传和教育工作，普及水土保持科学知识，增强公众的水土保持意识。

第七条　国家鼓励和支持水土保持科学技术研究，提高水土保持科学技术水平，推广先进的水土保持技术，培养水土保持科学技术人才。

第八条　任何单位和个人都有保护水土资源、预防和治理水土流失的义务，并有权对破坏水土资源、造成水土流失的行为进行举报。

第九条　国家鼓励和支持社会力量参与水土保持工作。

对水土保持工作中成绩显著的单位和个人，由县级以上人民政府给予表彰和奖励。

第二章　规　　划

第十条　水土保持规划应当在水土流失调查结果及水土流失重点预防区和重点治理区划定的基础上，遵循统筹协调、分类指导的原则编制。

第十一条　国务院水行政主管部门应当定期组织全国水土流失调查并公告调查结果。

省、自治区、直辖市人民政府水行政主管部门负责本行政区域的水土流失调查并公告调查结果，公告前应当将调查结果报国务院水行政主管部门备案。

第十二条 县级以上人民政府应当依据水土流失调查结果划定并公告水土流失重点预防区和重点治理区。

对水土流失潜在危险较大的区域，应当划定为水土流失重点预防区；对水土流失严重的区域，应当划定为水土流失重点治理区。

第十三条 水土保持规划的内容应当包括水土流失状况、水土流失类型区划分、水土流失防治目标、任务和措施等。

水土保持规划包括对流域或者区域预防和治理水土流失、保护和合理利用水土资源作出的整体部署，以及根据整体部署对水土保持专项工作或者特定区域预防和治理水土流失作出的专项部署。

水土保持规划应当与土地利用总体规划、水资源规划、城乡规划和环境保护规划等相协调。

编制水土保持规划，应当征求专家和公众的意见。

第十四条 县级以上人民政府水行政主管部门会同同级人民政府有关部门编制水土保持规划，报本级人民政府或者其授权的部门批准后，由水行政主管部门组织实施。

水土保持规划一经批准，应当严格执行；经批准的规划根据实际情况需要修改的，应当按照规划编制程序报原批准机关批准。

第十五条 有关基础设施建设、矿产资源开发、城镇建设、公共服务设施建设等方面的规划，在实施过程中可能造成水土流失的，规划的组织编制机关应当在规划中提出水土流失预防和治理的对策和措施，并在规划报请审批前征求本级人民政府水行政主管部门的意见。

第三章 预 防

第十六条 地方各级人民政府应当按照水土保持规划，采取封育保护、自然修复等措施，组织单位和个人植树种草，扩大林草覆盖面积，涵养水源，预防和减轻水土流失。

第十七条 地方各级人民政府应当加强对取土、挖砂、采石等活动的管理，预防和减轻水土流失。

禁止在崩塌、滑坡危险区和泥石流易发区从事取土、挖砂、采石等可能造成水土流失的活动。崩塌、滑坡危险区和泥石流易发区的范围，由县级以上地方人民政府划定并公告。崩塌、滑坡危险区和泥石流易发区的划定，应当与地质灾害防治规划确定的地质灾害易发区、重点防治区相衔接。

第十八条 水土流失严重、生态脆弱的地区，应当限制或者禁止可能造成水土流失的生产建设活动，严格保护植物、沙壳、结皮、地衣等。

在侵蚀沟的沟坡和沟岸、河流的两岸以及湖泊和水库的周边，土地所有权人、使用权人或者有关管理单位应当营造植物保护带。禁止开垦、开发植物保护带。

第十九条 水土保持设施的所有权人或者使用权人应当加强对水土保持设施的管理与维护，落实管护责任，保障其功能正常发挥。

第二十条 禁止在二十五度以上陡坡地开垦种植农作物。在二十五度以上陡坡地种植经济林的，应当科学选择树种，合理确定规模，采取水土保持措施，防止造成水土流失。

省、自治区、直辖市根据本行政区域的实际情况，可以规定小于二十五度的禁止开垦坡度。禁止开垦的陡坡地的范围由当地县级人民政府划定并公告。

第二十一条　禁止毁林、毁草开垦和采集发菜。禁止在水土流失重点预防区和重点治理区铲草皮、挖树兜或者滥挖虫草、甘草、麻黄等。

第二十二条　林木采伐应当采用合理方式，严格控制皆伐；对水源涵养林、水土保持林、防风固沙林等防护林只能进行抚育和更新性质的采伐；对采伐区和集材道应当采取防止水土流失的措施，并在采伐后及时更新造林。

在林区采伐林木的，采伐方案中应当有水土保持措施。采伐方案经林业主管部门批准后，由林业主管部门和水行政主管部门监督实施。

第二十三条　在五度以上坡地植树造林、抚育幼林、种植中药材等，应当采取水土保持措施。

在禁止开垦坡度以下、五度以上的荒坡地开垦种植农作物，应当采取水土保持措施。具体办法由省、自治区、直辖市根据本行政区域的实际情况规定。

第二十四条　生产建设项目选址、选线应当避让水土流失重点预防区和重点治理区；无法避让的，应当提高防治标准，优化施工工艺，减少地表扰动和植被损坏范围，有效控制可能造成的水土流失。

第二十五条　在山区、丘陵区、风沙区以及水土保持规划确定的容易发生水土流失的其他区域开办可能造成水土流失的生产建设项目，生产建设单位应当编制水土保持方案，报县级以上人民政府水行政主管部门审批，并按照经批准的水土保持方案，采取水土流失预防和治理措施。没有能力编制水土保持方案的，应当委托具备相应技术条件的机构编制。

水土保持方案应当包括水土流失预防和治理的范围、目标、措施和投资等内容。

水土保持方案经批准后，生产建设项目的地点、规模发生重大变化的，应当补充或者修改水土保持方案并报原审批机关批准。水土保持方案实施过程中，水土保持措施需要作出重大变更的，应当经原审批机关批准。

生产建设项目水土保持方案的编制和审批办法，由国务院水行政主管部门制定。

第二十六条　依法应当编制水土保持方案的生产建设项目，生产建设单位未编制水土保持方案或者水土保持方案未经水行政主管部门批准的，生产建设项目不得开工建设。

第二十七条　依法应当编制水土保持方案的生产建设项目中的水土保持设施，应当与主体工程同时设计、同时施工、同时投产使用；生产建设项目竣工验收，应当验收水土保持设施；水土保持设施未经验收或者验收不合格的，生产建设项目不得投产使用。

第二十八条　依法应当编制水土保持方案的生产建设项目，其生产建设活动中排弃的砂、石、土、矸石、尾矿、废渣等应当综合利用；不能综合利用，确需废弃的，应当堆放在水土保持方案确定的专门存放地，并采取措施保证不产生新的危害。

第二十九条　县级以上人民政府水行政主管部门、流域管理机构，应当对生产建设项目水土保持方案的实施情况进行跟踪检查，发现问题及时处理。

第四章　治　　理

第三十条　国家加强水土流失重点预防区和重点治理区的坡耕地改梯田、淤地坝等水土保持重点工程建设，加大生态修复力度。

县级以上人民政府水行政主管部门应当加强对水土保持重点工程的建设管理，建立和完善运行管护制度。

第三十一条　国家加强江河源头区、饮用水水源保护区和水源涵养区水土流失的预防和治理工作，多渠道筹集资金，将水土保持生态效益补偿纳入国家建立的生态效益补偿制度。

第三十二条　开办生产建设项目或者从事其他生产建设活动造成水土流失的，应当进行治理。

在山区、丘陵区、风沙区以及水土保持规划确定的容易发生水土流失的其他区域开办生产建设项目或者从事其他生产建设活动，损坏水土保持设施、地貌植被，不能恢复原有水土保持功能的，应当缴纳水土保持补偿费，专项用于水土流失预防和治理。专项水土流失预防和治理由水行政主管部门负责组织实施。水土保持补偿费的收取使用管理办法由国务院财政部门、国务院价格主管部门会同国务院水行政主管部门制定。

生产建设项目在建设过程中和生产过程中发生的水土保持费用，按照国家统一的财务会计制度处理。

第三十三条　国家鼓励单位和个人按照水土保持规划参与水土流失治理，并在资金、技术、税收等方面予以扶持。

第三十四条　国家鼓励和支持承包治理荒山、荒沟、荒丘、荒滩，防治水土流失，保护和改善生态环境，促进土地资源的合理开发和可持续利用，并依法保护土地承包合同当事人的合法权益。

承包治理荒山、荒沟、荒丘、荒滩和承包水土流失严重地区农村土地的，在依法签订的土地承包合同中应当包括预防和治理水土流失责任的内容。

第三十五条　在水力侵蚀地区，地方各级人民政府及其有关部门应当组织单位和个人，以天然沟壑及其两侧山坡地形成的小流域为单元，因地制宜地采取工程措施、植物措施和保护性耕作等措施，进行坡耕地和沟道水土流失综合治理。

在风力侵蚀地区，地方各级人民政府及其有关部门应当组织单位和个人，因地制宜地采取轮封轮牧、植树种草、设置人工沙障和网格林带等措施，建立防风固沙防护体系。

在重力侵蚀地区，地方各级人民政府及其有关部门应当组织单位和个人，采取监测、径流排导、削坡减载、支挡固坡、修建拦挡工程等措施，建立监测、预报、预警体系。

第三十六条　在饮用水水源保护区，地方各级人民政府及其有关部门应当组织单位和个人，采取预防保护、自然修复和综合治理措施，配套建设植物过滤带，积极推广沼气，开展清洁小流域建设，严格控制化肥和农药的使用，减少水土流失引起的面源污染，保护饮用水水源。

第三十七条　已在禁止开垦的陡坡地上开垦种植农作物的，应当按照国家有关规定退耕，植树种草；耕地短缺、退耕确有困难的，应当修建梯田或者采取其他水土保持措施。

在禁止开垦坡度以下的坡耕地上开垦种植农作物的，应当根据不同情况，采取修建梯田、坡面水系整治、蓄水保土耕作或者退耕等措施。

第三十八条 对生产建设活动所占用土地的地表土应当进行分层剥离、保存和利用，做到土石方挖填平衡，减少地表扰动范围；对废弃的砂、石、土、矸石、尾矿、废渣等存放地，应当采取拦挡、坡面防护、防洪排导等措施。生产建设活动结束后，应当及时在取土场、开挖面和存放地的裸露土地上植树种草、恢复植被，对闭库的尾矿库进行复垦。

在干旱缺水地区从事生产建设活动，应当采取防止风力侵蚀措施，设置降水蓄渗设施，充分利用降水资源。

第三十九条 国家鼓励和支持在山区、丘陵区、风沙区以及容易发生水土流失的其他区域，采取下列有利于水土保持的措施：

（一）免耕、等高耕作、轮耕轮作、草田轮作、间作套种等；

（二）封禁抚育、轮封轮牧、舍饲圈养；

（三）发展沼气、节柴灶，利用太阳能、风能和水能，以煤、电、气代替薪柴等；

（四）从生态脆弱地区向外移民；

（五）其他有利于水土保持的措施。

第五章 监 测 和 监 督

第四十条 县级以上人民政府水行政主管部门应当加强水土保持监测工作，发挥水土保持监测工作在政府决策、经济社会发展和社会公众服务中的作用。县级以上人民政府应当保障水土保持监测工作经费。

国务院水行政主管部门应当完善全国水土保持监测网络，对全国水土流失进行动态监测。

第四十一条 对可能造成严重水土流失的大中型生产建设项目，生产建设单位应当自行或者委托具备水土保持监测资质的机构，对生产建设活动造成的水土流失进行监测，并将监测情况定期上报当地水行政主管部门。

从事水土保持监测活动应当遵守国家有关技术标准、规范和规程，保证监测质量。

第四十二条 国务院水行政主管部门和省、自治区、直辖市人民政府水行政主管部门应当根据水土保持监测情况，定期对下列事项进行公告：

（一）水土流失类型、面积、强度、分布状况和变化趋势；

（二）水土流失造成的危害；

（三）水土流失预防和治理情况。

第四十三条 县级以上人民政府水行政主管部门负责对水土保持情况进行监督检查。流域管理机构在其管辖范围内可以行使国务院水行政主管部门的监督检查职权。

第四十四条 水政监督检查人员依法履行监督检查职责时，有权采取下列措施：

（一）要求被检查单位或者个人提供有关文件、证照、资料；

（二）要求被检查单位或者个人就预防和治理水土流失的有关情况作出说明；

（三）进入现场进行调查、取证。

被检查单位或者个人拒不停止违法行为，造成严重水土流失的，报经水行政主管部门批准，可以查封、扣押实施违法行为的工具及施工机械、设备等。

第四十五条　水政监督检查人员依法履行监督检查职责时，应当出示执法证件。被检查单位或者个人对水土保持监督检查工作应当给予配合，如实报告情况，提供有关文件、证照、资料；不得拒绝或者阻碍水政监督检查人员依法执行公务。

第四十六条　不同行政区域之间发生水土流失纠纷应当协商解决；协商不成的，由共同的上一级人民政府裁决。

第六章　法　律　责　任

第四十七条　水行政主管部门或者其他依照本法规定行使监督管理权的部门，不依法作出行政许可决定或者办理批准文件的，发现违法行为或者接到对违法行为的举报不予查处的，或者有其他未依照本法规定履行职责的行为的，对直接负责的主管人员和其他直接责任人员依法给予处分。

第四十八条　违反本法规定，在崩塌、滑坡危险区或者泥石流易发区从事取土、挖砂、采石等可能造成水土流失的活动的，由县级以上地方人民政府水行政主管部门责令停止违法行为，没收违法所得，对个人处一千元以上一万元以下的罚款，对单位处二万元以上二十万元以下的罚款。

第四十九条　违反本法规定，在禁止开垦坡度以上陡坡地开垦种植农作物，或者在禁止开垦、开发的植物保护带内开垦、开发的，由县级以上地方人民政府水行政主管部门责令停止违法行为，采取退耕、恢复植被等补救措施；按照开垦或者开发面积，可以对个人处每平方米二元以下的罚款、对单位处每平方米十元以下的罚款。

第五十条　违反本法规定，毁林、毁草开垦的，依照《中华人民共和国森林法》《中华人民共和国草原法》的有关规定处罚。

第五十一条　违反本法规定，采集发菜，或者在水土流失重点预防区和重点治理区铲草皮、挖树兜、滥挖虫草、甘草、麻黄等的，由县级以上地方人民政府水行政主管部门责令停止违法行为，采取补救措施，没收违法所得，并处违法所得一倍以上五倍以下的罚款；没有违法所得的，可以处五万元以下的罚款。

在草原地区有前款规定违法行为的，依照《中华人民共和国草原法》的有关规定处罚。

第五十二条　在林区采伐林木不依法采取防止水土流失措施的，由县级以上地方人民政府林业主管部门、水行政主管部门责令限期改正，采取补救措施；造成水土流失的，由水行政主管部门按照造成水土流失的面积处每平方米二元以上十元以下的罚款。

第五十三条　违反本法规定，有下列行为之一的，由县级以上人民政府水行政主管部门责令停止违法行为，限期补办手续；逾期不补办手续的，处五万元以上五十万元以下的罚款；对生产建设单位直接负责的主管人员和其他直接责任人员依法给予处分：

（一）依法应当编制水土保持方案的生产建设项目，未编制水土保持方案或者编制的水土保持方案未经批准而开工建设的；

（二）生产建设项目的地点、规模发生重大变化，未补充、修改水土保持方案或者补充、修改的水土保持方案未经原审批机关批准的；

（三）水土保持方案实施过程中，未经原审批机关批准，对水土保持措施作出重大变更的。

第五十四条 违反本法规定，水土保持设施未经验收或者验收不合格将生产建设项目投产使用的，由县级以上人民政府水行政主管部门责令停止生产或者使用，直至验收合格，并处五万元以上五十万元以下的罚款。

第五十五条 违反本法规定，在水土保持方案确定的专门存放地以外的区域倾倒砂、石、土、矸石、尾矿、废渣等的，由县级以上地方人民政府水行政主管部门责令停止违法行为，限期清理，按照倾倒数量处每立方米十元以上二十元以下的罚款；逾期仍不清理的，县级以上地方人民政府水行政主管部门可以指定有清理能力的单位代为清理，所需费用由违法行为人承担。

第五十六条 违反本法规定，开办生产建设项目或者从事其他生产建设活动造成水土流失，不进行治理的，由县级以上人民政府水行政主管部门责令限期治理；逾期仍不治理的，县级以上人民政府水行政主管部门可以指定有治理能力的单位代为治理，所需费用由违法行为人承担。

第五十七条 违反本法规定，拒不缴纳水土保持补偿费的，由县级以上人民政府水行政主管部门责令限期缴纳；逾期不缴纳的，自滞纳之日起按日加收滞纳部分万分之五的滞纳金，可以处应缴水土保持补偿费三倍以下的罚款。

第五十八条 违反本法规定，造成水土流失危害的，依法承担民事责任；构成违反治安管理行为的，由公安机关依法给予治安管理处罚；构成犯罪的，依法追究刑事责任。

第七章 附 则

第五十九条 县级以上地方人民政府根据当地实际情况确定的负责水土保持工作的机构，行使本法规定的水行政主管部门水土保持工作的职责。

第六十条 本法自 2011 年 3 月 1 日起施行。

中共中央国务院关于加快水利改革发展的决定

（2010 年 12 月 31 日　中发〔2011〕1 号）

水是生命之源、生产之要、生态之基。兴水利、除水害，事关人类生存、经济发展、社会进步，历来是治国安邦的大事。促进经济长期平稳较快发展和社会和谐稳定，夺取全面建设小康社会新胜利，必须下决心加快水利发展，切实增强水利支撑保障能力，实现水资源可持续利用。近年来我国频繁发生的严重水旱灾害，造成重大生命财产损失，暴露出农田水利等基础设施十分薄弱，必须大力加强水利建设。现就加快水利改革发展，作出如下决定。

一、新形势下水利的战略地位

（一）水利面临的新形势。新中国成立以来，特别是改革开放以来，党和国家始终高度重视水利工作，领导人民开展了气壮山河的水利建设，取得了举世瞩目的巨大成就，为经济社会发展、人民安居乐业作出了突出贡献。但必须看到，人多水少、水资源时空分布不均是我国的基本国情水情。洪涝灾害频繁仍然是中华民族的心腹大患，水资源供需矛盾突出仍然是可持续发展的主要瓶颈，农田水利建设滞后仍然是影响农业稳定发展和国家粮食安全的最大硬伤，水利设施薄弱仍然是国家基础设施的明显短板。随着工业化、城镇化深入发展，全球气候变化影响加大，我国水利面临的形势更趋严峻，增强防灾减灾能力要求越来越迫切，强化水资源节约保护工作越来越繁重，加快扭转农业主要"靠天吃饭"局面任务越来越艰巨。2010 年西南地区发生特大干旱、多数省区市遭受洪涝灾害、部分地方突发严重山洪泥石流，再次警示我们加快水利建设刻不容缓。

（二）新形势下水利的地位和作用。水利是现代农业建设不可或缺的首要条件，是经济社会发展不可替代的基础支撑，是生态环境改善不可分割的保障系统，具有很强的公益性、基础性、战略性。加快水利改革发展，不仅事关农业农村发展，而且事关经济社会发展全局；不仅关系到防洪安全、供水安全、粮食安全，而且关系到经济安全、生态安全、国家安全。要把水利工作摆上党和国家事业发展更加突出的位置，着力加快农田水利建设，推动水利实现跨越式发展。

二、水利改革发展的指导思想、目标任务和基本原则

（三）指导思想。全面贯彻党的十七大和十七届三中、四中、五中全会精神，以邓小平理论和"三个代表"重要思想为指导，深入贯彻落实科学发展观，把水利作为国家基础设施建设的优先领域，把农田水利作为农村基础设施建设的重点任务，把严格水资源管理作为加快转变经济发展方式的战略举措，注重科学治水、依法治水，突出加强薄弱环节建设，大力发展民生水利，不断深化水利改革，加快建设节水型社会，促进水利可持续发展，努力走出一条中国特色水利现代化道路。

（四）目标任务。力争通过 5 年到 10 年努力，从根本上扭转水利建设明显滞后的局

面。到 2020 年，基本建成防洪抗旱减灾体系，重点城市和防洪保护区防洪能力明显提高，抗旱能力显著增强，"十二五"期间基本完成重点中小河流（包括大江大河支流、独流入海河流和内陆河流）重要河段治理、全面完成小型水库除险加固和山洪灾害易发区预警预报系统建设；基本建成水资源合理配置和高效利用体系，全国年用水总量力争控制在 6700 亿立方米以内，城乡供水保证率显著提高，城乡居民饮水安全得到全面保障，万元国内生产总值和万元工业增加值用水量明显降低，农田灌溉水有效利用系数提高到 0.55 以上，"十二五"期间新增农田有效灌溉面积 4000 万亩；基本建成水资源保护和河湖健康保障体系，主要江河湖泊水功能区水质明显改善，城镇供水水源地水质全面达标，重点区域水土流失得到有效治理，地下水超采基本遏制；基本建成有利于水利科学发展的制度体系，最严格的水资源管理制度基本建立，水利投入稳定增长机制进一步完善，有利于水资源节约和合理配置的水价形成机制基本建立，水利工程良性运行机制基本形成。

（五）基本原则。一要坚持民生优先。着力解决群众最关心最直接最现实的水利问题，推动民生水利新发展。二要坚持统筹兼顾。注重兴利除害结合、防灾减灾并重、治标治本兼顾，促进流域与区域、城市与农村、东中西部地区水利协调发展。三要坚持人水和谐。顺应自然规律和社会发展规律，合理开发、优化配置、全面节约、有效保护水资源。四要坚持政府主导。发挥公共财政对水利发展的保障作用，形成政府社会协同治水兴水合力。五要坚持改革创新。加快水利重点领域和关键环节改革攻坚，破解制约水利发展的体制机制障碍。

三、突出加强农田水利等薄弱环节建设

（六）大兴农田水利建设。到 2020 年，基本完成大型灌区、重点中型灌区续建配套和节水改造任务。结合全国新增千亿斤粮食生产能力规划实施，在水土资源条件具备的地区，新建一批灌区，增加农田有效灌溉面积。实施大中型灌溉排水泵站更新改造，加强重点涝区治理，完善灌排体系。健全农田水利建设新机制，中央和省级财政要大幅增加专项补助资金，市、县两级政府也要切实增加农田水利建设投入，引导农民自愿投工投劳。加快推进小型农田水利重点县建设，优先安排产粮大县，加强灌区末级渠系建设和田间工程配套，促进旱涝保收高标准农田建设。因地制宜兴建中小型水利设施，支持山丘区小水窖、小水池、小塘坝、小泵站、小水渠等"五小水利"工程建设，重点向革命老区、民族地区、边疆地区、贫困地区倾斜。大力发展节水灌溉，推广渠道防渗、管道输水、喷灌滴灌等技术，扩大节水、抗旱设备补贴范围。积极发展旱作农业，采用地膜覆盖、深松深耕、保护性耕作等技术。稳步发展牧区水利，建设节水高效灌溉饲草料地。

（七）加快中小河流治理和小型水库除险加固。中小河流治理要优先安排洪涝灾害易发、保护区人口密集、保护对象重要的河流及河段，加固堤岸，清淤疏浚，使治理河段基本达到国家防洪标准。巩固大中型病险水库除险加固成果，加快小型病险水库除险加固步伐，尽快消除水库安全隐患，恢复防洪库容，增强水资源调控能力。推进大中型病险水闸除险加固。山洪地质灾害防治要坚持工程措施和非工程措施相结合，抓紧完善专群结合的监测预警体系，加快实施防灾避让和重点治理。

（八）抓紧解决工程性缺水问题。加快推进西南等工程性缺水地区重点水源工程建设，

坚持蓄引提与合理开采地下水相结合，以县域为单元，尽快建设一批中小型水库、引提水和连通工程，支持农民兴建小微型水利设施，显著提高雨洪资源利用和供水保障能力，基本解决缺水城镇、人口较集中乡村的供水问题。

（九）提高防汛抗旱应急能力。尽快健全防汛抗旱统一指挥、分级负责、部门协作、反应迅速、协调有序、运转高效的应急管理机制。加强监测预警能力建设，加大投入，整合资源，提高雨情汛情旱情预报水平。建立专业化与社会化相结合的应急抢险救援队伍，着力推进县乡两级防汛抗旱服务组织建设，健全应急抢险物资储备体系，完善应急预案。建设一批规模合理、标准适度的抗旱应急水源工程，建立应对特大干旱和突发水安全事件的水源储备制度。加强人工增雨（雪）作业示范区建设，科学开发利用空中云水资源。

（十）继续推进农村饮水安全建设。到 2013 年解决规划内农村饮水安全问题，"十二五"期间基本解决新增农村饮水不安全人口的饮水问题。积极推进集中供水工程建设，提高农村自来水普及率。有条件的地方延伸集中供水管网，发展城乡一体化供水。加强农村饮水安全工程运行管理，落实管护主体，加强水源保护和水质监测，确保工程长期发挥效益。制定支持农村饮水安全工程建设的用地政策，确保土地供应，对建设、运行给予税收优惠，供水用电执行居民生活或农业排灌用电价格。

四、全面加快水利基础设施建设

（十一）继续实施大江大河治理。进一步治理淮河，搞好黄河下游治理和长江中下游河势控制，继续推进主要江河河道整治和堤防建设，加强太湖、洞庭湖、鄱阳湖综合治理，全面加快蓄滞洪区建设，合理安排居民迁建。搞好黄河下游滩区安全建设。"十二五"期间抓紧建设一批流域防洪控制性水利枢纽工程，不断提高调蓄洪水能力。加强城市防洪排涝工程建设，提高城市排涝标准。推进海堤建设和跨界河流整治。

（十二）加强水资源配置工程建设。完善优化水资源战略配置格局，在保护生态前提下，尽快建设一批骨干水源工程和河湖水系连通工程，提高水资源调控水平和供水保障能力。加快推进南水北调东中线一期工程及配套工程建设，确保工程质量，适时开展南水北调西线工程前期研究。积极推进一批跨流域、区域调水工程建设。着力解决西北等地区资源性缺水问题。大力推进污水处理回用，积极开展海水淡化和综合利用，高度重视雨水、微咸水利用。

（十三）搞好水土保持和水生态保护。实施国家水土保持重点工程，采取小流域综合治理、淤地坝建设、坡耕地整治、造林绿化、生态修复等措施，有效防治水土流失。进一步加强长江上中游、黄河上中游、西南石漠化地区、东北黑土区等重点区域及山洪地质灾害易发区的水土流失防治。继续推进生态脆弱河流和地区水生态修复，加快污染严重江河湖泊水环境治理。加强重要生态保护区、水源涵养区、江河源头区、湿地的保护。实施农村河道综合整治，大力开展生态清洁型小流域建设。强化生产建设项目水土保持监督管理。建立健全水土保持、建设项目占用水利设施和水域等补偿制度。

（十四）合理开发水能资源。在保护生态和农民利益前提下，加快水能资源开发利用。统筹兼顾防洪、灌溉、供水、发电、航运等功能，科学制定规划，积极发展水电，加强水能资源管理，规范开发许可，强化水电安全监管。大力发展农村水电，积极开展水电新农村电气化县建设和小水电代燃料生态保护工程建设，搞好农村水电配套电网改造工程建设。

（十五）强化水文气象和水利科技支撑。加强水文气象基础设施建设，扩大覆盖范围，优化站网布局，着力增强重点地区、重要城市、地下水超采区水文测报能力，加快应急机动监测能力建设，实现资料共享，全面提高服务水平。健全水利科技创新体系，强化基础条件平台建设，加强基础研究和技术研发，力争在水利重点领域、关键环节和核心技术上实现新突破，获得一批具有重大实用价值的研究成果，加大技术引进和推广应用力度。提高水利技术装备水平。建立健全水利行业技术标准。推进水利信息化建设，全面实施"金水工程"，加快建设国家防汛抗旱指挥系统和水资源管理信息系统，提高水资源调控、水利管理和工程运行的信息化水平，以水利信息化带动水利现代化。加强水利国际交流与合作。

五、建立水利投入稳定增长机制

（十六）加大公共财政对水利的投入。多渠道筹集资金，力争今后10年全社会水利年平均投入比2010年高出一倍。发挥政府在水利建设中的主导作用，将水利作为公共财政投入的重点领域。各级财政对水利投入的总量和增幅要有明显提高。进一步提高水利建设资金在国家固定资产投资中的比重。大幅度增加中央和地方财政专项水利资金。从土地出让收益中提取10％用于农田水利建设，充分发挥新增建设用地土地有偿使用费等土地整治资金的综合效益。进一步完善水利建设基金政策，延长征收年限，拓宽来源渠道，增加收入规模。完善水资源有偿使用制度，合理调整水资源费征收标准，扩大征收范围，严格征收、使用和管理。有重点防洪任务和水资源严重短缺的城市要从城市建设维护税中划出一定比例用于城市防洪排涝和水源工程建设。切实加强水利投资项目和资金监督管理。

（十七）加强对水利建设的金融支持。综合运用财政和货币政策，引导金融机构增加水利信贷资金。有条件的地方根据不同水利工程的建设特点和项目性质，确定财政贴息的规模、期限和贴息率。在风险可控的前提下，支持农业发展银行积极开展水利建设中长期政策性贷款业务。鼓励国家开发银行、农业银行、农村信用社、邮政储蓄银行等银行业金融机构进一步增加农田水利建设的信贷资金。支持符合条件的水利企业上市和发行债券，探索发展大型水利设备设施的融资租赁业务，积极开展水利项目收益权质押贷款等多种形式融资。鼓励和支持发展洪水保险。提高水利利用外资的规模和质量。

（十八）广泛吸引社会资金投资水利。鼓励符合条件的地方政府融资平台公司通过直接、间接融资方式，拓宽水利投融资渠道，吸引社会资金参与水利建设。鼓励农民自力更生、艰苦奋斗，在统一规划基础上，按照多筹多补、多干多补原则，加大一事一议财政奖补力度，充分调动农民兴修农田水利的积极性。结合增值税改革和立法进程，完善农村水电增值税政策。完善水利工程耕地占用税政策。积极稳妥推进经营性水利项目进行市场融资。

六、实行最严格的水资源管理制度

（十九）建立用水总量控制制度。确立水资源开发利用控制红线，抓紧制定主要江河水量分配方案，建立取用水总量控制指标体系。加强相关规划和项目建设布局水资源论证工作，国民经济和社会发展规划以及城市总体规划的编制、重大建设项目的布局，要与当地水资源条件和防洪要求相适应。严格执行建设项目水资源论证制度，对擅自开工建设或投产的一律责令停止。严格取水许可审批管理，对取用水总量已达到或超过控制指标的地区，暂停审批建设项目新增取水；对取用水总量接近控制指标的地区，限制审批新增取水。严格地下水管理和保护，尽快核定并公布禁采和限采范围，逐步削减地下水超采量，实现采补平衡。强化水资源统一调度，协调好生活、生产、生态环境用水，完善水资源调度方案、应急调度预案和调度计划。建立和完善国家水权制度，充分运用市场机制优化配置水资源。

（二十）建立用水效率控制制度。确立用水效率控制红线，坚决遏制用水浪费，把节水工作贯穿于经济社会发展和群众生产生活全过程。加快制定区域、行业和用水产品的用水效率指标体系，加强用水定额和计划管理。对取用水达到一定规模的用水户实行重点监控。严格限制水资源不足地区建设高耗水型工业项目。落实建设项目节水设施与主体工程同时设计、同时施工、同时投产制度。加快实施节水技术改造，全面加强企业节水管理，建设节水示范工程，普及农业高效节水技术。抓紧制定节水强制性标准，尽快淘汰不符合节水标准的用水工艺、设备和产品。

（二十一）建立水功能区限制纳污制度。确立水功能区限制纳污红线，从严核定水域纳污容量，严格控制入河湖排污总量。各级政府要把限制排污总量作为水污染防治和污染减排工作的重要依据，明确责任，落实措施。对排污量已超出水功能区限制排污总量的地区，限制审批新增取水和入河排污口。建立水功能区水质达标评价体系，完善监测预警监督管理制度。加强水源地保护，依法划定饮用水水源保护区，强化饮用水水源应急管理。建立水生态补偿机制。

（二十二）建立水资源管理责任和考核制度。县级以上地方政府主要负责人对本行政区域水资源管理和保护工作负总责。严格实施水资源管理考核制度，水行政主管部门会同有关部门，对各地区水资源开发利用、节约保护主要指标的落实情况进行考核，考核结果交由干部主管部门，作为地方政府相关领导干部综合考核评价的重要依据。加强水量水质监测能力建设，为强化监督考核提供技术支撑。

七、不断创新水利发展体制机制

（二十三）完善水资源管理体制。强化城乡水资源统一管理，对城乡供水、水资源综合利用、水环境治理和防洪排涝等实行统筹规划、协调实施，促进水资源优化配置。完善流域管理与区域管理相结合的水资源管理制度，建立事权清晰、分工明确、行为规范、运转协调的水资源管理工作机制。进一步完善水资源保护和水污染防治协调机制。

（二十四）加快水利工程建设和管理体制改革。区分水利工程性质，分类推进改革，健全良性运行机制。深化国有水利工程管理体制改革，落实好公益性、准公益性水管单位基本支出和维修养护经费。中央财政对中西部地区、贫困地区公益性工程维修养护经费给予补助。妥善解决水管单位分流人员社会保障问题。深化小型水利工程产权制度改革，明确所有权和使用权，落实管护主体和责任，对公益性小型水利工程管护经费给予补助，探索社会化和专业化的多种水利工程管理模式。对非经营性政府投资项目，加快推行代建制。充分发挥市场机制在水利工程建设和运行中的作用，引导经营性水利工程积极走向市场，完善法人治理结构，实现自主经营、自负盈亏。

（二十五）健全基层水利服务体系。建立健全职能明确、布局合理、队伍精干、服务到位的基层水利服务体系，全面提高基层水利服务能力。以乡镇或小流域为单元，健全基层水利服务机构，强化水资源管理、防汛抗旱、农田水利建设、水利科技推广等公益性职能，按规定核定人员编制，经费纳入县级财政预算。大力发展农民用水合作组织。

（二十六）积极推进水价改革。充分发挥水价的调节作用，兼顾效率和公平，大力促进节约用水和产业结构调整。工业和服务业用水要逐步实行超额累进加价制度，拉开高耗水行业与其他行业的水价差价。合理调整城市居民生活用水价格，稳步推行阶梯式水价制度。按照促进节约用水、降低农民水费支出、保障灌排工程良性运行的原则，推进农业水价综合改革，农业灌排工程运行管理费用由财政适当补助，探索实行农民定额内用水享受优惠水价、超定额用水累进加价的办法。

八、切实加强对水利工作的领导

（二十七）落实各级党委和政府责任。各级党委和政府要站在全局和战略高度，切实加强水利工作，及时研究解决水利改革发展中的突出问题。实行防汛抗旱、饮水安全保障、水资源管理、水库安全管理行政首长负责制。各地要结合实际，认真落实水利改革发展各项措施，确保取得实效。各级水行政主管部门要切实增强责任意识，认真履行职责，抓好水利改革发展各项任务的实施工作。各有关部门和单位要按照职能分工，尽快制定完善各项配套措施和办法，形成推动水利改革发展合力。把加强农田水利建设作为农村基层开展创先争优活动的重要内容，充分发挥农村基层党组织的战斗堡垒作用和广大党员的先锋模范作用，带领广大农民群众加快改善农村生产生活条件。

（二十八）推进依法治水。建立健全水法规体系，抓紧完善水资源配置、节约保护、防汛抗旱、农村水利、水土保持、流域管理等领域的法律法规。全面推进水利综合执法，严格执行水资源论证、取水许可、水工程建设规划同意书、洪水影响评价、水土保持方案等制度。加强河湖管理，严禁建设项目非法侵占河湖水域。加强国家防汛抗旱督察工作制度化建设。健全预防为主、预防与调处相结合的水事纠纷调处机制，完善应急预案。深化水行政许可审批制度改革。科学编制水利规划，完善全国、流域、区域水利规划体系，加快重点建设项目前期工作，强化水利规划对涉水活动的管理和约束作用。做好水库移民安置工作，落实后期扶持政策。

（二十九）加强水利队伍建设。适应水利改革发展新要求，全面提升水利系统干部职工队伍素质，切实增强水利勘测设计、建设管理和依法行政能力。支持大专院校、中等职业学校水利类专业建设。大力引进、培养、选拔各类管理人才、专业技术人才、高技能人才，完善人才评价、流动、激励机制。鼓励广大科技人员服务于水利改革发展第一线，加大基层水利职工在职教育和继续培训力度，解决基层水利职工生产生活中的实际困难。广大水利干部职工要弘扬"献身、负责、求实"的水利行业精神，更加贴近民生，更多服务基层，更好服务经济社会发展全局。

（三十）动员全社会力量关心支持水利工作。加大力度宣传国情水情，提高全民水患意识、节水意识、水资源保护意识，广泛动员全社会力量参与水利建设。把水情教育纳入国民素质教育体系和中小学教育课程体系，作为各级领导干部和公务员教育培训的重要内容。把水利纳入公益性宣传范围，为水利又好又快发展营造良好舆论氛围。对在加快水利改革发展中取得显著成绩的单位和个人，各级政府要按照国家有关规定给予表彰奖励。

加快水利改革发展，使命光荣，任务艰巨，责任重大。我们要紧密团结在以胡锦涛同志为总书记的党中央周围，与时俱进，开拓进取，扎实工作，奋力开创水利工作新局面！

中华人民共和国水污染防治法

(2008 年 2 月 28 日   中华人民共和国主席令第 87 号)

第一章 总 则

第一条   为了防治水污染，保护和改善环境，保障饮用水安全，促进经济社会全面协调可持续发展，制定本法。

第二条   本法适用于中华人民共和国领域内的江河、湖泊、运河、渠道、水库等地表水体以及地下水体的污染防治。

海洋污染防治适用《中华人民共和国海洋环境保护法》。

第三条   水污染防治应当坚持预防为主、防治结合、综合治理的原则，优先保护饮用水水源，严格控制工业污染、城镇生活污染，防治农业面源污染，积极推进生态治理工程建设，预防、控制和减少水环境污染和生态破坏。

第四条   县级以上人民政府应当将水环境保护工作纳入国民经济和社会发展规划。

县级以上地方人民政府应当采取防治水污染的对策和措施，对本行政区域的水环境质量负责。

第五条   国家实行水环境保护目标责任制和考核评价制度，将水环境保护目标完成情况作为对地方人民政府及其负责人考核评价的内容。

第六条   国家鼓励、支持水污染防治的科学技术研究和先进适用技术的推广应用，加强水环境保护的宣传教育。

第七条   国家通过财政转移支付等方式，建立健全对位于饮用水水源保护区区域和江河、湖泊、水库上游地区的水环境生态保护补偿机制。

第八条   县级以上人民政府环境保护主管部门对水污染防治实施统一监督管理。

交通主管部门的海事管理机构对船舶污染水域的防治实施监督管理。

县级以上人民政府水行政、国土资源、卫生、建设、农业、渔业等部门以及重要江河、湖泊的流域水资源保护机构，在各自的职责范围内，对有关水污染防治实施监督管理。

第九条   排放水污染物，不得超过国家或者地方规定的水污染物排放标准和重点水污染物排放总量控制指标。

第十条   任何单位和个人都有义务保护水环境，并有权对污染损害水环境的行为进行检举。

县级以上人民政府及其有关主管部门对在水污染防治工作中做出显著成绩的单位和个人给予表彰和奖励。

第二章 水污染防治的标准和规划

第十一条   国务院环境保护主管部门制定国家水环境质量标准。

省、自治区、直辖市人民政府可以对国家水环境质量标准中未作规定的项目，制定地方标准，并报国务院环境保护主管部门备案。

第十二条 国务院环境保护主管部门会同国务院水行政主管部门和有关省、自治区、直辖市人民政府，可以根据国家确定的重要江河、湖泊流域水体的使用功能以及有关地区的经济、技术条件，确定该重要江河、湖泊流域的省界水体适用的水环境质量标准，报国务院批准后施行。

第十三条 国务院环境保护主管部门根据国家水环境质量标准和国家经济、技术条件，制定国家水污染物排放标准。

省、自治区、直辖市人民政府对国家水污染物排放标准中未作规定的项目，可以制定地方水污染物排放标准；对国家水污染物排放标准中已作规定的项目，可以制定严于国家水污染物排放标准的地方水污染物排放标准。地方水污染物排放标准须报国务院环境保护主管部门备案。

向已有地方水污染物排放标准的水体排放污染物的，应当执行地方水污染物排放标准。

第十四条 国务院环境保护主管部门和省、自治区、直辖市人民政府，应当根据水污染防治的要求和国家或者地方的经济、技术条件，适时修订水环境质量标准和水污染物排放标准。

第十五条 防治水污染应当按流域或者按区域进行统一规划。国家确定的重要江河、湖泊的流域水污染防治规划，由国务院环境保护主管部门会同国务院经济综合宏观调控、水行政等部门和有关省、自治区、直辖市人民政府编制，报国务院批准。

前款规定外的其他跨省、自治区、直辖市江河、湖泊的流域水污染防治规划，根据国家确定的重要江河、湖泊的流域水污染防治规划和本地实际情况，由有关省、自治区、直辖市人民政府环境保护主管部门会同同级水行政等部门和有关市、县人民政府编制，经有关省、自治区、直辖市人民政府审核，报国务院批准。

省、自治区、直辖市内跨县江河、湖泊的流域水污染防治规划，根据国家确定的重要江河、湖泊的流域水污染防治规划和本地实际情况，由省、自治区、直辖市人民政府环境保护主管部门会同同级水行政等部门编制，报省、自治区、直辖市人民政府批准，并报国务院备案。

经批准的水污染防治规划是防治水污染的基本依据，规划的修订须经原批准机关批准。

县级以上地方人民政府应当根据依法批准的江河、湖泊的流域水污染防治规划，组织制定本行政区域的水污染防治规划。

第十六条 国务院有关部门和县级以上地方人民政府开发、利用和调节、调度水资源时，应当统筹兼顾，维持江河的合理流量和湖泊、水库以及地下水体的合理水位，维护水体的生态功能。

第三章 水污染防治的监督管理

第十七条 新建、改建、扩建直接或者间接向水体排放污染物的建设项目和其他水上设施，应当依法进行环境影响评价。

建设单位在江河、湖泊新建、改建、扩建排污口的，应当取得水行政主管部门或者流域管理机构同意；涉及通航、渔业水域的，环境保护主管部门在审批环境影响评价文件时，应当征求交通、渔业主管部门的意见。

建设项目的水污染防治设施，应当与主体工程同时设计、同时施工、同时投入使用。水污染防治设施应当经过环境保护主管部门验收，验收不合格的，该建设项目不得投入生产或者使用。

第十八条 国家对重点水污染物排放实施总量控制制度。

省、自治区、直辖市人民政府应当按照国务院的规定削减和控制本行政区域的重点水污染物排放总量，并将重点水污染物排放总量控制指标分解落实到市、县人民政府。市、县人民政府根据本行政区域重点水污染物排放总量控制指标的要求，将重点水污染物排放总量控制指标分解落实到排污单位。具体办法和实施步骤由国务院规定。

省、自治区、直辖市人民政府可以根据本行政区域水环境质量状况和水污染防治工作的需要，确定本行政区域实施总量削减和控制的重点水污染物。

对超过重点水污染物排放总量控制指标的地区，有关人民政府环境保护主管部门应当暂停审批新增重点水污染物排放总量的建设项目的环境影响评价文件。

第十九条 国务院环境保护主管部门对未按照要求完成重点水污染物排放总量控制指标的省、自治区、直辖市予以公布。省、自治区、直辖市人民政府环境保护主管部门对未按照要求完成重点水污染物排放总量控制指标的市、县予以公布。

县级以上人民政府环境保护主管部门对违反本法规定、严重污染水环境的企业予以公布。

第二十条 国家实行排污许可制度。

直接或者间接向水体排放工业废水和医疗污水以及其他按照规定应当取得排污许可证方可排放的废水、污水的企业事业单位，应当取得排污许可证；城镇污水集中处理设施的运营单位，也应当取得排污许可证。排污许可的具体办法和实施步骤由国务院规定。

禁止企业事业单位无排污许可证或者违反排污许可证的规定向水体排放前款规定的废水、污水。

第二十一条 直接或者间接向水体排放污染物的企业事业单位和个体工商户，应当按照国务院环境保护主管部门的规定，向县级以上地方人民政府环境保护主管部门申报登记拥有的水污染物排放设施、处理设施和在正常作业条件下排放水污染物的种类、数量和浓度，并提供防治水污染方面的有关技术资料。

企业事业单位和个体工商户排放水污染物的种类、数量和浓度有重大改变的，应当及时申报登记；其水污染物处理设施应当保持正常使用；拆除或者闲置水污染物处理设施的，应当事先报县级以上地方人民政府环境保护主管部门批准。

第二十二条 向水体排放污染物的企业事业单位和个体工商户，应当按照法律、行政法规和国务院环境保护主管部门的规定设置排污口；在江河、湖泊设置排污口的，还应当遵守国务院水行政主管部门的规定。

禁止私设暗管或者采取其他规避监管的方式排放水污染物。

第二十三条 重点排污单位应当安装水污染物排放自动监测设备，与环境保护主管部门的监控设备联网，并保证监测设备正常运行。排放工业废水的企业，应当对其所排放的工业废水进行监测，并保存原始监测记录。具体办法由国务院环境保护主管部门规定。

应当安装水污染物排放自动监测设备的重点排污单位名录，由设区的市级以上地方人民政府环境保护主管部门根据本行政区域的环境容量、重点水污染物排放总量控制指标的要求以及排污单位排放水污染物的种类、数量和浓度等因素，商同级有关部门确定。

第二十四条　直接向水体排放污染物的企业事业单位和个体工商户，应当按照排放水污染物的种类、数量和排污费征收标准缴纳排污费。

排污费应当用于污染的防治，不得挪作他用。

第二十五条　国家建立水环境质量监测和水污染物排放监测制度。国务院环境保护主管部门负责制定水环境监测规范，统一发布国家水环境状况信息，会同国务院水行政等部门组织监测网络。

第二十六条　国家确定的重要江河、湖泊流域的水资源保护工作机构负责监测其所在流域的省界水体的水环境质量状况，并将监测结果及时报国务院环境保护主管部门和国务院水行政主管部门；有经国务院批准成立的流域水资源保护领导机构的，应当将监测结果及时报告流域水资源保护领导机构。

第二十七条　环境保护主管部门和其他依照本法规定行使监督管理权的部门，有权对管辖范围内的排污单位进行现场检查，被检查的单位应当如实反映情况，提供必要的资料。检查机关有义务为被检查的单位保守在检查中获取的商业秘密。

第二十八条　跨行政区域的水污染纠纷，由有关地方人民政府协商解决，或者由其共同的上级人民政府协调解决。

第四章　水污染防治措施

第一节　一般规定

第二十九条　禁止向水体排放油类、酸液、碱液或者剧毒废液。

禁止在水体清洗装贮过油类或者有毒污染物的车辆和容器。

第三十条　禁止向水体排放、倾倒放射性固体废物或者含有高放射性和中放射性物质的废水。

向水体排放含低放射性物质的废水，应当符合国家有关放射性污染防治的规定和标准。

第三十一条　向水体排放含热废水，应当采取措施，保证水体的水温符合水环境质量标准。

第三十二条　含病原体的污水应当经过消毒处理；符合国家有关标准后，方可排放。

第三十三条　禁止向水体排放、倾倒工业废渣、城镇垃圾和其他废弃物。

禁止将含有汞、镉、砷、铬、铅、氰化物、黄磷等的可溶性剧毒废渣向水体排放、倾倒或者直接埋入地下。

存放可溶性剧毒废渣的场所，应当采取防水、防渗漏、防流失的措施。

第三十四条　禁止在江河、湖泊、运河、渠道、水库最高水位线以下的滩地和岸坡堆放、存贮固体废弃物和其他污染物。

第三十五条 禁止利用渗井、渗坑、裂隙和溶洞排放、倾倒含有毒污染物的废水、含病原体的污水和其他废弃物。

第三十六条 禁止利用无防渗漏措施的沟渠、坑塘等输送或者存贮含有毒污染物的废水、含病原体的污水和其他废弃物。

第三十七条 多层地下水的含水层水质差异大的，应当分层开采；对已受污染的潜水和承压水，不得混合开采。

第三十八条 兴建地下工程设施或者进行地下勘探、采矿等活动，应当采取防护性措施，防止地下水污染。

第三十九条 人工回灌补给地下水，不得恶化地下水质。

第二节 工业水污染防治

第四十条 国务院有关部门和县级以上地方人民政府应当合理规划工业布局，要求造成水污染的企业进行技术改造，采取综合防治措施，提高水的重复利用率，减少废水和污染物排放量。

第四十一条 国家对严重污染水环境的落后工艺和设备实行淘汰制度。

国务院经济综合宏观调控部门会同国务院有关部门，公布限期禁止采用的严重污染水环境的工艺名录和限期禁止生产、销售、进口、使用的严重污染水环境的设备名录。

生产者、销售者、进口者或者使用者应当在规定的期限内停止生产、销售、进口或者使用列入前款规定的设备名录中的设备。工艺的采用者应当在规定的期限内停止采用列入前款规定的工艺名录中的工艺。

依照本条第二款、第三款规定被淘汰的设备，不得转让给他人使用。

第四十二条 国家禁止新建不符合国家产业政策的小型造纸、制革、印染、染料、炼焦、炼硫、炼砷、炼汞、炼油、电镀、农药、石棉、水泥、玻璃、钢铁、火电以及其他严重污染水环境的生产项目。

第四十三条 企业应当采用原材料利用效率高、污染物排放量少的清洁工艺，并加强管理，减少水污染物的产生。

第三节 城镇水污染防治

第四十四条 城镇污水应当集中处理。

县级以上地方人民政府应当通过财政预算和其他渠道筹集资金，统筹安排建设城镇污水集中处理设施及配套管网，提高本行政区域城镇污水的收集率和处理率。

国务院建设主管部门应当会同国务院经济综合宏观调控、环境保护主管部门，根据城乡规划和水污染防治规划，组织编制全国城镇污水处理设施建设规划。县级以上地方人民政府组织建设、经济综合宏观调控、环境保护、水行政等部门编制本行政区域的城镇污水处理设施建设规划。县级以上地方人民政府建设主管部门应当按照城镇污水处理设施建设规划，组织建设城镇污水集中处理设施及配套管网，并加强对城镇污水集中处理设施运营的监督管理。

　　城镇污水集中处理设施的运营单位按照国家规定向排污者提供污水处理的有偿服务，收取污水处理费用，保证污水集中处理设施的正常运行。向城镇污水集中处理设施排放污水、缴纳污水处理费用的，不再缴纳排污费。收取的污水处理费用应当用于城镇污水集中处理设施的建设和运行，不得挪作他用。

　　城镇污水集中处理设施的污水处理收费、管理以及使用的具体办法，由国务院规定。

　　第四十五条　向城镇污水集中处理设施排放水污染物，应当符合国家或者地方规定的水污染物排放标准。

　　城镇污水集中处理设施的出水水质达到国家或者地方规定的水污染物排放标准的，可以按照国家有关规定免缴排污费。

　　城镇污水集中处理设施的运营单位，应当对城镇污水集中处理设施的出水水质负责。

　　环境保护主管部门应当对城镇污水集中处理设施的出水水质和水量进行监督检查。

　　第四十六条　建设生活垃圾填埋场，应当采取防渗漏等措施，防止造成水污染。

第四节　农业和农村水污染防治

　　第四十七条　使用农药，应当符合国家有关农药安全使用的规定和标准。

　　运输、存贮农药和处置过期失效农药，应当加强管理，防止造成水污染。

　　第四十八条　县级以上地方人民政府农业主管部门和其他有关部门，应当采取措施，指导农业生产者科学、合理地施用化肥和农药，控制化肥和农药的过量使用，防止造成水污染。

　　第四十九条　国家支持畜禽养殖场、养殖小区建设畜禽粪便、废水的综合利用或者无害化处理设施。

　　畜禽养殖场、养殖小区应当保证其畜禽粪便、废水的综合利用或者无害化处理设施正常运转，保证污水达标排放，防止污染水环境。

　　第五十条　从事水产养殖应当保护水域生态环境，科学确定养殖密度，合理投饵和使用药物，防止污染水环境。

　　第五十一条　向农田灌溉渠道排放工业废水和城镇污水，应当保证其下游最近的灌溉取水点的水质符合农田灌溉水质标准。

　　利用工业废水和城镇污水进行灌溉，应当防止污染土壤、地下水和农产品。

第五节　船舶水污染防治

　　第五十二条　船舶排放含油污水、生活污水，应当符合船舶污染物排放标准。从事海洋航运的船舶进入内河和港口的，应当遵守内河的船舶污染物排放标准。

　　船舶的残油、废油应当回收，禁止排入水体。

　　禁止向水体倾倒船舶垃圾。

　　船舶装载运输油类或者有毒货物，应当采取防止溢流和渗漏的措施，防止货物落水造成水污染。

　　第五十三条　船舶应当按照国家有关规定配置相应的防污设备和器材，并持有合法有效的防止水域环境污染的证书与文书。

船舶进行涉及污染物排放的作业，应当严格遵守操作规程，并在相应的记录簿上如实记载。

第五十四条 港口、码头、装卸站和船舶修造厂应当备有足够的船舶污染物、废弃物的接收设施。从事船舶污染物、废弃物接收作业，或者从事装载油类、污染危害性货物船舱清洗作业的单位，应当具备与其运营规模相适应的接收处理能力。

第五十五条 船舶进行下列活动，应当编制作业方案，采取有效的安全和防污染措施，并报作业地海事管理机构批准：

（一）进行残油、含油污水、污染危害性货物残留物的接收作业，或者进行装载油类、污染危害性货物船舱的清洗作业；

（二）进行散装液体污染危害性货物的过驳作业；

（三）进行船舶水上拆解、打捞或者其他水上、水下船舶施工作业。

在渔港水域进行渔业船舶水上拆解活动，应当报作业地渔业主管部门批准。

第五章　饮用水水源和其他特殊水体保护

第五十六条 国家建立饮用水水源保护区制度。饮用水水源保护区分为一级保护区和二级保护区；必要时，可以在饮用水水源保护区外围划定一定的区域作为准保护区。

饮用水水源保护区的划定，由有关市、县人民政府提出划定方案，报省、自治区、直辖市人民政府批准；跨市、县饮用水水源保护区的划定，由有关市、县人民政府协商提出划定方案，报省、自治区、直辖市人民政府批准；协商不成的，由省、自治区、直辖市人民政府环境保护主管部门会同同级水行政、国土资源、卫生、建设等部门提出划定方案，征求同级有关部门的意见后，报省、自治区、直辖市人民政府批准。

跨省、自治区、直辖市的饮用水水源保护区，由有关省、自治区、直辖市人民政府商有关流域管理机构划定；协商不成的，由国务院环境保护主管部门会同同级水行政、国土资源、卫生、建设等部门提出划定方案，征求国务院有关部门的意见后，报国务院批准。

国务院和省、自治区、直辖市人民政府可以根据保护饮用水水源的实际需要，调整饮用水水源保护区的范围，确保饮用水安全。有关地方人民政府应当在饮用水水源保护区的边界设立明确的地理界标和明显的警示标志。

第五十七条 在饮用水水源保护区内，禁止设置排污口。

第五十八条 禁止在饮用水水源一级保护区内新建、改建、扩建与供水设施和保护水源无关的建设项目；已建成的与供水设施和保护水源无关的建设项目，由县级以上人民政府责令拆除或者关闭。

禁止在饮用水水源一级保护区内从事网箱养殖、旅游、游泳、垂钓或者其他可能污染饮用水水体的活动。

第五十九条 禁止在饮用水水源二级保护区内新建、改建、扩建排放污染物的建设项目；已建成的排放污染物的建设项目，由县级以上人民政府责令拆除或者关闭。

在饮用水水源二级保护区内从事网箱养殖、旅游等活动的，应当按照规定采取措施，防止污染饮用水水体。

第六十条 禁止在饮用水水源准保护区内新建、扩建对水体污染严重的建设项目；改建建设项目，不得增加排污量。

第六十一条 县级以上地方人民政府应当根据保护饮用水水源的实际需要，在准保护区内采取工程措施或者建造湿地、水源涵养林等生态保护措施，防止水污染物直接排入饮用水水体，确保饮用水安全。

第六十二条 饮用水水源受到污染可能威胁供水安全的，环境保护主管部门应当责令有关企业事业单位采取停止或者减少排放水污染物等措施。

第六十三条 国务院和省、自治区、直辖市人民政府根据水环境保护的需要，可以规定在饮用水水源保护区内，采取禁止或者限制使用含磷洗涤剂、化肥、农药以及限制种植养殖等措施。

第六十四条 县级以上人民政府可以对风景名胜区水体、重要渔业水体和其他具有特殊经济文化价值的水体划定保护区，并采取措施，保证保护区的水质符合规定用途的水环境质量标准。

第六十五条 在风景名胜区水体、重要渔业水体和其他具有特殊经济文化价值的水体的保护区内，不得新建排污口。在保护区附近新建排污口，应当保证保护区水体不受污染。

第六章　水污染事故处置

第六十六条 各级人民政府及其有关部门，可能发生水污染事故的企业事业单位，应当依照《中华人民共和国突发事件应对法》的规定，做好突发水污染事故的应急准备、应急处置和事后恢复等工作。

第六十七条 可能发生水污染事故的企业事业单位，应当制定有关水污染事故的应急方案，做好应急准备，并定期进行演练。

生产、储存危险化学品的企业事业单位，应当采取措施，防止在处理安全生产事故过程中产生的可能严重污染水体的消防废水、废液直接排入水体。

第六十八条 企业事业单位发生事故或者其他突发性事件，造成或者可能造成水污染事故的，应当立即启动本单位的应急方案，采取应急措施，并向事故发生地的县级以上地方人民政府或者环境保护主管部门报告。环境保护主管部门接到报告后，应当及时向本级人民政府报告，并抄送有关部门。

造成渔业污染事故或者渔业船舶造成水污染事故的，应当向事故发生地的渔业主管部门报告，接受调查处理。其他船舶造成水污染事故的，应当向事故发生地的海事管理机构报告，接受调查处理；给渔业造成损害的，海事管理机构应当通知渔业主管部门参与调查处理。

第七章　法　律　责　任

第六十九条 环境保护主管部门或者其他依照本法规定行使监督管理权的部门，不依法作出行政许可或者办理批准文件的，发现违法行为或者接到对违法行为的举报后不予查处的，或者有其他未依照本法规定履行职责的行为的，对直接负责的主管人员和其他直接责任人员依法给予处分。

第七十条 拒绝环境保护主管部门或者其他依照本法规定行使监督管理权的部门的监督检查，或者在接受监督检查时弄虚作假的，由县级以上人民政府环境保护主管部门或者其他依照本法规定行使监督管理权的部门责令改正，处一万元以上十万元以下的罚款。

第七十一条 违反本法规定，建设项目的水污染防治设施未建成、未经验收或者验收不合格，主体工程即投入生产或者使用的，由县级以上人民政府环境保护主管部门责令停止生产或者使用，直至验收合格，处五万元以上五十万元以下的罚款。

第七十二条 违反本法规定，有下列行为之一的，由县级以上人民政府环境保护主管部门责令限期改正；逾期不改正的，处一万元以上十万元以下的罚款：

（一）拒报或者谎报国务院环境保护主管部门规定的有关水污染物排放申报登记事项的；

（二）未按照规定安装水污染物排放自动监测设备或者未按照规定与环境保护主管部门的监控设备联网，并保证监测设备正常运行的；

（三）未按照规定对所排放的工业废水进行监测并保存原始监测记录的。

第七十三条 违反本法规定，不正常使用水污染物处理设施，或者未经环境保护主管部门批准拆除、闲置水污染物处理设施的，由县级以上人民政府环境保护主管部门责令限期改正，处应缴纳排污费数额一倍以上三倍以下的罚款。

第七十四条 违反本法规定，排放水污染物超过国家或者地方规定的水污染物排放标准，或者超过重点水污染物排放总量控制指标的，由县级以上人民政府环境保护主管部门按照权限责令限期治理，处应缴纳排污费数额二倍以上五倍以下的罚款。

限期治理期间，由环境保护主管部门责令限制生产、限制排放或者停产整治。限期治理的期限最长不超过一年；逾期未完成治理任务的，报经有批准权的人民政府批准，责令关闭。

第七十五条 在饮用水水源保护区内设置排污口的，由县级以上地方人民政府责令限期拆除，处十万元以上五十万元以下的罚款；逾期不拆除的，强制拆除，所需费用由违法者承担，处五十万元以上一百万元以下的罚款，并可以责令停产整顿。

除前款规定外，违反法律、行政法规和国务院环境保护主管部门的规定设置排污口或者私设暗管的，由县级以上地方人民政府环境保护主管部门责令限期拆除，处二万元以上十万元以下的罚款；逾期不拆除的，强制拆除，所需费用由违法者承担，处十万元以上五十万元以下的罚款；私设暗管或者有其他严重情节的，县级以上地方人民政府环境保护主管部门可以提请县级以上地方人民政府责令停产整顿。

未经水行政主管部门或者流域管理机构同意，在江河、湖泊新建、改建、扩建排污口的，由县级以上人民政府水行政主管部门或者流域管理机构依据职权，依照前款规定采取措施、给予处罚。

第七十六条 有下列行为之一的，由县级以上地方人民政府环境保护主管部门责令停止违法行为，限期采取治理措施，消除污染，处以罚款；逾期不采取治理措施的，环境保护主管部门可以指定有治理能力的单位代为治理，所需费用由违法者承担：

（一）向水体排放油类、酸液、碱液的；

（二）向水体排放剧毒废液，或者将含有汞、镉、砷、铬、铅、氰化物、黄磷等的可溶性剧毒废渣向水体排放、倾倒或者直接埋入地下的；

（三）在水体清洗装贮过油类、有毒污染物的车辆或者容器的；

（四）向水体排放、倾倒工业废渣、城镇垃圾或者其他废弃物，或者在江河、湖泊、运河、渠道、水库最高水位线以下的滩地、岸坡堆放、存贮固体废弃物或者其他污染物的；

（五）向水体排放、倾倒放射性固体废物或者含有高放射性、中放射性物质的废水的；

（六）违反国家有关规定或者标准，向水体排放含低放射性物质的废水、热废水或者含病原体的污水的；

（七）利用渗井、渗坑、裂隙或者溶洞排放、倾倒含有毒污染物的废水、含病原体的污水或者其他废弃物的；

（八）利用无防渗漏措施的沟渠、坑塘等输送或者存贮含有毒污染物的废水、含病原体的污水或者其他废弃物的。

有前款第三项、第六项行为之一的，处一万元以上十万元以下的罚款；有前款第一项、第四项、第八项行为之一的，处二万元以上二十万元以下的罚款；有前款第二项、第五项、第七项行为之一的，处五万元以上五十万元以下的罚款。

第七十七条 违反本法规定，生产、销售、进口或者使用列入禁止生产、销售、进口、使用的严重污染水环境的设备名录中的设备，或者采用列入禁止采用的严重污染水环境的工艺名录中的工艺的，由县级以上人民政府经济综合宏观调控部门责令改正，处五万元以上二十万元以下的罚款；情节严重的，由县级以上人民政府经济综合宏观调控部门提出意见，报请本级人民政府责令停业、关闭。

第七十八条 违反本法规定，建设不符合国家产业政策的小型造纸、制革、印染、染料、炼焦、炼硫、炼砷、炼汞、炼油、电镀、农药、石棉、水泥、玻璃、钢铁、火电以及其他严重污染水环境的生产项目的，由所在地的市、县人民政府责令关闭。

第七十九条 船舶未配置相应的防污染设备和器材，或者未持有合法有效的防止水域环境污染的证书与文书的，由海事管理机构、渔业主管部门按照职责分工责令限期改正，处二千元以上二万元以下的罚款；逾期不改正的，责令船舶临时停航。

船舶进行涉及污染物排放的作业，未遵守操作规程或者未在相应的记录簿上如实记载的，由海事管理机构、渔业主管部门按照职责分工责令改正，处二千元以上二万元以下的罚款。

第八十条 违反本法规定，有下列行为之一的，由海事管理机构、渔业主管部门按照职责分工责令停止违法行为，处以罚款；造成水污染的，责令限期采取治理措施，消除污染；逾期不采取治理措施的，海事管理机构、渔业主管部门按照职责分工可以指定有治理能力的单位代为治理，所需费用由船舶承担：

（一）向水体倾倒船舶垃圾或者排放船舶的残油、废油的；

（二）未经作业地海事管理机构批准，船舶进行残油、含油污水、污染危害性货物残留物的接收作业，或者进行装载油类、污染危害性货物船舱的清洗作业，或者进行散装液体污染危害性货物的过驳作业的；

（三）未经作业地海事管理机构批准，进行船舶水上拆解、打捞或者其他水上、水下船舶施工作业的；

（四）未经作业地渔业主管部门批准，在渔港水域进行渔业船舶水上拆解的。

有前款第一项、第二项、第四项行为之一的，处五千元以上五万元以下的罚款；有前款第三项行为的，处一万元以上十万元以下的罚款。

第八十一条 有下列行为之一的，由县级以上地方人民政府环境保护主管部门责令停止违法行为，处十万元以上五十万元以下的罚款；并报经有批准权的人民政府批准，责令拆除或者关闭：

（一）在饮用水水源一级保护区内新建、改建、扩建与供水设施和保护水源无关的建设项目的；

（二）在饮用水水源二级保护区内新建、改建、扩建排放污染物的建设项目的；

（三）在饮用水水源准保护区内新建、扩建对水体污染严重的建设项目，或者改建建设项目增加排污量的。

在饮用水水源一级保护区内从事网箱养殖或者组织进行旅游、垂钓或者其他可能污染饮用水水体的活动的，由县级以上地方人民政府环境保护主管部门责令停止违法行为，处二万元以上十万元以下的罚款。个人在饮用水水源一级保护区内游泳、垂钓或者从事其他可能污染饮用水水体的活动的，由县级以上地方人民政府环境保护主管部门责令停止违法行为，可以处五百元以下的罚款。

第八十二条 企业事业单位有下列行为之一的，由县级以上人民政府环境保护主管部门责令改正；情节严重的，处二万元以上十万元以下的罚款：

（一）不按照规定制定水污染事故的应急方案的；

（二）水污染事故发生后，未及时启动水污染事故的应急方案，采取有关应急措施的。

第八十三条 企业事业单位违反本法规定，造成水污染事故的，由县级以上人民政府环境保护主管部门依照本条第二款的规定处以罚款，责令限期采取治理措施，消除污染；不按要求采取治理措施或者不具备治理能力的，由环境保护主管部门指定有治理能力的单位代为治理，所需费用由违法者承担；对造成重大或者特大水污染事故的，可以报经有批准权的人民政府批准，责令关闭；对直接负责的主管人员和其他直接责任人员可以处上一年度从本单位取得的收入百分之五十以下的罚款。

对造成一般或者较大水污染事故的，按照水污染事故造成的直接损失的百分之二十计算罚款；对造成重大或者特大水污染事故的，按照水污染事故造成的直接损失的百分之三十计算罚款。

造成渔业污染事故或者渔业船舶造成水污染事故的，由渔业主管部门进行处罚；其他船舶造成水污染事故的，由海事管理机构进行处罚。

第八十四条 当事人对行政处罚决定不服的，可以申请行政复议，也可以在收到通知之日起十五日内向人民法院起诉；期满不申请行政复议或者起诉，又不履行行政处罚决定的，由作出行政处罚决定的机关申请人民法院强制执行。

第八十五条 因水污染受到损害的当事人，有权要求排污方排除危害和赔偿损失。

由于不可抗力造成水污染损害的，排污方不承担赔偿责任；法律另有规定的除外。

水污染损害是由受害人故意造成的，排污方不承担赔偿责任。水污染损害是由受害人重大过失造成的，可以减轻排污方的赔偿责任。

水污染损害是由第三人造成的，排污方承担赔偿责任后，有权向第三人追偿。

第八十六条 因水污染引起的损害赔偿责任和赔偿金额的纠纷，可以根据当事人的请求，由环境保护主管部门或者海事管理机构、渔业主管部门按照职责分工调解处理；调解不成的，当事人可以向人民法院提起诉讼。当事人也可以直接向人民法院提起诉讼。

第八十七条 因水污染引起的损害赔偿诉讼，由排污方就法律规定的免责事由及其行为与损害结果之间不存在因果关系承担举证责任。

第八十八条 因水污染受到损害的当事人人数众多的，可以依法由当事人推选代表人进行共同诉讼。

环境保护主管部门和有关社会团体可以依法支持因水污染受到损害的当事人向人民法院提起诉讼。

国家鼓励法律服务机构和律师为水污染损害诉讼中的受害人提供法律援助。

第八十九条 因水污染引起的损害赔偿责任和赔偿金额的纠纷，当事人可以委托环境监测机构提供监测数据。环境监测机构应当接受委托，如实提供有关监测数据。

第九十条 违反本法规定，构成违反治安管理行为的，依法给予治安管理处罚；构成犯罪的，依法追究刑事责任。

第八章　附　　则

第九十一条 本法中下列用语的含义：

（一）水污染，是指水体因某种物质的介入，而导致其化学、物理、生物或者放射性等方面特性的改变，从而影响水的有效利用，危害人体健康或者破坏生态环境，造成水质恶化的现象。

（二）水污染物，是指直接或者间接向水体排放的，能导致水体污染的物质。

（三）有毒污染物，是指那些直接或者间接被生物摄入体内后，可能导致该生物或者其后代发病、行为反常、遗传异变、生理机能失常、机体变形或者死亡的污染物。

（四）渔业水体，是指划定的鱼虾类的产卵场、索饵场、越冬场、洄游通道和鱼虾贝藻类的养殖场的水体。

第九十二条 本法自 2008 年 6 月 1 日起施行。

水利工程建设安全生产管理规定

（2005 年 7 月 22 日　水利部令第 26 号）

第一章　总　　则

第一条　为了加强水利工程建设安全生产监督管理，明确安全生产责任，防止和减少安全生产事故，保障人民群众生命和财产安全，根据《中华人民共和国安全生产法》《建设工程安全生产管理条例》等法律、法规，结合水利工程的特点，制定本规定。

第二条　本规定适用于水利工程的新建、扩建、改建、加固和拆除等活动及水利工程建设安全生产的监督管理。

前款所称水利工程，是指防洪、除涝、灌溉、水力发电、供水、围垦等（包括配套与附属工程）各类水利工程。

第三条　水利工程建设安全生产管理，坚持安全第一，预防为主的方针。

第四条　发生生产安全事故，必须查清事故原因，查明事故责任，落实整改措施，做好事故处理工作，并依法追究有关人员的责任。

第五条　项目法人（或者建设单位，下同）、勘察（测）单位、设计单位、施工单位、建设监理单位及其他与水利工程建设安全生产有关的单位，必须遵守安全生产法律、法规和本规定，保证水利工程建设安全生产，依法承担水利工程建设安全生产责任。

第二章　项目法人的安全责任

第六条　项目法人在对施工投标单位进行资格审查时，应当对投标单位的主要负责人、项目负责人以及专职安全生产管理人员是否经水行政主管部门安全生产考核合格进行审查。有关人员未经考核合格的，不得认定投标单位的投标资格。

第七条　项目法人应当向施工单位提供施工现场及施工可能影响的毗邻区域内供水、排水、供电、供气、供热、通信、广播电视等地下管线资料，气象和水文观测资料，拟建工程可能影响的相邻建筑物和构筑物、地下工程的有关资料，并保证有关资料的真实、准确、完整，满足有关技术规范的要求。对可能影响施工报价的资料，应当在招标时提供。

第八条　项目法人不得调减或挪用批准概算中所确定的水利工程建设有关安全作业环境及安全施工措施等所需费用。工程承包合同中应当明确安全作业环境及安全施工措施所需费用。

第九条　项目法人应当组织编制保证安全生产的措施方案，并自开工报告批准之日起15 日内报有管辖权的水行政主管部门、流域管理机构或者其委托的水利工程建设安全生产监督机构（以下简称安全生产监督机构）备案。建设过程中安全生产的情况发生变化时，应当及时对保证安全生产的措施方案进行调整，并报原备案机关。

保证安全生产的措施方案应当根据有关法律法规、强制性标准和技术规范的要求并结合工程的具体情况编制，应当包括以下内容：

（一）项目概况；

（二）编制依据；

（三）安全生产管理机构及相关负责人；

（四）安全生产的有关规章制度制定情况；

（五）安全生产管理人员及特种作业人员持证上岗情况等；

（六）生产安全事故的应急救援预案；

（七）工程度汛方案、措施；

（八）其他有关事项。

第十条 项目法人在水利工程开工前，应当就落实保证安全生产的措施进行全面系统的布置，明确施工单位的安全生产责任。

第十一条 项目法人应当将水利工程中的拆除工程和爆破工程发包给具有相应水利水电工程施工资质等级的施工单位。

项目法人应当在拆除工程或者爆破工程施工 15 日前，将下列资料报送水行政主管部门、流域管理机构或者其委托的安全生产监督机构备案：

（一）施工单位资质等级证明；

（二）拟拆除或拟爆破的工程及可能危及毗邻建筑物的说明；

（三）施工组织方案；

（四）堆放、清除废弃物的措施；

（五）生产安全事故的应急救援预案。

第三章 勘察（测）、设计、建设监理及其他有关单位的安全责任

第十二条 勘察（测）单位应当按照法律、法规和工程建设强制性标准进行勘察（测），提供的勘察（测）文件必须真实、准确，满足水利工程建设安全生产的需要。

勘察（测）单位在勘察（测）作业时，应当严格执行操作规程，采取措施保证各类管线、设施和周边建筑物、构筑物的安全。

勘察（测）单位和有关勘察（测）人员应当对其勘察（测）成果负责。

第十三条 设计单位应当按照法律、法规和工程建设强制性标准进行设计，并考虑项目周边环境对施工安全的影响，防止因设计不合理导致生产安全事故的发生。

设计单位应当考虑施工安全操作和防护的需要，对涉及施工安全的重点部位和环节在设计文件中注明，并对防范生产安全事故提出指导意见。

采用新结构、新材料、新工艺以及特殊结构的水利工程，设计单位应当在设计中提出保障施工作业人员安全和预防生产安全事故的措施建议。

设计单位和有关设计人员应当对其设计成果负责。

设计单位应当参与与设计有关的生产安全事故分析，并承担相应的责任。

第十四条 建设监理单位和监理人员应当按照法律、法规和工程建设强制性标准实施监理，并对水利工程建设安全生产承担监理责任。

建设监理单位应当审查施工组织设计中的安全技术措施或者专项施工方案是否符合工程建设强制性标准。

建设监理单位在实施监理过程中，发现存在生产安全事故隐患的，应当要求施工单位

整改；对情况严重的，应当要求施工单位暂时停止施工，并及时向水行政主管部门、流域管理机构或者其委托的安全生产监督机构以及项目法人报告。

第十五条　为水利工程提供机械设备和配件的单位，应当按照安全施工的要求提供机械设备和配件，配备齐全有效的保险、限位等安全设施和装置，提供有关安全操作的说明，保证其提供的机械设备和配件等产品的质量和安全性能达到国家有关技术标准。

第四章　施工单位的安全责任

第十六条　施工单位从事水利工程的新建、扩建、改建、加固和拆除等活动，应当具备国家规定的注册资本、专业技术人员、技术装备和安全生产等条件，依法取得相应等级的资质证书，并在其资质等级许可的范围内承揽工程。

第十七条　施工单位应当依法取得安全生产许可证后，方可从事水利工程施工活动。

第十八条　施工单位主要负责人依法对本单位的安全生产工作全面负责。施工单位应当建立健全安全生产责任制度和安全生产教育培训制度，制定安全生产规章制度和操作规程，保证本单位建立和完善安全生产条件所需资金的投入，对所承担的水利工程进行定期和专项安全检查，并做好安全检查记录。

施工单位的项目负责人应当由取得相应执业资格的人员担任，对水利工程建设项目的安全施工负责，落实安全生产责任制度、安全生产规章制度和操作规程，确保安全生产费用的有效使用，并根据工程的特点组织制定安全施工措施，消除安全事故隐患，及时、如实报告生产安全事故。

第十九条　施工单位在工程报价中应当包含工程施工的安全作业环境及安全施工措施所需费用。对列入建设工程概算的上述费用，应当用于施工安全防护用具及设施的采购和更新、安全施工措施的落实、安全生产条件的改善，不得挪作他用。

第二十条　施工单位应当设立安全生产管理机构，按照国家有关规定配备专职安全生产管理人员。施工现场必须有专职安全生产管理人员。

专职安全生产管理人员负责对安全生产进行现场监督检查。发现生产安全事故隐患，应当及时向项目负责人和安全生产管理机构报告；对违章指挥、违章操作的，应当立即制止。

第二十一条　施工单位在建设有度汛要求的水利工程时，应当根据项目法人编制的工程度汛方案、措施制定相应的度汛方案，报项目法人批准；涉及防汛调度或者影响其他工程、设施度汛安全的，由项目法人报有管辖权的防汛指挥机构批准。

第二十二条　垂直运输机械作业人员、安装拆卸工、爆破作业人员、起重信号工、登高架设作业人员等特种作业人员，必须按照国家有关规定经过专门的安全作业培训，并取得特种作业操作资格证书后，方可上岗作业。

第二十三条　施工单位应当在施工组织设计中编制安全技术措施和施工现场临时用电方案，对下列达到一定规模的危险性较大的工程应当编制专项施工方案，并附具安全验算结果，经施工单位技术负责人签字以及总监理工程师核签后实施，由专职安全生产管理人员进行现场监督：

（一）基坑支护与降水工程；

（二）土方和石方开挖工程；

（三）模板工程；

（四）起重吊装工程；

（五）脚手架工程；

（六）拆除、爆破工程；

（七）围堰工程；

（八）其他危险性较大的工程。

对前款所列工程中涉及高边坡、深基坑、地下暗挖工程、高大模板工程的专项施工方案，施工单位还应当组织专家进行论证、审查。

第二十四条　施工单位在使用施工起重机械和整体提升脚手架、模板等自升式架设设施前，应当组织有关单位进行验收，也可以委托具有相应资质的检验检测机构进行验收；使用承租的机械设备和施工机具及配件的，由施工总承包单位、分包单位、出租单位和安装单位共同进行验收。验收合格的方可使用。

第二十五条　施工单位的主要负责人、项目负责人、专职安全生产管理人员应当经水行政主管部门安全生产考核合格后方可任职。

施工单位应当对管理人员和作业人员每年至少进行一次安全生产教育培训，其教育培训情况记入个人工作档案。安全生产教育培训考核不合格的人员，不得上岗。

施工单位在采用新技术、新工艺、新设备、新材料时，应当对作业人员进行相应的安全生产教育培训。

第五章　监　督　管　理

第二十六条　水行政主管部门和流域管理机构按照分级管理权限，负责水利工程建设安全生产的监督管理。水行政主管部门或者流域管理机构委托的安全生产监督机构，负责水利工程施工现场的具体监督检查工作。

第二十七条　水利部负责全国水利工程建设安全生产的监督管理工作，其主要职责是：

（一）贯彻、执行国家有关安全生产的法律、法规和政策，制定有关水利工程建设安全生产的规章、规范性文件和技术标准；

（二）监督、指导全国水利工程建设安全生产工作，组织开展对全国水利工程建设安全生产情况的监督检查；

（三）组织、指导全国水利工程建设安全生产监督机构的建设、考核和安全生产监督人员的考核工作以及水利水电工程施工单位的主要负责人、项目负责人和专职安全生产管理人员的安全生产考核工作。

第二十八条　流域管理机构负责所管辖的水利工程建设项目的安全生产监督工作。

第二十九条　省、自治区、直辖市人民政府水行政主管部门负责本行政区域内所管辖的水利工程建设安全生产的监督管理工作，其主要职责是：

（一）贯彻、执行有关安全生产的法律、法规、规章、政策和技术标准，制定地方有关水利工程建设安全生产的规范性文件；

（二）监督、指导本行政区域内所管辖的水利工程建设安全生产工作，组织开展对本行政区域内所管辖的水利工程建设安全生产情况的监督检查；

（三）组织、指导本行政区域内水利工程建设安全生产监督机构的建设工作以及有关的水利水电工程施工单位的主要负责人、项目负责人和专职安全生产管理人员的安全生产考核工作。

市、县级人民政府水行政主管部门水利工程建设安全生产的监督管理职责，由省、自治区、直辖市人民政府水行政主管部门规定。

第三十条　水行政主管部门或者流域管理机构委托的安全生产监督机构，应当严格按照有关安全生产的法律、法规、规章和技术标准，对水利工程施工现场实施监督检查。

安全生产监督机构应当配备一定数量的专职安全生产监督人员。安全生产监督机构以及安全生产监督人员应当经水利部考核合格。

第三十一条　水行政主管部门或者其委托的安全生产监督机构应当自收到本规定第九条和第十一条规定的有关备案资料后 20 日内，将有关备案资料抄送同级安全生产监督管理部门。流域管理机构抄送项目所在地省级安全生产监督管理部门，并报水利部备案。

第三十二条　水行政主管部门、流域管理机构或者其委托的安全生产监督机构依法履行安全生产监督检查职责时，有权采取下列措施：

（一）要求被检查单位提供有关安全生产的文件和资料；

（二）进入被检查单位施工现场进行检查；

（三）纠正施工中违反安全生产要求的行为；

（四）对检查中发现的安全事故隐患，责令立即排除；重大安全事故隐患排除前或者排除过程中无法保证安全的，责令从危险区域内撤出作业人员或者暂时停止施工。

第三十三条　各级水行政主管部门和流域管理机构应当建立举报制度，及时受理对水利工程建设生产安全事故及安全事故隐患的检举、控告和投诉；对超出管理权限的，应当及时转送有管理权限的部门。举报制度应当包括以下内容：

（一）公布举报电话、信箱或者电子邮件地址，受理对水利工程建设安全生产的举报；

（二）对举报事项进行调查核实，并形成书面材料；

（三）督促落实整顿措施，依法作出处理。

第六章　生产安全事故的应急救援和调查处理

第三十四条　各级地方人民政府水行政主管部门应当根据本级人民政府的要求，制定本行政区域内水利工程建设特大生产安全事故应急救援预案，并报上一级人民政府水行政主管部门备案。流域管理机构应当编制所管辖的水利工程建设特大生产安全事故应急救援预案，并报水利部备案。

第三十五条　项目法人应当组织制定本建设项目的生产安全事故应急救援预案，并定期组织演练。应急救援预案应当包括紧急救援的组织机构、人员配备、物资准备、人员财产救援措施、事故分析与报告等方面的方案。

第三十六条　施工单位应当根据水利工程施工的特点和范围，对施工现场易发生重大事故的部位、环节进行监控，制定施工现场生产安全事故应急救援预案。实行施工总承包的，由总承包单位统一组织编制水利工程建设生产安全事故应急救援预案，工程总承包单位和分包单位按照应急救援预案，各自建立应急救援组织或者配备应急救援人员，配备救援器材、设备，并定期组织演练。

第三十七条 施工单位发生生产安全事故，应当按照国家有关伤亡事故报告和调查处理的规定，及时、如实地向负责安全生产监督管理的部门以及水行政主管部门或者流域管理机构报告；特种设备发生事故的，还应当同时向特种设备安全监督管理部门报告。接到报告的部门应当按照国家有关规定，如实上报。

实行施工总承包的建设工程，由总承包单位负责上报事故。

发生生产安全事故，项目法人及其他有关单位应当及时、如实地向负责安全生产监督管理的部门以及水行政主管部门或者流域管理机构报告。

第三十八条 发生生产安全事故后，有关单位应当采取措施防止事故扩大，保护事故现场。需要移动现场物品时，应当做出标记和书面记录，妥善保管有关证物。

第三十九条 水利工程建设生产安全事故的调查、对事故责任单位和责任人的处罚与处理，按照有关法律、法规的规定执行。

第七章 附　　则

第四十条 违反本规定，需要实施行政处罚的，由水行政主管部门或者流域管理机构按照《建设工程安全生产管理条例》的规定执行。

第四十一条 省、自治区、直辖市人民政府水行政主管部门可以结合本地区实际制定本规定的实施办法，报水利部备案。

第四十二条 本规定自 2005 年 9 月 1 日起施行。

云南省取水许可和水资源费征收管理办法

（2009 年 8 月 3 日　云南省政府 154 号令）

第一条　为了加强水资源管理和保护，促进水资源的节约与合理开发利用，根据国务院令第 460 号公布的《取水许可和水资源费征收管理条例》（以下简称《条例》）的有关规定，结合本省实际，制定本办法。

第二条　在本省行政区域内利用取水工程或者设施直接从江河、湖泊或者地下取用水资源的单位和个人（以下简称取水人），应当按照《条例》及本办法的规定，申请领取取水许可证，并依法缴纳水资源费。

第三条　省、州（市）、县（市、区）水行政主管部门依照本办法规定的分级管理权限，负责本行政区域内取水许可制度的组织实施和监督管理。

县（市、区）级以上水行政主管部门、财政部门和价格主管部门依照《条例》及本办法规定和管理权限，负责水资源费的征收、管理和监督。

第四条　《条例》第四条第一款第（二）项规定的少量取水的限额，按照下列规定执行：

（一）家庭生活每户月取水量不超过 30 立方米的；

（二）零星散养、圈养畜禽饮用等月取水量不超过 60 立方米的。

第五条　按照《条例》第四条第一款第（三）项规定取（排）水和第（四）项规定取水的，取水人应当自取（排）水之日起 5 个工作日内报当地县（市、区）水行政主管部门备案，备案材料应当包括下列事项：

（一）取水人的名称（姓名）、地址；

（二）取（排）水的起始时间、地点；

（三）取（排）水目的、理由、数量。

按照《条例》第四条第一款第（五）项规定取水的，应当经县（市、区）级以上水行政主管部门同意。水行政主管部门应当自收到取水人临时应急取水书面意见后 24 小时内决定是否同意并书面答复。

第六条　取水许可应当遵循先从地表取水、后从地下取水，先从江河取水、后从湖泊取水的原则。

江河、地下的取水许可，按照《条例》第五条第一款规定的各项用水的先后顺序实施。

湖泊的取水许可，应当首先满足城乡居民生活用水，并兼顾生态与环境、农业、工业用水以及航运等需要。

第七条　省水行政主管部门根据国家下达的可供本省行政区域取用的水量，下达各州（市）可供本行政区域取用的水量。

州（市）水行政主管部门根据上级水行政主管部门下达的可供本州（市）行政区域取用的水量，下达各县（市、区）可供本行政区域取用的水量。

第八条 除《条例》第十四条规定由流域管理机构审批的取水外，下列取水由省水行政主管部门审批：

（一）地表水设计流量 4 立方米每秒以上的农业取水或者日取水量 4 万立方米以上的工业取水及其他取水；

（二）地下水日取水量 3000 立方米以上的取水；

（三）跨州（市）行政区域的取水；

（四）由省人民政府或者省投资主管部门审批、核准的建设项目的取水。

第九条 除本办法第八条规定范围的取水外，下列取水由州（市）水行政主管部门审批：

（一）地表水设计流量 2 立方米每秒以上不足 4 立方米每秒的农业取水或者日取水量 2 万立方米以上不足 4 万立方米的工业取水及其他取水；

（二）昆明市地下水日取水量不足 3000 立方米的取水，其他州（市）地下水日取水量 300 立方米以上不足 3000 立方米的取水；

（三）跨县（市、区）行政区域的取水；

（四）由州（市）人民政府或者州（市）投资主管部门审批、核准的建设项目的取水。

第十条 除本办法第八条、第九条规定范围的取水外，其他取水由取水口所在地的县（市、区）水行政主管部门审批。

第十一条 取水许可的申请、受理、审查和决定程序依照《条例》及国家有关规定执行。

有《条例》第二十条及《云南省地下水管理办法》第十五条规定情形之一的，取水审批机关不予批准取水申请。

第十二条 取水审批机关在审批取水量时，应当在本行政区域的取水许可总量控制指标内，以本省用水定额地方标准核定的用水量为主要依据。本省用水定额地方标准未作规定的，参照国务院有关行业主管部门制定的行业用水定额执行。

第十三条 取水人应当依法缴纳水资源费。

农业生产取水超过本省地方标准规定的用水限额的，取水人对超过部分应当缴纳水资源费。

第十四条 水资源费征收标准由省价格行政主管部门会同省财政部门、水行政主管部门制定，报省人民政府批准。

制定水资源费征收标准，应当遵循《条例》第二十九条规定的原则和下列要求：

（一）从地表取水应当低于从地下取水；

（二）从江河取水应当低于从湖泊取水；

（三）从丰水区取水应当低于从缺水区取水；

（四）农业生产取水应当低于工业、商业等其他行业取水；

（五）粮食作物取水应当低于经济作物取水。

第十五条 取水人应当按照经批准的年度取水计划或者用水定额取水。超计划或者超定额取水的，对超出部分按照下列规定累进收取水资源费：

（一）超计划或者超定额 10% 以下的部分，按照水资源费征收标准的 1.5 倍收取；

（二）超计划或者超定额 10％至 30％的部分，按照水资源费征收标准的 2 倍收取；

（三）超计划或者超定额 30％至 50％的部分，按照水资源费征收标准的 2.5 倍收取；

（四）超计划或者超定额 50％以上的部分，按照水资源费征收标准的 3 倍收取。

第十六条 水资源费由取水审批机关负责征收。

征收水资源费的水行政主管部门应当持有价格行政主管部门核发的行政事业性收费许可证，使用由财政部门统一印制的专用票据，并接受其监督管理。

第十七条 水资源费按月征收，对月缴费额不足 1000 元的可以按季征收。

取水人应当于每月（季）结束后的 5 个工作日内，向取水审批机关报送实际取水量或者实际发电量。

取水审批机关应当自收到报送材料之日起 5 个工作日内，确定水资源费缴纳数额并向取水人送达水资源费缴纳通知单和一般缴款书。

取水人应当自收到水资源费缴纳通知单和一般缴款书之日起 7 个工作日内到商业银行办理缴纳手续。

取水人安装和使用电子智能计量设施的，可以根据实际需要预缴水资源费。

第十八条 各级征收的水资源费，除按照规定解缴中央国库的外，按照省财政部门确定的分配比例分别解缴各级地方国库。

第十九条 水资源费应当全额纳入财政预算。水资源费主要用于下列水资源的节约、保护和管理：

（一）水资源调查评价、规划、分配及相关标准制定；

（二）取水许可的监督实施和水资源调度；

（三）江河湖库及水源地保护和管理；

（四）水资源管理信息系统建设和水资源信息采集与发布；

（五）节约用水的政策法规、标准体系建设以及科研、新技术和产品开发推广；

（六）节水示范项目和推广应用试点工程的拨款补助和贷款贴息；

（七）水资源应急事件处置工作补助；

（八）节约、保护水资源的宣传和奖励。

水资源费也可以用于水利基础设施建设资金补助等水资源的合理开发。

水资源费用于水资源节约、保护和管理的比例不得低于 60％。

第二十条 水资源费的使用，由县（市、区）级以上水行政主管部门会同有关部门按照本办法第十九条规定的用途和比例编制年度水资源费收支预算并纳入部门预算，由同级财政部门按照部门预算编制的程序核定后执行。

第二十一条 县（市、区）级以上水行政主管部门或者其他有关部门及其工作人员，有下列行为之一的，由其上级行政机关责令改正；情节严重的，对直接负责的主管人员和其他直接责任人员依法给予处分；构成犯罪的，依法追究刑事责任：

（一）审批的取水量超过上级水行政主管部门下达的可供本行政区域取用的水量的；

（二）违法减免水资源费的；

（三）不按照规定解缴、核拨、使用水资源费的；

（四）有其他滥用职权、玩忽职守、徇私舞弊行为的。

第二十二条 取水人违反取水许可和水资源费征收管理规定，应当给予行政处罚以及追究其他法律责任的，依照《条例》的有关规定处理。

第二十三条 本办法自 2009 年 10 月 1 日起施行。1997 年 3 月 31 日云南省人民政府发布的《云南省水资源费征收管理暂行办法》和 1998 年 11 月 23 日云南省人民政府发布的《云南省取水许可规定》同时废止。

参 考 文 献

［1］郭元裕．农田水利学［M］．北京：中国水利水电出版社，1980.

［2］水利部农村水利司，中国灌溉排水发展中心．节水灌溉工程实用手册［M］．北京：中国水利水电出版社，2005.

［3］崔毅．农业节水灌溉技术及应用实例［M］．北京：化学工业出版社，2005.

［4］何向英，范美师．会泽县水窖建设现状及效益．中国水土保持，2006，（7）：27－32.

［5］马燕．水窖在高山缺水地区人畜饮水工程中的应用．水资源与水工程学报，2007，18（2）：92－94.

［6］付晓刚，齐全等．旱地水窖设计与施工技术．甘肃农业，2007（10）：74－75.

［7］胡良明，高丹盈．雨水综合利用理论与实践［M］．郑州：黄河水利出版社，2009.

［8］李怀有，赵安成，郭永乐．黄土高原沟壑区集雨节水灌溉技术［M］．郑州：黄河水利出版社，2002.

［9］张祖新，等．雨水集蓄工程技术．北京：中国水利水电出版社，1999.

［10］迟道才．节水灌溉理论与技术．北京：中国水利水电出版社，2009.

［11］张日清，赖建华．蓄水池在高山缺水地区的应用．中国农村水利水电，2001（12）：67.

［12］潘向阳．高山蓄水池的选址与设计．浙江水利科技，2003（05）：15－16.

［13］蔡守华．小型水库兴利库容及灌溉面积复核计算方法［J］．中国农村水利水电，2010（11）：69－71.

［14］赵秋梅．土石山区修建塘坝应遵循的原则及注意问题．河南水利与南水北调，2012（12）：70－71.

［15］广东省水利电力局编．农田水利工程．广州：广东人民出版社，1976.

［16］王英君．节水农业理论与技术．北京：中国农业科学技术出版社，2010.

［17］郭宗楼．节水灌溉工程．杭州：浙江大学出版社，2008.

［18］王克武．农业节水技术百问百答．北京：中国农业出版社，2010.

［19］胡广禄．水土保持工程．北京：中国水利水电出版社，2002.

［20］李宗尧．农田灌溉与节水．北京：中国水利水电出版社，2002.

［21］庞鸿斌．节水农业工程技术．郑州：河南科学技术出版社，2000.

［22］罗智全．农村"五小"水利工程建设与发展．工程设计施工与管理，2015（7）：114.

［23］李志勇，夏姝珺，陈丹．农村小型灌溉泵站设计的难点和解决方法．水利科技与经济，2015，21（9）：61－63.

［24］郑敏阆．浅谈巍山县庙街镇"五小"水利工程的建设与管理．能源水利，2015（2）：78－79.

［25］刘泽雄．山区"五小水利"工程建设的管理与经验．能源水利，2015（1）：63－64.

［26］杨荣福．云南大理"五小水利"工程建设成效．中国防汛抗旱，2015（3）：95－96.

［27］刘克智．彭阳县"五小水利"工程建设存在的问题及发展措施．现代农业科技，2014（11）：217.

［28］张正才．浅析建设山区"五小水利"工程的重要性．水利科技，2012（5）：132－133.

［29］吴德平．陆良县"五小"水利工程建设管理探讨．水利发展研究，2011，11：60－62.

［30］田瑞军．家庭农场绿色水窖的应用．山西建筑，2015（10）：181－182.

［31］刘再友．弥渡县小水窖的假设浅议．科技资讯，2015（9）：213－215.

［32］郭君平，吴国宝．"母亲水窖"项目对农户非农户就业的影响评价．农业技术经济，2014（4）：89－97.

［33］周昆华．景东县小水窖的设计与应用．云南水利发电，2014（6）：79－81.

［34］谢贤品．论小水窖工程的技术要点．价值工程，2014（2）：103－104.

［35］杨定然．山区集雨型小水窖在芒市的运用及工程设计初探．城市园林，2013（5）：245－246.

［36］王萱，赵星明，刘玉海．壁面温差对钢筋混凝土圆形水池池壁结构的影响．山东农业大学学报，2015，46（5）：740－743.

［37］李海燕．刍议钢筋混凝土矩形水池结构设计．建筑设计，2015（2）：58.

［38］高霖，郭恩栋，刘智，等．壁面温差对钢筋混凝土圆形水池池壁结构的影响．北京工业大学学报，2015，41（8）：1206－1211.

［39］刘树贵．钢筋混凝土水池施工质量要点．科技资讯，2015（12）：52－54.

［40］田龙．山区丘陵引水工程中调节蓄水池设计．甘肃水利水电技术，2015，51（9）：41－43.

［41］文俊．水土保持学［M］．北京：水利水电出版社，2010.

［42］余新晓，毕华兴．水土保持学［M］．3版．北京：中国林业出版社，2013.

［43］王礼先，朱金兆．水土保持学［M］．2版．北京：中国林业出版社，2005.

［44］王秀茹．水土保持工程学［M］．2版．北京：中国林业出版社，2009.

［45］许长春．重视水利工程施工中水土流失与实例分析［J］．黑龙江水利科技，2012，（12）：279－280.

［46］王焕龙．浅析水利工程建设中的水土流失特点及防治措施［J］．农业科技与信息，2012，（12）：47－48.

［47］徐枫．生态、景观与水利工程融合的河道规划设计研究［D］．福州：福建农林大学硕士学位论文，2011.

［48］陈建英．水利工程对于水土保持的策略分析［J］．科技传播（下），2012，（4）：66－67.

［49］余志琴．水利工程建设中的水土流失及其防治措施［J］．中国水土保持科学，2008，（6）增刊：97－98.

［50］铁大梁，杨春雨．水土保持对农村水利工程建设的影响［J］．北京农业，2012，（10）：159－160.

［51］祝高元．水土保持在水利工程中的相关思考［J］．江西建材，2014，（15）：100.

［52］董志峰．在水利工程中的水土保持措施［J］．科技传播（上），2012，（11）：94，99.